WWII

検証 空母戦

日米英海軍の空母運用構想の発展と戦闘記録

L・サレンダー

川村幸城 訳

中央公論新社

まえがき

すべては私の好奇心から始まりました。第二次世界大戦の主要な空母戦に関する多くの本や記事を読んでみたのですが、依然として理解できないことがいくつもありました。実際に何が起こったのか、なぜそのようなことが起きたのか、といったことです。私は「何が（what）」「なぜ（why）」「いつ（when）」ではなく、実態の把握が難しい「どのように（how）」について教えてくれる本を探しました。時折、興味深く、有益な情報を目にすることもありましたが、完全な描写にはいたっていませんでした。

空母戦で何が起きたのか、戦況はどのように推移したのか、なぜ戦闘にいたったのか、そして、それぞれの意義について、さまざまな形で詳細に語っている優れた本は数多く存在します。しかし、それらの本は私が求めていたものではありませんでした。私が求めていたのは、従来の歴史家ではなく、指揮官や戦術家、システム・エンジニア、アナリストの視点から書かれたものだったのです。つまり、彼らはどのようにしてそれを行ったのか？　なぜそのようなことをしたのか？　もっといい方法があったのではないか？

こうしたトピックに関する本が見つからなかったので、私はインターネットで調べ始めました。そうこうするうちに、空母戦がどのようなものであったか、次第に理解できるようになりました。何かを理解するための最善の方法は、誰かに説明してみることです。エッセイとして書き起こすことで、自分が理解できたことを組み立て、考えを明確にすることができました。また自分の知識の欠落部分が明らかになり、まだ理解できていない内容を探索しなければなりませんでした。

そうして出来上がったエッセイを、自分のウェブサイトに掲載したのです。このエッセイは〔読者の〕ニーズを満たしているようで、とても励みになりました。少なくとも公開されている文献には、このようなものは存在しないようでした。これと似たような分析は、軍の専門家によって行われてきたかもしれませんが、おそらく、幅広い読者を対象にした形ではありませんでした。

要するに、読みたい本が見つからず、自分で書いてしまったというわけです。

ラース・サレンダー

はじめに

海戦の新しい形態

1921年11月13日、世界で最初の専用空母が進水〔起工1920年12月 竣工1922年12月〕した。それは日本の〈鳳翔〉で排水量7590トン、設計速力は25ノット〔時速約46キロメートル。1ノットは時速約1・9キロメートル〕であった。その1年後、イギリスでは、やや大型で速力25ノットの〈ハーミーズ（Hermes）〉が進水〔起工1918年1月 竣工1924年2月〕した。

1920年当時、アメリカ海軍は仮設の木製甲板を取り付けた巡洋艦で離発着の実験を始めていたが、第一次世界大戦中にすでに〔専用空母の〕開発を手掛けていたのはイギリスであった。一つの方法は、カタパルトから発進させ、海面に着水させる水上機である。もう一つの方法は、改造船に取り付けた平らな飛行甲板の上で離発着させる車輪のついた航空機であった。このような空母の機能を備えた第一号がイギリスの〈アーガス（Argus）〉である。平らな飛行甲板、格納庫、格納庫と飛行甲板の間を移動する昇降機《エレベータ》という空母の主要な特徴をもった最初のものだった。

アメリカの空母〈ラングレー（Langley）〉は石炭運搬船を改造したもので、最初から空母として設計されたわけではなかった。とはいえ、現在でも多く使われている運用法の開発に貢献した。着艦の際にパイロットを誘導する着艦誘導士官（LSO）を配置したのは〈ラングレー〉が初めてであり、着艦制動索《アレスティング・ワイヤー》〔着艦した航空機の滑走を強制停止させるワイヤー〕を使用し、制動索から外れた航空機から、ほかの航空機を守るためにそれらを前方に駐機させ、防護柵を設置したのも、この艦が最初であった。このような方法で航空機の離発着に伴う運用業務《フライト・オペレーション》を行うと、搭載できる航空機の数が4倍になった。搭載機数が増えると、より迅速なフライト・オペレーションが求められ、新たなスキルの開発が必要となった。しかし〈ラングレー〉は速力が遅い艦であったため、甲板上に〔航空機の発艦を容易にする〕十分な風を起こすことができず、使い勝手がよくなかった。そのうえ小型であったため、搭載機数も限られた。

第一次世界大戦後、さまざまな理由から、主要国の海軍はこぞって巡洋戦艦を航空母艦に改造しはじめた。巡洋戦艦はもともと艦隊の偵察任務を担っていたが、航空機を搭載することで、より優れた偵察ができることが明らかになったのである。艦砲は撤去され、飛行甲板が設置された。アメリカ海軍は〈レキシントン（Lexington）〉〈サラトガ（Saratoga）〉、日本海軍は〈赤城〉〈加賀〉、イギリス海軍は〈フューリアス（Furious）〉〈グローリアス（Glorious）〉〈カレイジャス（Courageous）〉を建造した。これらは大型で高速かつ強力な艦であり、最初の「艦隊《フリート》」空母〔いわゆる「正規空母」を指す〕となった。当時の多くの戦艦よりも大きく、航空母艦は明らかに重要な存在となった。主要国の海軍は空母に巨額の資金を投じる用意ができていた。しかし、いまだ空母は戦艦に従属するものと見なされ、戦闘艦隊の補助的な存在として、その役割は偵察と小規模な急襲に限られていた。

魚雷も主要な兵器となっていた。魚雷攻撃の問題は常に、敵の戦艦にどのように接近するかということだった。魚雷を搭載した雷撃機は、この問題に対する一つの解決策を提示した。こうして航空母艦は戦艦を脅かす存在となった。

１９２９年の艦隊演習では、〈サラトガ〉は主力艦隊から分遣して運用され、パナマ運河への奇襲攻撃を行った。攻撃は成功した。こうして海軍航空隊は、戦略的なレベルにおいても侮れない存在であることが明らかになった。

日本は真珠湾攻撃以前に、すべての空母を集中し、一つの大戦力として運用するという構想の先駆者だった。それは戦略的影響をもたらす大規模な打撃力とすることを意図していた。このように日本は、一つの大きな隊形で空母を運用した最初の国となった。

技術的に複雑な戦い

空母を用いた新しいタイプの海戦は、航空機運用のための航法技術、無線通信、狭い飛行甲板での離発着、飛行甲板と格納庫内での多数の航空機の管理など、さまざまな先進技術を必要とする全く新しい問題を生み出した。また編隊飛行や連携攻撃に関わる大きな問題もあった。急降下爆撃のテクニックに加え、魚雷や雷撃のテクニックも開発されたが、それらは当初、きわめて斬新な攻撃形態と見なされていた。そもそも敵を発見すること自体が大きな課題であったが、それはレーダーの導入により革新的に克服されていった。

このような新技術の開発は、実際の戦場で試されることなく数年間にわたって続けられたのだが、新型の強力な航空機が登場するたびに、目指すべきゴールポストも移動した。

第二次世界大戦が始まったとき、何が起こるか誰もわからなかった。実際、空母の運用について知っている者など、どこにもいなかった。さまざまな理論や意見が時には強く主張されることもあったが、結局のところ、実際の戦闘でどのような展開になるのか、確かなことは誰にもわからなかった。

短くも興味の尽きない物語

航空機のエンジン開発が進むと、攻撃力と航続距離が飛躍的に伸びた。空母は偵察任務の役割とフライト・オペレーションを促進するため、高い速力が要求される一方、防御力はそれに追いつけなかった。空母は「ハンマーで武装された卵の殻」とたとえられ、短命ではあるが興味深い存在となった。

戦艦の行動は、かなりシンプルだった。つまり片方が引き下がるまで、相手の戦列を叩き続けるというものだった。唯一複雑なのは、直進する敵艦隊をT字隊形で迎え撃ちたいという願望を満たせるかどうかだった。何世紀も前からそれは変わらない。空母戦は違った。殴り合いというより、ポーカーゲームに近かった。

敵の姿は決して見えない。すべては偵察報告しだいだった。しかし、それは当てにならないことが多かった。艦隊指揮官は、しばしば断片的な情報をもとに判断しなければならなかった。しかも、決断してから何かが現実に起こるまで、かなりの時間がかかった。つまり、攻撃隊の準備と発艦には一定の時間が必要だったのである。また目標を発見した場合でも、攻撃隊が目標地域に到達するまで長い時間待たされた。敵空母への攻撃に成功した攻撃隊は、ほぼ確実に相手に損害を与え、多くの場合、そのほとんどを沈没させることができた。

これらの要素を考え合わせると、まさに命がけのゲームとなる。そのため、作戦に関わった指揮官たちは、おのおのの場所で非常にストレスの多い日々を送ったことだろう。

別の方法を採用していれば、良い結果を生み出せただろうか?

本書ではまず、空母の運用に使われたツールやさまざまな構成要素について検討することから始める。そして、これらのツールが実際の戦闘においてどのように運用されたか、ということに焦点を当てながら、主要な空母戦について検討する。

これらの検討を通じて、空母どうしの戦いがどのように行われたかを理解できる。そのとき「もし、こうなっていたら……」(what-if)という、ささやかな疑問も湧いてくるはずだ。

もしも、あの戦いで違ったやり方をしていたら? そうすれば何かが変わっただろうか? その戦闘は違った展開を迎えただろうか? 私たちは戦時中に空母の運用が大きく変化してしまったことを目の当たりにするだろう。その変化は技術の変化によるものなのか、それとも、空母戦という新しいタイプの戦い方をマスターした結果、そうなったのか？　こうした疑問に答えることで、私たちは空母戦についての理解を深めることができる。

このwhat-ifのポイントは、戦争全体の違った結果について思いを巡らせることではない。それは無益なことであり、私たちは実際に起こった出来事を知っている。重要なことは、起きた事象の背景にある力学をよく理解することである。

そのようなトピックの一つが「集中」と「分散」についてである。その代表的な事例はミッドウェー海戦であり、日本海軍が兵力を分散〔ミッドウェー攻略部隊とアリューシャン攻略部隊、さらにミッドウェー攻略部隊を南雲機動部隊と戦艦〈大和〉を旗艦とする主力部隊に分けていたことを指す〕させたのに対し、アメリカ海軍は兵力を集中させた。またアメリカ海軍の内部では、相互に掩護《えんご》し合えるよう、すべての空母を一つの隊形に束ねるべきか、それとも「卵を一つの籠に入れない」という諺のように複数の隊形に分けるべきかをめぐって激しい議論が交わされた。ポーカー・プレイヤーは、いい加減にプレイすることも、真剣にプレイすることもあるが、それはチップの数しだいである。

もう一つのトピックは、戦闘機と爆撃機の最適なバランスについてである。開戦当初は各国とも戦闘機の割合をわずか20％にしていたが、終戦近くになるとアメリカはその割合を80％以上に高め、日本はほぼ同じ水準にとどめていた。それは、なぜか？

早くからあった、そして時にかなり激しい議論を呼び起こした問題は、装甲化された飛行甲板は、航空部隊の規模の増大など、他の分野でのコストに見合っていたかという疑問である。その答えは、筆者にとって意外なものだった。

第二次世界大戦の海の戦いについて執筆するときの定説の一つは、空母が戦艦に取って代わったというものである。それは本当だったのだろうか？　それとも、もっと複雑な事情があったのだろうか？　この疑問に答えるため、私は空母どうしの戦闘モデルを使用している。この戦闘モデルは、史実の戦闘、実際の命中率や損耗率に基づいている。したがって、主要な空母戦は、フライト・オペレーションの業務の流れや、命中率や損耗率の数字に重点を置いて記述されている。索敵はどのように行われたか、何機の航空機が使用されたか、そして索敵の距離と範囲といったことである。攻撃では何機の航空機が発艦し、命中弾は何発で、何機が損失を被ったか、といったことを詳しく描いている。

こうした疑問に答えることで得られた理解をもとに、私たちは、空母の運用が戦時中にどのように進化を遂げたのかについて記述し、説明することができる。そして、こうした進化の足跡を主要国海軍の要求と目標、そして戦争全体の遂行という文脈の中に位置づけることができる。

本書は、そうした理解にいたるための、ある種の手順を踏んでいる。まずツールを解説することから始め、そのツールが戦闘でどのように使われたか、そのツールがどの程度うまく使われたのかについて説明している。そうすることで、本書は空母どうしの戦闘で何が起きたのか、なぜ起きたのかについて検討し、最終的に「どのように（How）」という問いに答えたい。

『検証　空母戦』目次

検証　空母戦——日米英海軍の空母運用構想の発展と戦闘記録

第1部

空母運用の基本――作戦・戦闘機能

第1章　航法と通信

コックピット内の生活

第二次世界大戦中の単発機のコックピット内は、何はともあれ騒音がひどかった。わずか数フィート先にある、あの大きなエンジンがブンブンと大きな音をたてるのである。星形《ラジアル》エンジンはややこもった低い唸り音だが、直列《インライン》エンジンは鋭く攻撃的な音を発し、ストレスがたまりやすい。

あの革製ヘルメットには、それなりの理由があった。ヘルメットに付属するイヤホンは、騒音があっても無線を使えるように補助するものだった。マイクはブームマイク〔長い棒の先端にマイクを取り付けたもの〕や咽喉《いんこう》マイク〔発声したときの喉の振動を拾い、音声に変換するマイク〕で、酸素マスクに内蔵されていた。無線手は通常、ハンド・マイクをもっていた。

コックピットは一般にゆったりとしていた。空母艦載機に多かったラジアル・エンジンは前面幅が比較的広かったため、空間の広いコックピットが可能になった。スピットファイア（Spitfire）や「メッサーシュミット」Ｂｆ１０９のような直列エンジンを搭載した戦闘機は、かなり窮屈なコックピットとなりがちであった。

高度に伴う低温はパイロットにとって、あまり問題とならなかった。エンジンが近くにあるため、寒さを感じなかったからである。しかし、後部座席の機関銃手や、風防ガラスが開放されているコックピットに座っている搭乗員にとっては、話は別である。高度や気候によっては、とても寒くなる。熱帯の海上では、発艦を待ちながら甲板に座っていると、飛行甲板を駆け抜けるそよ風が涼しさを与えてくれた。

コックピットは与圧されていないため、１万２０００～１万４０００フィート〔約３７００～４３００メートル。１フィートは約０・３メートル〕以上では酸素マスクを必要とした。搭乗員は座席に座ったまま動かないため、酸素タンクは固定された位置に取り付けられていた。戦前に開発された連続流式マスクは２万〜２万５０００フィートまで利用できたが、高度が変わると調節する必要があり、酸素を浪費してしまう傾向があった。高性能のデマンド式マスクは、約４万フィートまで使用できた。後者の場合、マスクから酸素が漏れないように装着することが重要である。ひげは剃ったほうがよいが、口ひげは残しておいてもかまわない。人間の鼻は形も大きさも違うので、鼻にフィットさせるのが一番難しい。うまくフィットさせるために鼻の周りを強く圧迫すると、鼻がこすられて痛くなることもあった。

また高重力のかかる飛行が予想される場合、パイロットは大量に汗をかくため、マスクの固定が非常に難しくなる。酸素欠乏症（低酸素症）は特に厄介な症状で、最初の症状は多幸感に包まれ、何が起こっているか自覚できなくなることが多い。まもなく空間識失調に陥り、意識喪失、そして死にいたる。マスクの調整不良や酸素漏れなど、酸素供給に関するトラブルで命を落とすパイロットや搭乗員も少なくない。目に見える原因もなく航空機が空から落ちてくることも珍しくなかった。酸素を使うときは、搭乗員どうしで定期的にお互いの状態を確認し合うのが一般的であった。巡航高度は、限られた酸素を節約するためと、酸素を使うことによる不快感や危険を避けるために、通常１万２０００フィート前後であった。急降下爆撃機は防御側の上空から攻撃するため、約２万フィートあたりまで上昇しようとする。このため、戦闘空中警戒《コンバット・エア・パトロール》（ＣＡＰ）〔敵機の接近に即応できるよう、戦闘機を空中待機させておくこと〕はその高度で彼らを迎撃する準備をしなければならなかった。現代の戦闘機もコックピットは加圧が弱いため、酸素供給の問題は根強く残っており、大きな危険となっている。

飛行任務は４〜５時間にも及んだが、一般的に食べ物や飲み物は持ち込まれなかった。ある戦闘記録には、任務の後、搭乗員がかなり空腹で喉が渇いていたことや、食糧不足がパイロットの持久力に影響を及ぼしたことが記されている。あるＬＳＯ〔着艦誘導士官〕は５回の失敗の後、ようやく着艦に成功したパイロットにこう告げた。「ここに着艦しなければならなかったんだよな、ここには食糧がある」。

搭乗員たちは撃墜されたときのために非常食を携行していた。ポケットの中や機内のどこかに詰め込んでおくのだ。手が届くところなら、長時間の任務の間にそれを取り出すことができる。爆撃任務の重爆撃機では、乗組員のために糧食や〔温かい〕飲み物が携行されていたが、空母艦載機は、少なくとも戦闘任務中は携行しなかった。訓練飛行はリラックスした雰囲気で行われ、長時間の飛行では糧食と水が持ち込まれることもあった。

コックピットの中での喫煙は基本的に禁止されていたが、それは時と場合によった。当時、喫煙がいかに一般的であったかを考えると、これはやむをえないことであった。ほとんどの兵士と水兵はタバコを吸い、これはどこの軍隊でも同じだった。タバコは戦闘のストレスから解放されるために利用され、パイロットの中にも愛煙家が多くいた。重爆撃機の中には、コックピットにライターや灰皿を備えているものもあったが、空母艦載機にはそのような快適な設備はない。空母では一般的に喫煙が許されていたが、飛行甲板や格納庫、ガソリンを扱う場所では当然のことながら制限されていた。特に連合国側ではタバコ産業からの積極的な支援を受けて、喫煙は、軍によって奨励された。現代の統計学者によれば、第二次世界大戦中、多くの男性が軍に所属したため、喫煙率が増加し、戦闘よりも喫煙〔に由来する疾病〕で命を落とした者が多かった。

排尿の必要がある場合に備え、各搭乗員に排尿チューブが装着されていた。フライト・スーツのジッパーはかなり下の方まで下がったが、この任務〔排尿のこと〕を無事完遂するためには、編隊の隊形を維持するだけでも大変なときに、チューブをがさがさと探し出し、慎重に狙いを定めて用を足す必要があった。排尿チューブは巡航高度〔高度１０００フィートごとに気温は約３℃下がる〕で凍結し、詰まってしまう傾向

アメリカ空母〈モントレー〉のエレベータに収まったヘルキャット。格納庫内は禁煙だった（少なくとも標識にはそう書かれているが、実際には空母ごとに違っていた）。

があり、かなり不評だった。代わりに大人用の紙おむつもあったが、空母のパイロットたちは使わなかったようである。女性パイロットは排尿用チューブを使いこなせなかった。彼女たちは、たとえばヘルキャット（Hellcat）の製造地であるニューヨーク州ベスページから西海岸への長距離輸送の際には、おむつで代用したそうだ。パイロットは「湿気を帯びた」あるいは「異臭を放つ」飛行服のまま着艦することもあった。重爆撃機では通常、化学トイレ、フタ付きのバケツ、段ボール箱などを使用した。機内には搭乗員たちが動き回るスペースはあったが、〔操縦士が席を離れる場合に備えて〕副操縦士が必要で、高高度では携帯用酸素ボンベも必要だった。このような厄介な問題を避けるため、飛行任務前に排尿を済ませるのが普通であった。またパイロットは飛行任務前に水分を一切取らないという方法をとった（「戦術的脱水」）。しかし脱水は酩酊状態と同じくらいパフォーマンスに影響を与えるため、良い解決策とは言えなかったのだが、当時はあまり理解されていなかった。

アンフェタミン錠剤〔中枢神経興奮剤で鬱病などの治療に用いられる〕は、第二次世界大戦中、戦闘員の間で広く利用されていた。アンフェタミンは通常よりも、さらに2時間から10時間にわたって覚醒状態を長引かせる。当時は、この錠剤の使用が現在のように薬物依存症につながるとは思われていなかった。ドイツ軍はポーランドとフランスとの戦いでこれを使用したが、すぐに判断力を低下させることに気づき、使用を中止した。副作用としては、攻撃性、過敏性、不安、パラノイア、幻覚、一般的な混乱などがあった。使用後、正常な状態に戻るには１日か２日かかった。連合軍の重爆撃機の搭乗員たちは、長時間の任務で警戒を怠らないようにアンフェタミンを日常的に支給されていた。これは長距離の海軍哨戒機の搭乗員たちも同様であった。一般的な商品名はベンゼドリンまたは「ベニー」であった。一方、艦載機の搭乗員たちは４〜５時間の比較的短い任務であったため、これらの錠剤をまったくと言っていいほど使わなかった。しかし、アメリカ軍のパイロットたちは、空母に着艦する前にアンフェタミン錠剤を服用したという報告がある。ちなみに、日本の空母のパイロットたちは警戒心を維持するために「ビタミン剤」を摂取していたと言われている。

Ｇスーツ〔パイロットが重力加速度に耐える能力を高めるために着用するスーツ〕は１９４３年以降に実験が行われた。イギリス軍は、装着すると自動的に水が満たされる浮袋の付いたシステムを使用していた。アメリカ軍は圧縮空気を充填するシステムを採用した。どちらのシステムも宣伝どおりの働きをみせ、パイロットは１Ｇ〜１・５Ｇ分を軽減できた。このおかげで戦闘機パイロットは大胆な旋回を行えるようになり、戦闘で優位に立つことができた。とはいえ、初期のスーツは長時間着用するには不快だった。またＧスーツは、急降下爆撃機のパイロットが機体を上昇させるときに使用することもできた。しかし実際には、それは行われなかったようである。〔ユンカース〕Ｊｕ－87はパイロットが失神した場合、自動操縦で機体を引き揚げるという別の解決策を備えていた。

編隊飛行は戦闘に不可欠な技量だ。そのための訓練に多くの時間が費やされた。編隊飛行では、パイロットは常に正しい位置をキープしなければならない。目標地点への往復の途中では、パイロットの負担を軽減するために編隊を緩めることがある。目標地点に近づくにつれて、編隊飛行の厳格な隊形は維持され、よりいっそうの集中力が要求される。

着陸する場所がない広大な海域を飛行しなければならないため、パイロットには航法と燃料節約の面で常に心理的なプレッシャーがかかっていた。またエンジントラブルへの不安も常にあった。無線機や各種電子航法装置は故障しやすく、また十分な訓練を受ける時間もなかったため、あまり信用されていなかった。無線手は無線機の操作や正しい使い方、その限界を理解するだけでなく、無線機がうまく機能するために入念に手入れ（適切なチューニング、緩んだ接続部の補正、複雑な真空管の操作など）をする必要もあった。

戦闘任務は長く退屈なことも多かったが、数分の間は恐怖に包まれる。対空砲弾が飛んでくる危険性はどうしようもないことで、誰が死ぬか、誰が生き残るかは運しだいだった。その点に関しては為す術《すべ》もなく、無力であることを受け入れるしかなかった。大戦末期になると、任務のほとんどが地上支援という単調なものとなっていたため、絶えずつきまとう対空砲弾の危険性だけが精神的な負担になっていた。

終戦間近の偵察任務は歓迎されるようになった。静寂と平和の感覚に包まれ、雲を眺めながら、ゆっくりと天候が変化する大空の中を飛行する美学を楽しむ時間の余裕が増えた。

空母には蚊や不快な生物がおらず、熱帯病とも無縁であった。どこの国の海軍パイロットも熱帯の島に駐留するよりも、空母での勤務を好んだ。

脱出と不時着

航空機のパイロットと搭乗員は全員パラシュートをもっていた。彼らはみなパラシュートの上に座って、コックピットでの時間を過ごす。それは居心地の良いものではなかったが、パラシュートはパラシュートであって人間工学《エルゴノミクス》（ハードウェアやソフトウェアなどを快適に使いやすくするための設計やデザインに関する研究分野）の観点から、どうこうというものではない。

脱出の際にパラシュートを開くには、十分な高度が必要であった。キャノピーは、それを後方にスライドさせて開ける。通常であれば簡単なことだが、飛行機が撃たれ、搭乗員自身が負傷している場合は、大掛かりな作業になる。時にはコックピットから抜け出せないこともあった。空母の戦闘は低空で行われることが多いので、パラシュートの使用は唯一の選択肢というわけではなかった。

高高度から脱出するということは、酸素の供給が絶たれることを意味する。パイロットは大気中に十分な酸素がある高度に達するまで、リップコード〔パラシュートを開くためのひも〕を引かずに自由降下《フリーフォール》をしなければならない。フリーフォールの時間は、低酸素症でパイロットが意識を失わない程度に短くする必要があった。

水冷式直列エンジンを搭載した飛行機では不時着は危険だった。問題となるのは、通常は機体の下部に取り付けてあるラジエーターを冷やすための空気取り入れ口だ。この空気取り入れ口が大量の海水をすくって飛行機を急停止させ、パイロットが意識を失ったり、機体がひっくり返ったりすることがよくあった。また海水が入ると、機体があっという間に沈んでしまう。さらに至短時間でコックピットから脱出するためには、パイロットは不時着する前にベルトを外しておかなければならなかったが、着水時の衝撃で意識不明になる危険性も高かった。そこで推奨されたのは、片方の翼を下げて海面に浸し、海水の流入を抑えながら機体を車輪《カートホイール》のように側転させながら止まるようにする方法であった。しかしカートホイールは制御が難しく、直列エンジンでの胴体着陸はやはり致命的であった。これが空母艦載機にラジアル・エンジンが使われるようになった、もう一つの理由である。ラジアル・エンジンであれば、不時着は生還の可能性を高めた。ラジアル・エンジン搭載機の危険の多くは、沈んでいく機体から出られずに意識を失ったり、閉じ込められたりして、沈んでいく機体から出られなくなることだった。着陸装置が固定式であっても、不時着ができないわけではなかったようである。日本の99式艦上爆撃機〔以下「99式艦爆」と表記。日本海軍では急降下爆撃を行う艦載機を艦上爆撃機としていた〕が不時着した後、搭乗員が生存して救助されたという記録がいくつか残っている。

零式艦上戦闘機〔以下「零戦」と表記〕の場合、パイロットは装具を着けず、パラシュートを単に座席のクッションとして使用することを選択できた。その理由は、パラシュート装具がコックピット内の動きを制限してしまうからであった。また戦闘中に落下傘降下すると、少なくとも戦時中は捕虜になることが多く、パイロットにとってあまり好ましい選択ではなかったからである。一方、零戦には不時着用に優れた性能や装備が備わっていた。まず主翼には密閉式の浮揚区画が設けられており、機体後部にはパイロットが膨らませることのできる浮き袋があった。ワイルドキャット（Wildcat）、ドーントレス（Dauntless）、デバステーター（Devastator）などのアメリカ海軍の初期型も浮揚装置を備えていたが、すぐに取り外された。特にデバステーターの場合、機体（おそらく搭乗員も）を最高機密のノルデン爆撃照準器もろとも海中に素早く確実に沈ませることが明らかな狙いであった。ワイルドキャットの場合は、信頼性に問題があった。というのも、主翼に内蔵された大きな空気注入式の浮き袋が不意に膨らむ癖があり、それが重大事故につながることもあった。イギリス海軍は機体に浮揚装置を設けず、マートレット（Martlet）〔アメリカからイギリス海軍に供与されたワイルドキャットのイギリス側の名称〕からは取り外された。

パイロットは今日のような肩掛け式シートベルトを装着していなかった。大戦初期には、多くの航空機が2点式シートベルト〔骨盤を固定するため腰の左右にわたすベルト〕しか備えていなかった。肩掛け式は、パイロットが着水や不時着したときに銃眼に額をぶつけることが多かったため追加された。また銃眼や爆撃用照準器、プロッティング・ボードを操作しやすいようにベルトを緩めておくこともあった。

日本の戦闘機パイロットは陸・海軍を問わず、パラシュートで降下している敵の搭乗員を撃つケースが多かった。これへの主な防御策は、かなり高度が低くなるまでリップコードを引かないことであった。海面に着水した場合は、戦闘が終わるまで救命胴衣《ライフジャケット》や救命筏《いかだ》を膨らませないようにするのが普通であった。

捜索と救助

パイロットと搭乗員は全員、救命胴衣を着用していた。アメリカ海軍とイギリス海軍は通称メイ・ウェスト〔連合国が使用した救命胴衣「Type B-4」の愛称。当時の有名なアメリカ人女優の名に由来している〕と呼ばれる膨張式の救命胴衣を使用していた。膨らませる方法はCO_2カートリッジ〔二酸化炭素が充塡されたボンベのこと。車のタイヤを膨らませるときなどに使われる〕を使用するか、手動で行った。染料マーカーを水中に放出すると、海面に明るい色の帯——通常は蛍光黄緑色（Ｃｙ３シアニン染料を使用）——ができた。この染料の帯は30分間ほど持続し、上空から発見されるのに最も効果的な方法だった。大海原で小さく揺れる人間の頭部は、少し離れた所からでも見つけるのは至難の業だ。この染料マーカーは現在でも使われている。日本海軍はカポック——綿に似た植物性素材で、浮力があり防水性に優れているが、燃えやすい——を素材にした少々かさばる救命胴衣を使用していた。これは膨らませる必要がなかった。日本海軍の救命胴衣はカーキ色か深緑色、アメリカ海軍とイギリス海軍の救命胴衣は黄色、正確には黄色がかったカーキ色であった。

　たいていの航空機には搭乗員用の救命筏が装備されており、通常は外側のハッチからアクセスし、着水後にそれを引き出して膨らませる仕組みになっていた。この救命筏には、照明弾や非常食、少量の水（ただしタオルはなし）など、さまざまなサバイバル用品が入っていた。大戦後半になると、小型の一人乗り用筏がパラシュートに付属していることが多くなり、機体が不時着した後だけでなく、パラシュートで脱出した後も救命筏が使えるようになった。

　アメリカ海軍とイギリス海軍は、墜落したパイロットの救出に全力を注いだ。戦友がどこでパラシュート降下をしたか、あるいは不時着したかを記録し、それを出動できる捜索・救助部隊に連絡した。救助の主な手段は飛行艇、水上機、潜水艦、駆逐艦などであった。

　この一部始終を見ていた日本のパイロットは、アメリカ人が墜落した飛行士を救出するためにいかに努力しているかを見て、羨ましく思った。日本人は異なる状況に置かれていた。捜索や救助に必要なリソースは、他の戦闘目的で使ったほうがいいと考えられていた。これは、厳密に軍事的視点に立てば正しいことだったかもしれない。多くの航空機には救命筏がなく、あったとしても救出の見込みは乏しかったのである。こうしてみると、日本のパイロットが救助を期待する代わりに、敵艦に体当たりする傾向があるのは理解できる。日本のパイロットたちは、好むと好まざるとにかかわらず、自分たちにできるいかなる犠牲をも払うことを求められていたのである。

捕虜

日本海軍の搭乗員たちは捕虜になることを嫌い、しばしば敵艦に突入して自決する道を選んだ。かりにどうにか生き延び、捕虜になってしまった場合、彼らは最も不名誉な方法で失敗したと見なされる。しかし一転して、失うもの〔名誉を指す〕が何もなくなってしまうと、こんどは捕縛者〔アメリカ軍〕の要求にしたがうようになり、それも、きわめて素直に受け入れた。この心理的離反を促すため、捕虜になった搭乗員たちは、尋問が終わるまで互いに隔離された状態に置かれた。

捕虜となったアメリカ海軍の航空機搭乗員は、日本軍によって日常的に拷問され、処刑された。アメリカ人は拷問に耐えられないと思われていた。戦闘地域にいる間、彼らはほとんど話しかけられなかった。

ナビゲーション

航空機のナビゲーションには、磁気コンパス、飛行速度計、時計を利用した推測航法（ＤＲ：Dead Reckoning）が採用されていた。この基本的なＤＲに、空母で観測された風から表面海流を推定し、修正が加えられた。また、天候の変化や風向・風速の変化にも注意が払われた。表面海流は波の向きや長さから判断されるが、雲の上を飛んでいると波は見えない。正確なナビゲーションを行うには、優れた気象学者になることが求められた。当時の天気予報は当てにならないことが多く、ほとんど役に立たなかったからだ。

ＤＲプロットは誤差が5～10％以下の精度を誇っていた。戦闘半径を２５０マイル〔約４００キロメートル。１マイルは約１・６キロメートル〕とすると、20～50マイルの不確実性がある。４時間の飛行任務の間、艦隊は通常50～１００マイル程度移動するため、飛行前にパイロットたちは空母の予想される行動について説明を受けた（これは航空機が収容されるまでは、空母の行動の自由が制限されることを意味している）。このため、燃料や航続時間の理由だけでなく、航法上の理由からも、長距離の攻撃はできる限り避けられる傾向があった。

携帯用プロッティング・ボード（「チャート・ボード」とも呼ばれる）は各国海軍の航海士が使用していた。ボードには通常、位置と時刻、方位などのメモが鉛筆で書かれた航海用の海図が記されていた。アメリカ海軍のパイロットは、よく知られたダルトンのＥ－６Ｂフライト・コンピュータに似た円形の計算尺を内蔵した特殊なプロッティング・ボードを使用し、プロッティング作業を効率化していた。これには、波の長さから風速を割り出すための図表も描かれていた。このボードはパイロットの目の前の計器盤に引き出し式に収納されているか、座席の脇に収納されていた。イギリス海軍の航海士たちは、共通のプロッティング・ボードと独立したMk Ⅲ航海コンピュータ（のちにＥ－６Ｂとよく似たMk Ⅳ版にアップグレード）を組み合わせて使っていた。Ｅ－６Ｂは、１９３０年代後半にアメリカ海軍のフィリップ・ダルトン（Philip Dalton）大尉が発明したもので、彼はのちに教官パイロットを務めているとき、訓練中の事故で死亡している。

コンパスは通常フラックスゲート式〔高感度な計測ができる磁力計〕で、バックアップとして基本的なカード・コンパスが使われていた。フラックスゲート・センサーは、機体のエンジンや電子機器類から離れた、磁気の弱い場所に置かれていた（アルミニウムは磁気を帯びない）。リピーター〔暗闇でもレバーを引くと、鐘の音で時刻を知ることができる時計〕は操縦士と航法士の計器盤に設置されていた。戦闘飛行中は、どちらのコンパスも機能しなくなるが、機体は水平飛行を保たねばならない。ジャイロスコープは操縦の影響を受けないが、ドリフトするため、定期的にコンパスを使って手動で調節する必要があった。そこでフラックスゲート・コンパスと自動で位置合わせを行うジャイロスコープが開発された。というのも、精密ジャイロコンパスは重くて高価であったため、航空機には使用されなかったからである。しかし、船舶には広く使われた。ジャイロコンパスは地球の自転を利用し、磁場とは関係がなかったため、大きな鋼鉄の塊があっても影響を受けずに済んだ。

コンパスで定められたコースを正確に飛行することはパイロットの責務であったが、これには集中力を必要とした。そのため、空母から離れれば離れるほど、パイロットは正確な飛行をしなければならないというプレッシャーを感じた。

1944年10月24日、プロッティング・ボードを使用し、任務の準備をしているアメリカ空母〈フランクリン〉のVT-13のパイロットたち。プロッティング・ボードはキッチンの引き出しのように計器盤に差し込まれている。ライフジャケットには染料マーカーが付いている。

ナビゲーションは六分儀〔１２０度までの２つの任意の物体の角度を測定する器具。船舶や航空機の位置を計算でき、ＧＰＳが普及したあとも航海術の基本として使われ続けている〕とクロノグラフ〔経過時間を測定する機能がついた時計〕を使っても可能であったが、専任の航法士を必要とした。六分儀は人工水平儀〔ジャイロスコープに基づく航法計器〕のある気泡式であった。航行位置の精度は10～20マイル程度で、かなり悪かった。ナビゲーションに晴天が好まれたのは当然だが、それは戦闘行為も同様であった。良質な六分儀、安定した甲板、真水平を備えた艦艇は、通常２～５マイルの誤差の範囲内で航行できた。六分儀を使って太陽の高さを測ると、位置ではなくラインが得られるだけである。太陽が天空を横切ると2本目のラインを得ることができる。それを推測航法（ＤＲ）と置き換えることで１本目のラインと比較できる。したがって真の位置の確定は、数時間以上の飛行を続け、DRが良好でなければ不可能である。夜間は星を利用することができた。おのおのの星が位置線を提供してくれるので、真の航行位置を確定できた。

日本海軍航空隊の航法士は、バイグレーブ管状計算尺を使用し、天測計算を行っていた。バイグレーブは1920年、イギリス空軍のL・C・バイグレーブ（L. C. Bygrave）大佐によって発明されたものだった。初期型バイグレーブを改良したものが、ドイツのUボートで使われていた。これは数学の方程式を解くものだが、戦前と戦中に天測計算表が印刷された本が出回るようになると、方程式をより早く簡単に解けるようになり、これに取って代わられた。

航空機のナビゲーションは、必要に迫られたときにはパイロットも行うことはできたが、通常は専属の航法士のほうがより正確だった。パイロットは基本的な飛行に加え、編隊の中で自己位置を保つことに忙殺される。単座の戦闘機パイロットが航法も行うのは難しいので、少なくとも大戦初期には爆撃機と一緒に行動する傾向があった。

イギリス海軍は視界不良の条件で作戦を行うことが多かったため、電子航法補助装置が開発されるまでの間は、フルマー（Fulmar）〔イギリス海軍初の正式な単葉艦上戦闘機〕などの複座式戦闘機を運用する傾向が強かった。性能を犠牲にしてでも、任務終了後に空母への帰路を確実に特定できることが重要と考えられていた。

次に引用する文では、開放式コックピットという構造をもったソードフィッシュ（Swordfish）雷撃機に搭乗していた観測手・航法士の生活を、かなり鮮明に描写している（スタンリー・ブランド〔Stanley Brand〕著『気をつけ！ソードフィッシュ！』〔*Achtung! Swordfish!*〕より）。

観測手は、鉛筆、定規、消しゴム、コンパス、方位磁石を使って、偏差・変動・飛行経路と飛行時間・風速・風向を記録し、偏流と飛行距離を計算しなければならず、自分の膝の上に海図と海図盤を置いてバランスを取りながら自己位置を把握するという難しい作業に集中していたが、これは本当に奇跡的なことだった。これらの厄介な道具を、手袋をはめた状態で、時に寒さでかじかんだ指先で扱うことは実に難しく、もし落としてしまった場合、ソッドの法則〔失敗の連続や不幸な出来事を人生の法則になぞらえて自嘲するユーモア表現〕に従って、かならず手の届かないところに落ちる。しかもコックピットの狭い空間と何枚も重ね着した不格好な防護服によって動作はぎこちない。消しゴム、定規、鉛筆、分度器などの道具が落下しないように、ひもで押さえてあったが、蜘蛛の巣状に互いに絡み合わないようにするために、その本数にも限度があった。

99式艦爆や彗星といった急降下爆撃機の搭乗員は2名であり、1名はパイロット、もう1名は航法士、無線手、後部射撃手を兼務していた。97式艦上攻撃機〔以下「97式艦攻」と表記。日本海軍では、雷撃、水平爆撃を行う艦載機を艦上攻撃機としていた〕や天山といった雷撃機の搭乗員は3名で、1名はパイロット、2人目は航法士、爆撃手、観測手を兼務し、3人目は無線手、射撃手を兼務した。

　零戦のパイロットは最低限のナビゲーションしか行わず、基本的な飛行経路と時間をニーボード〔膝に巻き付けて固定するボード〕に書き留めていた。しかし、これはあくまでも予備的なもので、空母に帰還する際には爆撃機に頼っていた。こうして一部の97式艦攻は編隊全体、特に戦闘機隊の誘導または道案内役として出撃していた。また爆撃機は白い染料の塊を海中に投下する能力をもち、その染料が形作る帯は、戦闘機のパイロットたちに空母がいる方向を指し示した。もし零戦のパイロットが戦闘の末、爆撃機も何もない状態で帰投しようとしても、道に迷い、たいていは致命的な運命をたどっただろう。零戦に航法設備がないことによって、「戦闘機の誘導指揮《ファイター・ディレクション》」にも影響が及んだ。パイロットに攻撃目標がどこにあるかを伝えても、そのパイロットはプロット情報をもっていないため、ほとんど意味がなかった。また、どこどこへ向かえと伝えても、そこへ到達するための航法手段がないのだから、ほとんど意味がなかった。

急降下爆撃機のドーントレスとヘルダイバー（Helldiver）は、パイロットと無線手兼後部射撃手の２人乗りであった。デバステーターは、珊瑚海やミッドウェーではパイロットと無線手兼後部射撃手の２人乗りでほとんどの任務をこなした。実際には３人目の乗員が中央の座席にいたが、主な任務は魚雷では使われないノルデン爆撃照準器を操作することであった。アヴェンジャー雷撃機の乗組員は、パイロット、無線手兼レーダー手兼爆撃手兼腹部射撃手、後部射撃手（小さな電動式銃座に閉じこもり、他の任務をあまりこなせなかった）の３人で構成されていた。アメリカ海軍の慣例では、爆撃機であっても常にパイロットがナビゲーションを行うことになっており、その後、前述した特殊なプロッティング・ボードを使用することで、パイロットの作業は簡略化された。アメリカ海軍の戦闘機パイロットは空中戦の最中も推測航法に注意を払い、ニーパッドに飛行経路と時間を書き留め、戦闘が終わると、それをプロットすることで知られていた。

ドーントレスとデバステーターは二重の操縦系統を備え、少なくとも原理上はパイロットが航法計算に専念したり、操縦不能に陥ったりした場合に、しばらくの間、操縦を他の搭乗員に任せることができるようになっていた。とはいえデバステーターの場合、爆撃手が不在のときは、パイロット以外の者が操縦することはできなかった。ちなみにアヴェンジャーもヘルダイバーも二重の操縦系統を備えていなかった。

自動操縦は大戦末期にかけて、アメリカ海軍艦載機の中で一般的に取り入れられるようになった（大型爆撃機の自動操縦は開戦当初から一般的であり、爆弾照準機能の一部となっていた）。これはジャイロを利用した精度の高い自動操縦であり、これにより機体の進行方向を維持し、横揺れを補正し、姿勢を一定に保つことができた。同じような効果は、風向を考慮した機体の適切な姿勢制御と、操縦桿の固定動作を組み合わせることで得られた。こうして両手が自由になったことで、一定の期間、パイロットはプロット作業の更新をしやすくなった。

パイロットと航法士は母艦がいると思われるエリアまで戻ると、たいてい、それを発見することができた。大戦末期には、アメリカの任務部隊《タスク・フォース》は規模が非常に大きくなり、20～25マイルの海域に広がっていたため、容易に見つけることができた。その頃には、数多くの空母の中から母艦を見つけることは面倒になっていた。かりに雲や視界不良で任務部隊の姿が見えにくい場合は、追跡用発信機《ホーミング・ビーコン》を使用した。それでも空母を見つけられない場合は、致命的となることが多い。特に長距離索敵機にとっては問題は深刻であった。なかには母艦への帰路を見つけられず、永遠に姿を消してしまうケースもあった。推測航法のことを「死の推測《デッド・レコニング》」（ＤＲ）と呼ぶようになった理由は、航法計算を間違えると死にいたるからだ、というジョークが込められていた。しかし多くの場合、ジョークでは済まされなかった。次のミッションで生き残りたければ、優れた航法士になるしかなかった。しかも悪天候の中で、機器の故障に見舞われた場合でも。海はとても冷たく、情け容赦がない。

ホーミング・ビーコン

ホーミング・ビーコンは、艦載機が空母への帰路を見つけるために利用された。イギリス海軍とアメリカ海軍は、１９３０年代初めに非常によく似たシステムを開発し、戦前から運用していた。しかし、その期間は、乗組員がシステムへの信頼を育むための時間や訓練に費やされたわけではなかった。特に大戦初期には、信頼性に欠け、一般に奇妙な装置と見なされていた。

　空母は上部構造物の高所に大きなアンテナをもち、電波ビームが回転すると全周へさまざまな文字が連続信号として送信される。送信文字は最高機密《トップシークレット》で、毎日変更される。このように文字を使うことで、航空機はどの文字を受信したかを聞くだけで方位情報を得ることができた。周波数はＶＨＦ（超短波）帯（２４６MHz）で、通達距離は30～35マイルに限られていた。ＶＨＦ帯は基本的に見通し距離内での通信となるため、距離が長くなると、航空機が低空（「レーダー覆域の下」あるいは「水平線の下」）にいないことが要求された。アメリカ海軍では、空母搭載の送信機は「YE」、機上の受信機は「ZB」と呼ばれた。

日本海軍は、このようなホーミング・ビーコン・システムを開発することはなかった。日本海軍のドクトリンでは、無線封止を厳守することに重点が置かれていた。空母には一般的なRDF〔無線方向探知〕送信機が搭載されていたが、これは遠くまで届くMF（中波）帯とHF（短波）帯で運用されていたため、敵が傍受している可能性がある場合は電源スイッチをオフにしていた。この送信機は方位情報を送信しないので、航空機に搭載された受信機は手動でアンテナを回転させ、送信機の方角を探さなければならなかった。しかし、真珠湾攻撃時にホノルルのAMラジオ局KGU〔の電波〕を使って接近したように、この受信機で適切な発信源の方角を見つけることができた。とはいえホーミング・ビーコンがなかったため、日本海軍は航法上の錯誤が原因で多くの航空機を失うことになった。特に比較的長い距離を索敵・攻撃する場合はそうであった。こうして日本海軍が誇る航続距離の優位性の一部は、味方空母を見つけるのが困難な場合に備え、ある程度の予備燃料を携行する必要性によって相殺されてしまった。

原理上、イギリスとアメリカのホーミング・ビーコン・システムは、敵の攻撃部隊が味方空母の位置を突き止めることに利用される可能性があった。しかし、高い周波数と限られた通達距離はそうした問題への主な防御策となりえた。また電波封止の場合は、ホーミング・ビーコンを完全にオフにすることも可能だった。さらに電波ビームは回転するため、敵が方向探知に利用する場合には不便を伴ったはずである。だが実際には両海軍ともレーダーを運用し、戦闘機の誘導には無線通信を使用していたため、相手に電波を捕捉されること自体は重大な問題とはならなかった。つまり、双方とも探知は容易だったのである。

コラム　空母鳩

空母での使用

第一次世界大戦では、何千年も前から使われていた伝書鳩が大いに活躍した。戦闘地域の後方のどこかに鳩小屋を設けるのが標準的なやり方であった。そして、そのうちの1羽を前線に運び、いざとなったら司令部にメッセージを届けるのに使った。

その成功率は95～98％であった。また鳩には、留守中に鳩小屋が移動しても、自分の鳩小屋に戻ることができる能力もある。この能力は、船のような移動基地で活動する場合に重要であった。

鳩の一般的な使用方法は、初期の水上機母艦や空母にも受け継がれた。アメリカ初の本格的な空母である〈ラングレー〉は船尾に鳩小屋を備えていた。〈レキシントン〉や〈サラトガ〉の初期の設計図には船尾に鳩小屋があったが、最終設計には盛り込まれなかった。空母に搭載される鳩の用途は、1羽を航空機の中に入れて携行し、目撃情報や、航空機が不時着して乗員の救助が必要であるというような内容を空母に報告させるために放つというものだった。

鳩は、時速150マイルかそこらで飛行中の機体から放り出された。これは鳩ならではの特徴を活かしたやり方だった。鳩が楽に移動できるように、コンテナにさまざまな仕掛けが施されていたが、鳩はかなり頑丈なようで、スリップ・ストリーム〔航空機のプロペラの後流〕で翼がもぎ取られるまでにかなりの時間を要した。高度も関係ないようで、3万フィートの上空で無与圧の機内にいても、まったく動じなかった。放り出されても、すぐに低空へと降下し、いつものように仕事をする。

〈ラングレー〉での初期の実験はうまくいったが、ある日、すべての鳩を同時に放したところ、鳩は空母のことを忘れることにして、代わりに空母の母港に飛んで帰ってしまった。その後、「反乱」を起こした鳩は〈ラングレー〉に戻されることはなかった。

しかし、墜落した航空機から鳩を放つという基本的な原理は残った。第一次世界大戦中のドイツ上空での爆撃任務では、すべての爆撃機が2羽の鳩を搭載していた。爆撃機が不時着して無線が通じなくなると、放たれた鳩が捜索・救助活動を始め、乗組員が助かることもあった。これは原理的には空母艦載機でも可能であったが、誰も使わなかったようである。日本は捜索・救助にあまり関心をもたず、イギリスとアメリカは戦間期に鳩の運用能力を失ってしまった。イギリス海軍もアメリカ海軍も〔鳩による〕捜索・救助活動を再開していない。ドイツは戦時中も鳩を保有していたが、空母を運用することはなかった。

1950年代には無線機の信頼性が高まり、ほとんどの軍隊が鳩を使わなくなった。鳩は、技術的に優れた敵が無線通信を妨害または傍受すると想定される非対称戦争では、今でも使用されている。

訓練

鳩の性能と帰還能力は、訓練によって大きく向上させることができる。鳩は生まれながらにして同じであるわけではない。適切な飼育と訓練により、時速60マイル程度の飛行速度と、700マイル以上の飛行距離を達成することができる。帰還能力も訓練が必要だった。なかには、最初はナビゲーションがひどく下手で、鳩小屋から出る道さえ見つけることが難しい鳩もいる。また鳩は水の上を飛ぶことを嫌うため、水上を快適に飛ぶにも訓練が必要である。〈ラングレー〉の失敗の背景には、そうしたトレーニング不足があったのかもしれない。

鳩を空腹にさせるなどして、性能を向上させることもできる。特に悪質なのは、お気に入りのメスが他のオスと一緒にいるのを、ミッションの前にオスの鳩に見せるというものだ。いずれのトリックも、鳩が鳩小屋に戻るスピードを速める傾向があった。

対策

鳩を使った重要メッセージの伝達が盛んに行われたため、それへの対策が必要とされた。一番わかりやすいのはライフル射撃だが、これは至近距離からでしか効果がなく、しかも、かろうじて効果があるといった程度である（これは筆者もテスト済み）。ショットガンの方が、はるかに鳥類を仕留めるチャンスがある。猟師が最適と考える散弾の重さは鳩の約3000分の1で、これは単発機に対する40ミリ砲弾の重量比とほぼ同等であることが判明している。鳩に対するライフル射撃は単発機に対する大口径高角砲と同じように、空中での弾数が少なすぎる。弾丸の重さで数の不足を補うことはできないのだ。

より効果的な方法は、ハヤブサを使うことであった。ハヤブサはドイツ軍に好まれ、レジスタンスからロンドンへのメッセージを運ぶため、占領下の欧州に投下された鳩をイギリス軍が使用することを阻止するために使われた。

ハヤブサは水平飛行では鳩ほど速くはない。ある程度の高度でエリアを見渡した後、猛スピードで急降下し、標的の鳩を追い越して驚かせるという方法で狩りをする。ハヤブサは人間の約10倍の視力をもち、約1マイル先の鳩を発見することができる。鳩の死角を突くために鳩の6時方向に飛び込み、最終的には鳩のやや下に接近し、フラップ〔翼の後端の細い可動部分〕をフルに使ってスピードを落としながら素早く上昇し、着陸装置のインチ単位の長い爪で鳩をつかむのだ。このとき、鳩の中には、最後の瞬間に飛行を停止して石のように落ち、オーバーシュートさせるという対抗策をとるものもいた。このドイツで訓練されたハヤブサ（ラテン語でハヤブサ・メッサーシュミット〔Falco peregrinus messerschmitti〕）と格闘した結果、明らかにハヤブサの爪で傷を負い、命からがら帰還する鳩もいたという。

ハヤブサの危険性を知ったイギリスは、自国の野生のハヤブサを淘汰させた。その結果、ドイツのスパイが鳩を使ってメッセージを発信しやすくなるという思わぬ事態を招いた。イギリスはすぐにハヤブサを補充することにしたが、それは鳩を殺して食べてしまうハヤブサではなく、捕まえて鷹匠のもとに持ち帰るように訓練されたハヤブサだった。その結果、ドイツ側のメッセージの入った金属製容器のデザインについて、いくつかの情報が得られた。これを複製してイギリスの鳩につけ、ドイツ奥地にあることが知られていた鳩小屋の上空から密かに投下した。イギリスの鳩は、遠く離れていて帰れないことを知ると、ドイツ側の仲間に加わり、事実上の潜入スパイとして活動する。ドイツ軍はこのイギリスの鳩をイギリスにいるドイツのスパイに預け、そのスパイが鳩に最高機密のメッセージを詰め込むと、鳩はそれをイギリスの鳩小屋に持ち込むのである。もちろん、これは極秘の活動であり、イギリス軍事情報部第14課、別名MI－14（のちにMI－6と統合）が担当した。

鳩誘導ミサイル

鳩の帰巣本能は、高度に発達した画像認識能力に依存しているようだ。動物の認知に関する実験で、鳩にキュビズムの絵画と印象派の絵画を区別させる訓練を行った（興味深いことに、キュビズムの絵画を逆さまにしても鳩はキュビズムの絵画として認識したのに対し、印象派の絵画を逆さまにすると認識しないのである）。

戦時中、艦船のように動いていて防御力の高い目標に命中させるには、誘導ミサイルが必要なことは明らかであった。問題は、妨害電波への抵抗能力を備えた誘導装置であった。そこで役に立ったのが、鳩の画像認識能力である。軍艦の画像を鳩につつかせる訓練に成功し、鳩がつついた場所をミサイルの動翼制御に利用したのだ。鳩は軍事的な態度や規律を守るかどうか不明だったので、３羽の鳩を使い、その行動を組み合わせることで信頼性の高い誘導を実現した。そして、これを前述したアメリカ海軍のコウモリ型滑空弾に組み込んだのである。結局、何も生まれなかった。コウモリ型滑空弾は代わりに、レーダー誘導方式を採用した。レーダー誘導は目標選定がうまくいかず、妨害されやすかったので、よく訓練された鳩の方が性能が良かった可能性が高い。鳩誘導が使われなかった最大の理由は、人々がそれに真剣に取り組まなかったことにあるようだ。

レーダー・コントロール

味方のレーダーの覆域内にいれば、レーダー・オペレータが自分の位置を教えてくれる。通常、攻撃範囲はレーダー覆域よりはるか遠方にあるため、こうしたレーダーの運用法は、対潜哨戒やCAPなど、艦隊の近傍を警戒する航空機に対して最もよく利用される。ここで大きな問題となるのが、レーダー画面に表示される輝点《ブリップ》の見分け方である。画面上に多くのブリップが表示されると、オペレータは効果的なナビゲーションを行うことができなくなる。しかし、この問題はレーダー・オペレータが特定の航空機を見分けられるように、一定のパターン飛行を行うことで回避することができる。いささか厄介な作業になるが、レーダープロットの作業員がさほど忙しくなければ、これは実行可能な対策である。

無線航法

この方法は自己位置を知るために航空機と艦艇の両方で利用されていた。これには、いくつかの方法があった。最も一般的な方法は、地上の無線局が何らかの信号を送信し、航空機や艦艇がそれを聴取できるようにすることである。

初期のタイプで、おそらく最もよく知られているのがLORANだ。1943年初めに運用が開始され、1943年後半には北大西洋のほぼ全域がカバーされた後、太平洋地域に拡大された。到達距離は700～1400マイル、精度は地上局までの距離の1～2%で、1マイル程度の精度にまで到達した。この精度はあまり良いとは言えなかったが、のちの改良型LORAN－Cによって、さらに高い精度が得られた。

最初に運用されたLORAN受信機はAN/APN－4で、重量は71ポンド〔約32キログラム。1ポンドは0・45グラム〕だった。1945年には、より軽量でコンパクトなAN/APN－9が登場したが、それでも重量は40ポンド〔約18キログラム〕あった。いずれの機種も、運用には専門のナビゲータと特別な航路図を必要とした。この受信機は主に哨戒機やB－29のような重爆撃機に搭載された。

イギリスのデッカ・システムはLORANに似ていたが、はるかに高い精度を誇り、到達範囲もその誤差は数メートルから1マイルだった。しかし到達距離は短く、約200～400マイルだった。デッカ・システムは、ノルマンディー上陸作戦の際に掃海艇で初めて使用された。このシステムは、地上局との位置関係を受信機に伝えるもので、空母艦載機にとって、より重要な空母との位置関係を伝えるものではなかった。またスペースや重量の制限から、空母艦載機に搭載されることはほとんどなかった。

無線通信

当時の無線通信の主流はHF（短波）無線であった。HF無線は一般に数百マイルという長い通達距離をもつが、大気の状態に影響され、メッセージが誤って伝えられたり、有効通達距離が公称値よりも非常に短く（あるいは長く）なったりと、かなり信頼性に欠けることがある。

HF無線は音声通信やモールス信号に使われた。音声通信にHFを使うのは便利であり、通信も早く伝わるが、秘匿性が低く、通信距離も短かった。モールス信号を使用する場合、無線は長距離の範囲をカバーし、秘匿性も高かったが、運用には多くの手間と忍耐を必要とし、海軍のパイロットたちがモールス信号を扱えるように訓練されていたとしても、やはり専任の無線手を必要とするケースが多かった。

無線機は通常パイロットの後方に設置され、エンジンの点火による電気干渉を受けないよう、短いケーブルを使ってコックピットのすぐ後ろにあるアンテナに接続されていた。無線手がいる場合は、パイロットの後ろに座って無線機を操作した。

1943年、アメリカ海軍の航空機には100～155MHzの周波数を使うVHF〔超短波〕無線機が装備されていた。高い周波数で運用される無線は、基本的に見通し距離内の短い通達距離であった。V

ＨＦラジオは大気の影響を受けにくいため、戦闘での信頼性が高かった。また音質も格段に良くなった。さらに周波数が高いほど、より多くの帯域幅を扱えるようになった。とはいえ、アメリカ海軍で使われていたＶＨＦ無線は音声通話のみだった。迅速なメッセージの伝達を目的とし、比較的短い通信距離の通話により、敵の傍受に対して安全性を確保することができた。

　これらのＶＨＦ無線は４つのチャンネル、つまり４つの送受信機をもち、各チャンネルはあらかじめ設定されたプリセット周波数で運用されていた。そして、どのトランシーバーをヘッドセットに接続するかをスイッチで選択できるようになっていた。パイロットと無線手は、この４つの周波数を簡単に切り替えることができ、一度に複数の周波数を聴くことも可能だった。戦闘指導に必要とされた無線トラフィックは、このように４つの別々のチャンネル、つまり「ネットワーク」に分割され、混信を軽減することができた。

　原理上は、ＨＦ（短波）帯でも同じような設定、つまり４つの別々の送受信機を運用することが可能だったが、それは実施されなかったようだ。たとえば通信規律を厳守するなど、混信を解決できる他の方法があれば、１つのチャンネルで十分である。またＨＦ無線は周波数を調節することが可能で、一度に複数のチャンネルを聞くことはできないが、無線手はチャンネルを切り替えることができた。１９４２年になると、イギリス海軍はＨＦ無線を使い、効果的な「戦闘機の誘導指揮《ファイター・ディレクション》」を行った。

　アメリカ海軍の艦艇は艦隊内の戦術通信のため、60～80MHzを運用するＴＢＳ（艦艇間の通信〔Talk Between Ships〕）無線を使用していた。電波は40ワットの低出力で発信され、基本的に見通し線内で、通達範囲は十数マイルに限定されていた。このように通達距離を短くすることで作戦保全上の問題は解消され、通信は暗号を使用せずに音声を使用することができた。ドイツ海軍も同様のシステムを運用し、〔周波数は〕ＶＨＦ帯の高い帯域を使用していた。日本海軍やイギリス海軍も艦艇どうしの通信のために同様のシステムを備えていたが、航空機との通信には使われなかった。戦時中、これらのシステムは当初考えられていたほど安全ではないことが判明した。「ダクト」と呼ばれる現象により、ある大気条件では、かなり長い距離でも信号を拾うことができたのである。

無線通信は敵に傍聴されていた。そこから、あらゆる情報を得ることができた。たとえば使用されているコールサインの数から、飛行中の航空機の機数を割り出すことができた。また敵の無線通信を混乱・遅延させるため、双方ともさまざまな欺騙を行うことを好んだ。それは巧妙かつ狡猾であるほど、良い結果を生んだ。古典的な事例として、偽のメッセージの送信、偽の返信、複数の周波数を使って同じメッセージや変更を加えたメッセージを再送信することなどがあった。時には、敵に意図しないことを暴露させるため、虚偽の、あるいは単に無礼なメッセージが送信されることもあった。暗号通信は簡単になりすますことができたが、もし相手国の言語を流暢に話せる者がいれば、音声メッセージでもなりすますことができた。欺騙が十分でない場合は、特に戦況を左右する重要な目撃情報に対し、昔ながらのジャミングを行うこともあった。この種の戦いに対する主な対策は、手順の厳守、厳格な通信規律、そして警戒心が強く練度の高い無線手の養成であった。

コラム　無線機

日本海軍

零戦は96式空1号無線電話機を搭載していた。この無線セットは、エンジンの点火による干渉や、機体の不適切な接地による静電気干渉の問題があり、さらにパイロットだけでなく、地上勤務者の技術面での理解不足もあった。彼らは単に知らなかったということになるが、それは日本の産業基盤の貧弱さが招いた結果であった。武士道精神も結構だが、静電気防止用ストラップとご飯の区別がつくと助かる。信頼性に欠けるので、軽量化のために〔無線機が〕取り外されることもあった。この無線機が宣伝通り機能したときの通達距離は約50マイル〔約80・5キロメートル〕で、それほど大きくはないが、戦闘機〔に搭載されたもの〕としてはかなりまともであった。大戦中期以降、このユニットは出力15ワット、通達距離約50海里〔約93キロメートル。1海里は約1・9キロメートル〕の３式空1号無線電話機に換装された。急降下爆撃機には出力40ワット、有効通達距離５００海里以上の96式空1号無線電信機が搭載されていた。雷撃機には出力50ワット、有効通達距離８００海里以上の96式空３号無線電信機が搭載されていた。その後、出力80ワット、通達距離１５００海里の2式空３号無線電信機に換装された。また雷撃機には1式空３号無線電話機が装備された。

日本海軍の航空機はＨＦ〔短波〕無線のみを使用した。ホーミング・ビーコンは使われなかった。

アメリカ海軍

大戦初期、標準的なＨＦ〔短波〕セットはATA/ARAシリーズであった。これを引き継いだのが、形のよく似た出力25ワットのAN/ARC-5セットである。

戦闘機と爆撃機で使用されたＶＨＦトランシーバーは、当初は出力８ワットで４個チャンネルのついたＶＨＦユニットAN/ARC-5だった。のちに10個チャンネルのＶＨＦユニット、AN/ARC-1が使われるようになった。また爆撃機には出力１００ワットのAN/ART-13送信機とＡＲＢ受信機を組み合わせた、より強力なＨＦセットがもう一つあった。

ホーミング・ビーコンに使用された受信機はAN/ARR-2で、AN/ARC-5と一緒に使用された。

ここに記載した内容はあくまでも大まかな表示であり、最も一般的に使用される機器のみを列挙したものである。アメリカ海軍の無線機と命名法は非常に複雑なトピックであり、本書の範囲を大きく超えている。

イギリス海軍

ＴＲ９Ｄは初期のＨＦ無線機で、ハリケーン（Hurricane）とスピットファイアの両方で使用されバトル・オブ・ブリテンの主役となり、その後、艦隊航空隊に引き継がれた。周波数は任務開始前に地上要員が設定した。出力は低く、通達範囲は航空機間で５マイル、地上局までは約30マイルに制限されていた。

ＴＲ９ＤはすぐにＴＲ１１９６ ＨＦ無線機に換装された。周波数は任務開始前に地上要員が設定した。あらかじめ４つの周波数を選択することができた。通達範囲は航空機間で30マイル、地上局までは50マイルであった。

R1082/T1083セットは１９３０年代に登場し、大戦初期に爆撃機で使用された。周波数は離陸前に設定された。R1116/T1115は非常によく似たセットで、ソードフィッシュのような空母艦載機で使用されていた。T1154/R1155はより近代的なセットで、大戦中、爆撃機で広範囲に使用された。これらのセットは30～80ワットの範囲の強力な出力をもち、数百マイルもの通達範囲をもっていた。

ＶＨＦ帯で運用されるホーミング・ビーコンにはR1110受信機が使用された。

周波数計画

〔作戦では〕常に周波数計画が作成され、その中で「どの周波数をどのような目的で使用するか」があらかじめ合意されていた。これは戦闘中も遵守された。もちろん、周波数を変更することもできたが、軍隊経験のある人なら誰でも証言するように、そうすると部隊のほぼ10％ほどとの間で連絡が取れなくなる。したがって、周波数はやむをえない場合のみ変更された。

妨害や傍受から逃れるために、周波数を変更できるのは良いことだ。周波数計画に予備周波数を指定することもできたが、その場合、新しい周波数が見つかるまで若干の遅延があるにせよ、どんな妨害者もいずれは新しい周波数に追随できてしまう。実際には、シンプルに、元の周波数計画を維持するのが最善であるケースが多かった。

周波数が変更できないこともしばしばで、それは任務の前に技術者によってあらかじめ設定されていたからである。これはパイロットの典型的な例で、とにかくダイヤルをいじっている暇はなかったのだ。無線手は、より柔軟なセットをもっており、暗号化されたトラフィックの処理も行っていた。

周波数ホッピング

無線通信は重要であるが、簡単に傍受され妨害される。これは誰もが認識している問題だった。モールス信号や秘密の暗号を使うことで、ある程度防ぐことはできたが、それも限界があった。解決策としては、別の周波数に移行することが考えられる。この場合、事前に合意がなされなければならず、そのためには通常、合意を交わすために何らかの通信を行う必要があり、多くの場合、無線封止を破るという問題が生じた。

一つの解決策としては、あらかじめ決められたパターンで、異なる周波数を高速でホップすることだ。受信機はあらかじめ決められた同じパターンにしたがうため、パターンを知らない敵は周波数のホップに追随することができず、メッセージは〔味方にだけ〕伝わることになる。このようなシステムは１９４１年、ハリウッド女優のヘディ・ラマー（Hedy Lamarr）が作曲家のジョージ・アンタイル（George Antheil）と共同で開発したもので、実際に存在した。この発明はピアノのロール〔自動ピアノに使われる穿孔紙〕に似た仕組みで、１９４２年に特許を取得した。最初の実用的なシステムは機械工学の代わりに電子工学《エレクトロニクス》を使用したもので、１９６０年代に実戦配備された。今日、この技術は非常に一般的となり、Bluetooth や WiFi、携帯電話などのよく知られたアプリケーションだけでなく、安全な通信の基礎となっている。２０１４年、ラマーとアンタイルの両名は、死後、全米発明家殿堂入りを果たした。

周波数ホッピングは、ある種の秘密のコードを利用し、無線信号を広域の周波数帯域に広げるために現在使用されている技術の一つである。もう一つの方法は「ダイレクト・シーケンス」と呼ばれ、たとえばＧＰＳ装置で使われている。スペクトラム拡散技術により、信号は安全で妨害されにくくなる。また周波数帯のノイズ・レベルを下回るほど信号を拡散させることで、信号を見えなくすることも可能だ。使用されているパターンやコードを知らなければ、敵は通信が行われていることにさえ気づかない。安全で妨害に強い通信回線があるからこそ、ドローンが戦闘に広く使われるようになり、パイロットが機内にいる必要がなくなったのである。安全な無線リンクと広帯域《ブロードバンド》の無線リンクがあるが、広帯域の無線リンクの安全性には非常に厳しい限界がある。有人航空機は、より強力な敵に対して、より強靭なソリューションであることに変わりはない。

第2章　フライト・オペレーション

飛行甲板と格納庫

アメリカ海軍の空母は一つの格納庫甲板《ハンガー・デッキ》〔航空機を格納・整備する場所。そこで爆弾や魚雷の搭載や、銃弾の装填を行う〕を有するほか、飛行甲板上にも艦載機を駐機させていた。航空機が任務のため空母を不在にしている間以外は、着艦時には甲板の前方に、発艦時には後方にというように、飛行甲板には常に航空機が駐機していた。駐機スペースが限られていたため、ドーントレスと初期型のワイルドキャットを除いては、すべての航空機の主翼が折り畳み式だった。

〈レキシントン〉や〈サラトガ〉は大きな舷側開口部をもたなかったが、〈レンジャー（Ranger）〉以降に建造されたすべての空母はそれを備えていた。この開口部があるおかげで通気性が確保され、格納庫に駐機したままエンジンを暖めることができるようになった。格納庫甲板は喫水線よりかなり高い位置にあるため、開口部があっても海水の影響を受けなかった。航空機は前方に向けて配置され、それ自体が格納庫内に通気性を生み出すファンの役割を果たした。〈インディペンデンス（Independence）〉級の軽空母は舷側開口部が比較的小さかったが、2つあるエレベータを部分的に下げることで、一酸化炭素の蓄積を安全レベルまで抑えることができた。

暖機運転中、格納庫は締め切られた。ヘルキャット、アヴェンジャー、コルセア（Corsair）の暖機運転にかかる時間は約15〜20分だった。しかし実際には、格納庫での暖機運転はあまり重要ではなかったようだ。攻撃隊は通常、発進時刻のかなり前にエンジンを切った状態で飛行甲板上に配置され、発艦前の適切

ミッドウェー海戦で停止し炎上する〈ヨークタウン〉。飛行甲板は、船体の上部に設置された軽装構造物である。格納庫甲板の舷側にある開口部がはっきりと確認できる。格納庫甲板は1つしかないため、開口部は喫水線よりかなり高い位置にある。

な時間で暖機運転が行われた。つまり格納庫内で大量のエンジンを暖め、その後エレベータで上昇させるという方法は一般的に採用されていなかったようだ。だが状況により実施されることはあった。たとえば第2次攻撃隊の発艦を早める場合などである。また主力が暖機運転している最中に、飛行甲板を塞がずにCAP（戦闘空中警戒）ローテーションの戦闘機隊を発艦させる場合など、少数機を格納庫内で暖機運転させることのほうが、より一般的であったようだ。燃料補給と再兵装は飛行甲板と格納庫内の両方で行われた。

日本海軍とイギリス海軍のほとんどの空母は、2つの格納庫甲板をもっていた（〈イラストリアス（Illustrious）〉級空母の最初の3隻は、格納庫甲板が1つだけだった）が、下部の格納庫甲板が喫水線に近かったため密閉されていた。同じ理由から、甲板端のエレベータは波浪の影響により下部格納庫に到達することができないため、実用的ではなかった。たとえば装甲飛行甲板をもつ〈大鳳〉の場合、下部格納庫甲板はほぼ喫水線上にあった。日本海軍のほとんどの空母はアメリカの空母と同様、飛行甲板に装甲が施されていない構造であったが、大戦後期のイギリスの空母は飛行甲板を装甲化していた。

日本海軍とイギリス海軍のドクトリンは、全艦載機を常に艦内に格納しておくことであり、これは搭載機数が少ないことを反映していた。イギリス海軍機のほとんどは折り畳み式の翼をもっていたが、日本海軍機はそうではなかったため、日本の空母の格納庫は比較的スペースを大きくしておかなければならなかった。折り畳み式の翼をもつことで、イギリス海軍は空母のエレベータのサイズを小さく抑えることができたのに対し、日本海軍の空母のエレベータは大きくならざるをえなかった。

しかし戦いが進むにつれ、飛行甲板に航空機を駐機させることで、両海軍はより多くの航空機を運用できるようになった。イギリスの空母は建造中のものや戦時中に改装されたものを含め、利用できるスペースを広げるために甲板は艦首から艦尾までの全長を維持した。戦時中、イギリスの空母は飛行甲板上に最大６本のアウトリガー（舷外にはみ出た航空機の尾部を載せる張り出し材）を装備していた。ここに駐機させることで、航空機運用を妨げず、翼を折り畳む必要もなかった（たとえばシー・ハリケーン〔Sea Hurricane〕や初期型のシーファイア〔Seafire〕など）。

1944年、〈イントレピッド〉の艦上で、発艦前にエンジンの暖機運転を行っているヘルキャット、ヘルダイバー、アヴェンジャー

エンジンの暖機運転は格納庫内ではできず、飛行甲板上でのみ行うことができた。１９４４年、イギリス海軍はエンジン・オイル・ヒーターを導入し、エンジンを起動させずに暖機を格納庫内で行うことができるようになった。イギリス海軍のみならず、日本海軍も、ドイツがグラーフ・ツェッペリン〔飛行船〕に搭載する予定だったエンジン・オイル・ヒーターのアイディアを借りて、航空機搭載型潜水艦〈伊－４００級〉に採用した。

日本海軍のドクトリンでは、格納庫甲板で再兵装と燃料補給を行うことになっていたが、状況に応じて飛行甲板でも行えるよう必要な設備が用意されていた。特に急降下爆撃機は飛行甲板上で再兵装された。イギリス海軍のドクトリンでも、再兵装

〈エンタープライズ〉のアウトリガーに人力で載せられるドーントレス。ドーントレスには折り畳み式の翼がなかったので、これは機体を格納するための一つの方法だった。アウトリガーは対空砲の射角の妨げになるため〈エセックス〉級には採用されなかった。そのため、折り畳み式の翼をもつ急降下爆撃機を開発することが有効な解決策と見なされた。

と燃料補給は主として飛行甲板上で行うこととされていた。これは火災や爆発が重大な被害をもたらす可燃物を艦内に置かないようにするためである。これは作戦のテンポを犠牲にしてでも、艦の残存性を重視するイギリス海軍の思想を反映していた。運用の仕方はアメリカ軍と同じだが、理由が異なっていたのだ。

各国海軍とも飛行甲板上に滑走制止装置《クラッシュ・バリア》を設けていた。甲板駐機場《デッキパーク》は常に使用できるようにしておかなければならなかった。滑走制止装置があれば着艦制動索《アレスティング・ワイヤー》に引っかからなかった航空機は制止装置で停止し、そのため事故率は高くなった。制止装置にぶつかるとプロペラが折れ曲がってしまったり、機体が完全に壊れてしまったりすることもあったが、パイロットが大怪我をすることは滅多になかった。パイロットたちが口癖のように語っていたが「歩いて戻れる着艦は、れっきとした着艦」であった。

船と風速

空母の飛行甲板の長さは限られており、〔航空機が〕発艦するためには甲板上を吹き抜ける風が必要だった。空母は風上に向かって航行し、速力が増すほど甲板上に良好な風を発生させた。

空母はスピードが速いほど良い。海が穏やかで速度が遅い空母の場合、フライト・オペレーションに影響が出ることもあった。デッキロード攻撃〔甲板上に攻撃編隊を整列させてから一斉に発艦させる本格的な航空攻撃の方式〕を行う場合、最初に発艦する航空機は、標準的なローリング・テイクオフ〔駐機位置から発艦位置に移動しながらエンジンを発艦出力に設定し、発艦を開始する方式。機体を停止させる必要がなく、時間を短縮できた〕を行うための十分な長さの飛行甲板を使用できず、代わりにカタパルトを使用しなければならないこともあった。あるいは燃料や爆弾の搭載量を減らされるかもしれない。特に雷撃機は〔機体が大きく、重量があるため〕、風が弱いときに、短い飛行甲板から発艦するのは問題となった。

着艦も甲板上を風が吹き抜けることで容易になったのは確かだが、いずれにせよ着艦制動索が使われるようになると、風の影響を受けにくくなった。

空母を最高速度まで上げるには、それなりの時間を必要とした。当時の空母は石油燃焼ボイラーを使用して蒸気圧を高め、（ギア付き）タービンを駆動して航行していた。ボイラーが完全に冷えた状態からスタートすると、艦が動き出すまでに何時間もかかってしまう。通常の巡航速度で航行する場合、最高速度に近づくまでに何分もかかった。――実際には、最高速度に達するまで、さらに多くの時間を要した。とはいえ、フライト・オペレーションに関しては事前にしっかり計画されるため、前述した速度と時間の問題は大きな阻害要因にはならなかった。

離着陸の間隔

アメリカ海軍の着艦サイクルの時間間隔は1機につき20～50秒程度であった。この数字は、練度の高い乗組員たちが大戦末期に到達した記録であるが、訓練が不十分であったり、悪条件下の着艦では、時間がもっと長くなることもあった。また着艦事故の発生により、平均的サイクル時間は大きく影響された。

甲板前方には常に艦載機が駐機していたため、着艦時には滑走制止装置を使用する必要があった。各機が着艦制動索から外れたとき、滑走制止装置が起動する。制止ケーブルが降ろされ、航空機は前方に転がるように停止する。そして航空機の翼を畳み、再び滑走制止装置が引き上げられる。

日本海軍とイギリス海軍の着艦サイクルは全般的に長かった。次の艦載機が着艦する前に1機ごと格納しなければならなかったからだ。つまり次の飛行機を着艦させる前にエレベータが飛行甲板に戻るまで待機しなければならなかった。このため1機の着艦に2分以上かかっていた。日本の空母では、着艦機をすぐに格納庫に降ろせるとは限らないので、滑走制止装置を使用していたが、デッキパークを緩衝帯として使用するなど、ある程度の柔軟性をもたせていた。イギリス海軍は開戦時には滑走制止装置を取り付けていなかったが、段階的にすべての空母に設置されるようになった。その結果、着艦のスピードが速まり、デッキパークのスペースを確保することができた。滑走制止装置があれば、日本海軍もイギリス海軍も、アメリカ海軍と同じ時間間隔で着艦することができただろう。

〈ヨークタウン（Yorktown）〉級と〈エセックス（Essex）〉級では、エレベータのサイクル時間は45秒（上昇13秒、エレベータへの移動10秒、下降12秒、エレベータからの移動10秒）だったが、〈レキシントン〉と〈サラトガ〉のエレベータはこれよりも遅かった。日本海軍とイギリス海軍の空母のサイクル時間はほぼ同じで、2層ある格納庫のうち下側の格納庫に移動するときにわずかに遅くなる程度だった。イギリス海軍の装甲空母のエレベータのサイクル時間は約30秒と短かったが、装甲甲板の一体性を保つ必要があったため、エレベータは2基しかなかった。〈アーク・ロイヤル（Ark Royal）〉や〈赤城〉〈加賀〉は2段式エレベータを有していたが、1段分しか動かなかったため、結局、最下層の艦載機を飛行甲板まで移動させるのに2回分のサイクル時間を必要とした。〈赤城〉の後部エレベータだけは実際に2段階上昇できたため、〔上下2層ある〕エレベータの最上段は飛行甲板から上空に飛び出した形となった。エレベータのサイズや耐荷重量によっては、エレベータに艦載機1機分以上の積荷を載せることができた。

準備を整えた甲板上の攻撃隊を発艦させる時間はかなり短く、1機あたり10〜20秒程度であった。これには、前の発艦機から生じる乱気流が収まるのを待つ時間も含まれていた。甲板上の風速が30ノット

〔秒速約15メートル。1ノットは秒速約0・5メートル〕の場合、風が飛行甲板の全長を吹き抜けるのにおおよそ20秒程度かかる。空母から発艦した航空機はわずかに右舷にそれ、〔自機が生み出した〕乱気流が、次の発艦機の妨げにならないようにすることが多い。右舷に寄る理由は、右舷に艦橋がある場合、空母は艦橋から生じる乱気流を艦から遠ざけておくために、左舷からわずかに風を入れることを好んだからだ。

　陸上の滑走路であれば、編隊離陸をすることで離陸時間を短縮することもできるが、空母ではそんな余裕はない。それでも発艦は着艦と比べてアクシデントが少なく、平均すれば進捗が速く、予測も立てやすかった。発艦時のトラブルで最も多いのはエンジンだった。エンジンの故障が生じれば、その航空機はすぐに脇に追いやられ、後続機の発艦が再開された。

　デッキ攻撃では、最短の滑走路で発艦できる戦闘機が最初に発進するのが一般的だった。次に急降下爆撃機、最後尾には重い魚雷を積み、最も長く滑走路を必要とする雷撃機が続いた。

　大型の正規空母は、カタパルトを使わなくても、艦載機が飛び立つのに必要な速度と甲板スペースを備えていた。ただしデッキロード攻撃において、最初の航空機が発艦するのに十分な滑走スペースをもてない場合、カタパルトを使用することもあった。カタパルトのサイクル時間は45～60秒で、アシストなしの発進に比べ、飛行運用が遅くなった。他方カタパルトは、任務部隊《タスクフォース》全体が風上に向けて進路変更

1944年末の〈ハンコック〉で、CAP機を発進させる準備をしている。飛行甲板脇に取り付けられた舷側エレベータが下降している様子がよくわかる。舷側エレベータは空母設計の成功例の一つで、将来のすべての空母の標準モデルとなった。耐航性を高めるため、この設計では格納庫甲板が喫水線から少なくとも24～26フィート高い位置にあることが必要だった。また舷側エレベータは艦首に近づけすぎてもいけなかった。

を行うことなく艦載機を発進させるのに役立った。戦争が進むにつれて、カタパルトによる発艦は正規空母でも一般的に見られるようになった。大戦末期には、発艦の半数近くがカタパルトで行われるようになった。戦闘機パイロットたちは〔カタパルトの〕アシストなしの発艦を好む傾向にあり、そのほとんどは爆撃機に回されるようになった。正規空母よりも小型で低速の空母は、ほとんどすべての発艦にカタパルトを使用しなければならなかった。とはいえ、そうした小型空母は艦載機数がはるかに少ないため、発艦サイクルが長くなっても特に問題にはならなかった。

1943年、戦前に建造された空母の生き残りである〈エンタープライズ（Enterprise）〉と〈サラトガ〉のカタパルトは、戦中に実用化された重量級の艦載機、特にアヴェンジャーの運用要求を満たすため、〈エセックス〉級で使用されていたものと同じタイプのカタパルトに改良された。格納庫内の横向きカタパルトは、重量節減のために撤去された。

日本の空母はカタパルトをもっていなかった。日本機はどれも軽量で低速特性が非常に優れていたため、当初は深刻な問題にはならなかった。戦争が進み、彗星や天山など、高速で重量のある航空機が実戦配備されるようになると、すべての航空機を低風状態で運用することが難しくなってきた。高速の空母は問題が少なかったが、小型で低速の空母にとって、穏やかな天候のもとで雷撃機を発進させるのは実際に問題があった。その代替案として、ロケット推進式発艦装置が試された。これは機体胴体部の両側に2つのコードダイト〔コード（ひも）状にした無煙火薬〕ロケットを取り付けたものである。このロケットは3秒間燃焼し、それぞれ700キログラムの推力を発生させた。しかし、この方法は実用化されることはなかった。

飛行甲板用トラクター

ミッドウェー海戦の直後にアヴェンジャーが登場したとき、アメリカ空母の飛行甲板要員たちは突如として重大な問題に直面することになった。この巨大な空母艦載機は全備重量が8トン以上もあった。それまでの艦載機の機体はせいぜい4トン程度であった。この新型機は、たとえば飛行甲板上で移動させるときなど、人力で扱うには本当に重すぎた。のちのヘルダイバーやヘルキャットも、コルセアと同様に重量を増していた。その解決策がトラクターだった。当初、ウィリス・ジープが、アメリカ陸軍航空隊の飛行場ですでに使用されていたクラークトール6トラクターとともに使用されていた。1943年にはフォードBNO－40トラクターが広く使用されるようになった。これらのトラクターはヘルキャット（護衛空母はワイルドキャットを搭載しているケースも多かった）ではない場合でもアヴェンジャーを扱っていたため、軽空母や小型護衛空母を含むあらゆるタイプの空母で利用された。

アヴェンジャーとヘルキャットの牽引に使われたフォードBNO-40甲板トラクター。このトラクターがなければ、1機の艦載機を運搬するのに10人以上の人手が必要だった。

イギリス海軍の空母は、アメリカ軍と同じ航空機を運用するようになると、それと同時にトラクターも受け継いだが、産業用牽引車を改良した独自の小型設計の軽トラクターも使用した。日本の艦載機は全般的に軽量で、重量が4トンを超えるものはなく、トラクターは必要なかった。

デッキロード攻撃隊の発艦と収容

日本海軍のドクトリンでは、空母は2隻1組で行動し、協同攻撃を行う場合、各空母はその約半数の攻撃隊を差し出し、第2次攻撃の可能性にも備えるというものであった。一般的な攻撃要領は、各空母から半分の戦闘機、一方の空母からの急降下爆撃機および、もう一方の空母からの雷撃機で攻撃隊を編成していた。

　１９４２年のアメリカ海軍の戦法は――ドクトリンとは言えないにせよ――各空母が独立して攻撃を開始し、各飛行編隊《スクアドロン》は発進後、他の飛行編隊とは関係なく直接攻撃目標へと進むというものだった。この場合も、一回の攻撃にすべての艦載機を発艦できるわけではなく、何機発艦されるかは状況にもよるが、通常は半分よりやや多い程度であった。また同じ空母の飛行編隊どうしであっても、攻撃の連携はまったくなかった。各編隊は別々に攻撃し、一つの編隊は全機で同じターゲットを攻撃した。空母ができるだけ大規模な攻撃を行い、それを迅速に遂行することに重点が置かれた。その背景には、保有する艦載機の航続距離が比較的短く、上空で攻撃を調整するための時間が限られていたことがあった。またデバステーターの巡航速度が遅いことも攻撃の連携を困難にしていた。

　１９４４年になると連携攻撃は大きく進展したが、いまだ同じ空母に所属する飛行編隊どうしの連携が主であった。空母からは戦闘機、急降下爆撃機、雷撃機から成る攻撃隊が送り込まれる。攻撃目標に対して戦闘機が機銃掃射し、敵の対空火器を制圧するのに続き、急降下爆撃機が攻撃を開始する。その間も戦闘機による機銃掃射は続いており、自らは脆弱だが敵に致命的打撃を与えうる雷撃機が攻撃するのである。ほかの空母からの攻撃隊との連携は、まだわずかなものであった。たまたま同じ時刻に攻撃目標の上空に到着したケースでは、一方の航空編隊は、もう一方の航空編隊の攻撃が終了するまで空中で待機することになる。

　1回のデッキロード攻撃は通常、搭載機の約半数にあたる約30～40機で編成された。通常、第1次攻撃隊が飛行甲板に整列し、第2次攻撃隊は格納庫で待機していた。１９４４年になると、〈エセックス〉級空母は非常に多くの航空機を搭載していたため、航空団を３つの攻撃隊に分けなければならないことが、しばしば生じている。

編隊の航空機が発艦すると、あらかじめ定められた高度に設定された待機隊形《ホールディング・パターン》の位置まで上昇する。待機空域に入ると、航空機は空域内を横切って編隊内の指定された位置に到着する。

攻撃隊の発艦準備には最低でも30分、現実的には1時間程度かかる。攻撃隊は発艦してから４〜５時間で戻ってくる。攻撃隊の再兵装や燃料補給にかかる時間は、爆弾や魚雷の搭載の有無や、どれだけの準備をするかなど（どのような計画を立てるかによる）、さまざまな要因によって異なる。

イギリス海軍のドクトリンは大規模な航空攻撃を志向するものではなく、水上艦隊が索敵、防御、攻撃を行う方法の一部として運用される傾向があった。したがって、継続的な作戦のため飛行甲板を開放しておくことが重視され、飛行甲板の運用のテンポについては、あまり気にされなかった。

コラム　空母への着艦

着艦パターン

着艦パターンには3つの機能がある。到着した航空機の着艦順序を指定すること、飛行隊の編隊飛行から個々の航空機を分離すること、そして着艦のファイナル・アプローチに各機を誘導することである。

到着した飛行隊は、まず空母から離れた空域で待機隊形に入る。パターンのサイズ、形状、位置、高度はさまざまである。編隊飛行する複数の航空機は待機隊形で上空待機する。管制指示により、1つの飛行隊は空母上空の高度約500～1000フィート〔約150～300メートル。1フィートは約0・3メートル〕付近で楕円状《オーバル》の周回経路を旋回する。この旋回飛行中に飛行隊は3～6機ずつに分割される。このオーバル圏内を近道したり、遠回りしたりしながら、数機の小グループを形成する。次の管制指示を受け、小グループ分隊の1つが高度100～300フィートの低空域のオーバルに下降し、そこで1機ずつに分離される。オーバルでは、飛行機は空母の右舷近くをアップウィンド・レッグで飛行する。空母の近くを通過する際、空母艦上からは着艦制動フックが正常に延びているかどうかを確認することができる。ダウンウインド・レッグでは、空母の左舷から約800～1200ヤード〔約720～1100メートル。1ヤードは約0・9メートル〕離れたところを飛行する。オーバルの長さは20秒間隔で3～6機を収容できるよう設定される。最終アプローチは、ダウンウインド・レッグで、パイロットは着艦装置とフラップを下げ、その後、左へ180度下降旋回し、空母の後方で適切な降下角度を維持しながら着艦のための正確な進入経路《グライド・スロープ》をとる。

待機飛行は、一般的に反時計回りの左旋回を基準としていた。これはファイナル・アプローチが左旋回であることと関係がある。これは民間空港で使われる待機飛行が通常右回りであるのとは異なっていた。民間空港では、航空機のフォーメーションを処理する必要がないため、最も低空を飛ぶ飛行機が着陸し、それ以外の飛行機は一段下がるというシンプルな垂直スタッキング方式を採用している。

これらの着陸パターンは空母艦隊の陣形に影響を与える。一般的に言って、複数の空母のオーバルが互いに干渉しない方が簡単で安全である。そのため、空母どうしの最小離隔距離はオーバルのサイズによって決められることになる。これを理由に、〈加賀〉と〈赤城〉、そして〈飛龍〉と〈蒼龍〉は艦体の反対側に艦橋を配置し、2隻1組のペアとして運用されていた。こうしてオーバルの旋回コースを艦の反対側に設定することが可能になり、互いの飛行経路が交差することなく、より接近して航行できるようになった。興味深いパターンと言えるが、結局のところ、シンプルで強固な解決策が採用されることになった。パイロットたちは、左旋回と右旋回の両方のパターンを扱わなければならないことに異議を唱えたのだ。右利きの人が中央の操縦桿を使って左旋回する方が自然だったため、ほとんどのパイロットにとって左旋回による着艦は簡単だった（民間タイプの操縦桿を使えば、あまり問題とはならなかった）。ファイナル・アプローチで左旋回する場合、島は右舷側にあった方が、島が作る乱気流がファイナル・アプローチの妨げにならないからである。

「テイルドラッガー」の着艦

第二次世界大戦の航空機は——空母艦載機も含めて——ほとんどすべてが「テイルドラッガー」であった。テイルドラッガーは主脚を前方にもち、機体の最後部には小さな尾輪が付いていた（尾輪式着陸装置）。尾輪をもつ理由は、当時の凹凸のある草地に着陸しても大丈夫なように、より頑丈な構成にするためであった。また着艦装置が格納できるようになる前であれば、形状の大きな前輪よりも、小型の尾輪の方が風の抵抗が少ないという理由もあった（主翼下部の主脚はどちらのケースでもほぼ同じ形状であった）。

テイルドラッガーは重心が主翼下部の主脚の後方にあるため、着艦時に機体が不安定になった。機体の重量が機体を左右に引っ張り、いわゆる「グランド・ループ」（飛行機が離着陸や滑走の際に、左右いずれかに急旋回する異常現象）を引き起こすため、前方への進路が少しずれただけでも（機体の姿勢が）不安定になる傾向があった。空母の甲板では、このグランド・ループが発生した場合にそれを許容できる余地がほとんどない。同じ理由から、テイルドラッガーは飛行甲板上でバウンドしがちだった。主脚が甲板に当たると、重心位置が下がって尾翼が下がり、迎角が大きくなって揚力が増し、再び空中に飛び出す原因となる。尾翼が主脚より先に甲板に当たると、その効果は逆転し、主脚が甲板に強く叩きつけられるので危険である。

空母における通常の着艦は「三点式着艦」だった。これの改善点は、尾輪が主脚輪より少し前に甲板に当たることだった。これは横揺れ幅が最も短くて済む着艦方法である。この着陸方式の欠点は横風に弱いことだった。一方、空母パイロットにとっての数少ない利点は、空母は、通常のフライト・オペレーションでは風に向かってまっすぐ突き進むため、横風に対処する必要がないことだった。

尾輪の代わりに機首下部に付いている車輪は「前輪式」着陸装置と呼ばれる。前輪式では、重心が主脚の前方にあるため着陸が容易で、前方への進路が少しずれても修正されるため、基本的に安定している。表面の固い滑走路が標準化されてくると、前輪式の着陸装置も普及するようになる。前輪式は安定性が高いだけでなく、タキシング時の前方視界が非常に良好である。空母艦載機で初めて前輪式着陸装置を採用したのは、戦後のF7Fタイガーキャット（Tigercat）である。現代の飛行機はほとんどすべて前輪式である。現代のパイロットたちは、テイルドラッガーを操るには熟練した技能が必要なため、テイルドラッガーで飛行し、着陸する者を尊敬している。テイルドラッガーの普及は、第二次世界大戦のパイロットの事故率、特に訓練中の事故率の高さのもう一つの理由であった。

パイロットはファイナル・アプローチへの旋回と降下を判断し、正確な進入経路に到達しなければならなかった。そして着艦制動フックが着艦制動索のワイヤーの1つに引っ掛かったときに失速するよう、スロットルを調節（作動）する。

航空機を引っ掛けるワイヤーは何本かあったが、パイロットたちは通常、狙ったワイヤー、つまり2本目を捉えることを誇っていた。優れた着艦とは、飛行甲板を横切る着艦制動索の真ん中、すなわち飛行甲板の中心線に近いワイヤーを捉えることだった。真ん中より左か右のワイヤー部分を引っ掛けると、有効な着艦ではあったが、航空機が完全に停止する前にワイヤーが伸びきってしまうので、機体は少し振り回される。

制動索に引っ掛からずに着艦した機体は、ブレーキをかけて停止を試みることができるが、グランド・ループを起こすか、機首を下に機体を立たせるかしないと難しいかもしれず、ひっくり返ったり、横に倒れてしまったりする可能性がある。制動索に引っかからず、ブレーキもかけられず、機体は甲板前方に駐機している航空機を守るために設置された滑走制止装置に突っ込む。そこで機体はダメージを受け——最低でもプロペラを交換し、エンジンを点検する必要が生じる——パイロットはその場から歩いて立ち去る。

飛行甲板上に強い風が吹いていると、空母に対する航空機の相対速度が落ちるため、フライトすべてが容易になる。空母は通常、飛行甲板上の風がやや左舷方向から入ってくるように舵を切っていた。これは艦橋構造部や着艦直後の航空機のプロペラによる風の逆流による乱気流の影響を軽減する効果があったからである。しかし、舷側からの風が強すぎると、グランド・ループや最悪の事態を招く可能性が高くなる。

LSOとバッツマン

パイロットの着艦を助けるため、アメリカ海軍は、経験豊富なパイロットを空母の甲板上に立たせ、パドル〔手旗信号のように使うラケットまたはオールの先端のような形をしたもの〕を振ってパイロットに状況を伝え、着艦に必要な指示をパイロットに合図させる方法を生み出した。アメリカ海軍では着艦誘導士官（LSO）と呼ばれ、イギリス海軍では「バッツマン」と呼ばれた。通常、各空母に2人ずつ乗艦し、交替で勤務した。

LSOによって体やパドルを使って指示を伝えるスタイルが異なり、あるLSOはより激しく、あるLSOはより控えめだった。パイロットはLSOの言葉を知らなければならないし、チームワークのためには当然、お互いの信頼関係が不可欠だった。

経験豊富なパイロットはあまり支援を必要とせず、LSOを無視する傾向があった。各パイロットは最終ターンをどのように行い、どのように着艦経路を設定するかについて独自の流儀を習得していた。LSOのパイロットに対する命令——エンジンを切って着陸するか、着艦をやり直すようにと手を振って合図するか——には常に従わなければならなかった。パイロットは着艦見送りの合図を無視することもできたが、それには極めて正当な理由が必要とされた。

ＬＳＯに着艦のやり直しを合図されたら、エンジン出力をあげなければならないが、これは慎重に行わなければならなかった。あまりに早く出力をあげると、エンジンのトルクで飛行機が横転してしまう。これは「トルク・ロール」と呼ばれた。着艦時など低速で飛行していると、操縦翼面にかかる気流が横揺れを防ぐ力を相殺してしまう場合があり、制御不能になる。その結果、機体は簡単に横倒しになり、水面に逆さまに落ちてしまう。横揺れ方向はプロペラの回転方向によって決まり、艦橋部の近傍よりも艦橋部から離れた所の方が影響は少なかった。ほとんどのプロペラはパイロットから見て時計回りに回転しており、その結果、右舷の艦橋部から離れるように左に向かってトルク・ロールは起きた。墜落を避けようと必死になっているときに、穏やかにエンジン出力をあげる動作を行うのは、言うは易く行うは難しだ。事態はあっという間にうまくいかなくなる。

戦後、ミラー着艦支援装置が導入された後も、ＬＳＯは残っていたが、今では監督者としての役割が強くなっている。それでも飛行甲板が塞がっているときに、手を振って着艦見送りを指示してくれる彼の存在は必要だ。

日本の空母にはパドルをもった要員がいなかった。その代わり、正確な進入経路を示す赤と緑のランプが、ライフル銃の鉄の照準器《アイアンサイト》のように配置されていた。それによりパイロットは、正確な進入経路に対して自分が上下左右のどの位置にいるのかを確認することができた。ランプには光を着艦機の方向に向けるミラーがあり、機種に応じて正確な進入経路の降下角度を調整することができた。これはシンプルで強固なシステムだが、パイロットに対するサポート面でやや物足りなかった。神経質で経験の浅いパイロットが、優秀なＬＳＯやバッツマンの助けを歓迎することは間違いない。たとえば飛行甲板が塞がっていたり、着艦制動フックや主脚が降りていない場合など、パイロットに着艦すべきか否かを伝える必要性は依然としてあったのだ。これが艦橋にいる指揮官のもと、左舷後方で旗を振って行っていたＬＳＯが行っていたことなのである。

複雑な問題

同じ着艦は2度とない。パイロットの立場からすれば、着艦のたびに新たな挑戦があった。陸上の滑走路は静止しており、周りの景色も比較的一定している。しかし、海上では常に状況が変化する。風と波は独特のリズムとパターンをもち、海面は光の変化を映し出しながら、ゆっくりと一日が過ぎていく。

こうした状況は興味深いことだが、複雑なことでもある。1つ目は船の動きである。大海原を航行すると、艦船は通常、縦揺れ運動を起こす。そのため飛行甲板は常に上下に動き、正確な進入経路を判断することが難しくなる。甲板のさらに上にある着艦制動索は、縦揺れ問題を回避する一つの方法である。横揺れ運動は対処しやすいが、それも、ある程度までだ。横揺れ運動が大きくなると、パイロットはそれにも対処しなければならなくなる。常に言われることだが、唯一の解決策は訓練に次ぐ訓練だった。

2つ目の大きな困難は夜間の着艦だった。このような状況では、奥行きや距離の感覚が鈍くなる。また人間の脳は周囲の環境の捉え方を変える性質がある。そこで甲板とLSOのパドルに特別な着陸灯をつけることになった。これは確かにパイロットの助けになったが、それでも困難で危険な作業であることに変わりはない。着艦する航空機は着艦灯を表示するが、それでもLSOがその速度を測るのは難しく、エンジン音から推測しなければならなかった（速度とエンジン音には相関関係があるという仮定のうえでだが、これは正しいかどうかは別である）。この場合も唯一の解決策は訓練であり、さらに夜間飛行に慣熟させるための訓練を積み重ねることであった。

最後に、戦闘から帰還する際、機体は何らかの形で損傷していたり、パイロットが負傷していたりすることが多く、よりいっそう困難が増す。たとえばフィリピン海海戦〔マリアナ沖海戦〕で、日本空母に対する深夜攻撃から帰還したヘルダイバーのあるパイロットは自らも負傷し、片翼もひどく被弾していた。機体のバランスは崩れ、直進するためには、操縦桿で補正しなければならない。こうした障害のもとで航空機を飛行させ続けるには、エンジン出力を全開にしなければならなかった。何も見えず、ただエンジンがフルパワーで出している音だけを聞き、LSOはパイロットが速度を出しすぎていると判断し、損傷したヘルダイバーが飛行甲板に着艦した瞬間にやり直しの合図を送った。

空母のパイロットとしての生活は困難であり、錯誤は時として深刻な事態を招き、容赦のない結果をもたらす。パイロットたちは目先のことしか考えない傾向があった。元も子もない言い方だが、人生はあまりに不確実性に満ちている。明日は来ないかもしれない。これが真実であることを多くの者が身をもって実感していた。しかし空母自身にとっては、これは大きな問題ではなかった。多くの予備の航空機とパイロットが積まれていたからである。

対空警戒の維持

アメリカ海軍も日本海軍も１９４２年の戦闘では、空母部隊の利用可能なすべての飛行甲板を同じ方法、すなわち攻撃とＣＡＰに使用した。ＣＡＰ機の発艦と収容には通常、飛行甲板を空けておく必要があった。攻撃隊を甲板に整列させ、発艦、収容を行うということは、30分以上にわたりＣＡＰ運用が中断されることを意味した。

デッキロード攻撃を実施する場合、２つ以上の甲板を利用できることが大きなアドバンテージになった。こうすることで一方の甲板でＣＡＰを運用しながら、別の甲板でデッキロード攻撃を準備することができた。攻撃隊が発進したあとは、その甲板をＣＡＰ任務に引き継ぐことが可能となり、別の空母は第２次攻撃を準備できる。１隻の空母を艦隊防空用のＣＡＰ専属に指定するという構想は、東部ソロモン海戦の後、アメリカ海軍内で提案され、広範囲に議論された。この構想の一つの利点は、指定された空母が常にすべてのＣＡＰを統制し、「戦闘機の誘導指揮」を行う場合など責任転移の必要がないことである。このシナリオでは、他の空母は攻撃用の航空機のみ——攻撃隊の護衛に必要な戦闘機も含まれる——を運用すればよいということになる。

１９４４年のアメリカ海軍のドクトリンは、３隻から4隻の空母が集団で行動を共にするという構想に発展していた。小型の〈インディペンデンス〉級空母は継続的にＣＡＰとＡＳＷ〔対潜水艦戦〕哨戒を担う「任務空母《デューティ・キャリア》」として使用され、大型の〈エセックス〉級空母はデッキロード攻撃に集中した。

理論上はＣＡＰのおかげで、攻撃隊は飛行甲板上に駐機していることができた。ＣＡＰ機が着艦しているあいだ、攻撃隊は甲板前方に並べられる。ＣＡＰ機が発艦できるように攻撃隊は後方に再配置されたが、ＣＡＰ機は格納庫を通って移動したり（第２次攻撃隊が格納庫内にいても、ちょっとした準備で可能）、飛行甲板上に駐機している航空機の合間を何とか通過させたりすることができた。

ＣＡＰ戦闘機の任務の持続力は、搭載する燃料量のみならず携行する弾薬量にも依存していた。軽量化された零戦の20ミリ機銃弾は、ごく限られた数量しか携行されなかった。実際の戦闘では、かなりの頻度で着艦して弾薬を補充する必要があった。初期のワイルドキャットも携行弾薬に零戦と同様の制限があった。どちらの場合も、パイロットの練度と射撃技術も重要な役割を果たした。

攻撃隊の出撃 vs. 対空警戒の維持

攻撃隊の出撃と対空警戒の維持は２つの異なるタイプの航空作戦であり、戦闘中の相対的な数に多かれ少なかれ影響を与える。

空母が攻撃する場合、戦闘機の約半数は攻撃隊と一緒に出撃し、残り半分は防御のためにＣＡＰ隊として保持される。飛行甲板上のスペースが限られているため、攻撃隊は通常２波に分けられ、約１時間の間隔で目標上空に別々に到着する。

空母が完全な防御態勢を採用した場合、すべての戦闘機を空中で待機させ、ＣＡＰ任務に従事させることができる。一部の戦闘機は着艦して燃料補給を行わなければならないだろうが、ほとんどの時間は防空任務に就いている。爆撃機はＣＡＰの邪魔にならないように格納庫の中にいるか、あるいは空母から離れた空域を周回させることになっていた。

両軍の航空機の機数が同等のケースにおいて、敵の第１波が目標上空に到達したとき、防御側の戦闘機は攻撃側の戦闘機を約４：１の比率で上回っていたり、あるいは防御側戦闘機が敵の数次にわたる攻撃機の総数を上回っている場合、おそらく攻撃側に悲惨な結末をもたらしたであろう。

飛行甲板のサイズに限りがあったため、多くの戦闘機をＣＡＰ任務で維持するよりも、攻撃隊を集中運用するほうがはるかに困難であった。空母は敵艦隊に攻撃を仕掛けるよりも、対空警戒を維持することのほうに適している。その意味で、空母は攻撃よりも防御に優れているといえる。
攻撃側は相手から反撃を受けるかどうか、確かなことはわからない。かりに反撃がなかったとすれば、半分の戦闘機〔攻撃隊に加わらずＣＡＰのために控えていた戦闘機〕を無駄にすることになる。防御側には攻撃を受けることがわかっているというアドバンテージがある。もし攻撃を受けなければ何も起こらず、防御は成功したことになる。これは攻撃側にとって、もう一つの根本的な問題を提起している。攻撃側は反撃を受けないことに賭けて、すべての戦闘機を攻撃に参加させることもできるが、それは飛行甲板のスペースの問題を悪化させ、攻撃隊を３波に分けなければならなくなるかもしれない。

アメリカ空母の設計者が、格納庫でエンジンを暖機できることに高い価値を置いていたのも、全艦載機を１回の大規模な攻撃隊として発進できる可能性があったことを考えれば納得できる。しかし、この運用上の利点は１９４２年には実現されなかった。当時の航空機は、全機が発艦し終えるまで、上空で旋回・待機していられるほどの航続距離をもたなかったからである。１９４４年には十分な航続距離を確保できていたはずだが、その頃のアメリカ空母部隊の運用は防御が主流となっていた。

防御には運用上の利点があったのだが、１９４２年当時、純粋に防御に徹することは非常に危険であった。「戦闘機の誘導指揮」は信頼性が低く、爆撃機の集団が艦隊の真上を通り抜けることも可能であった。これがミッドウェーで起こったことである。アメリカ軍の度重なる攻撃で、日本軍は守勢に回った。しかし攻撃隊は細切《こまぎ》れに飛来し、各編隊はＣＡＰによってうまく対処された。ところが急降下爆撃機が飛来し、防御側を奇襲し、圧倒してしまった。

１９４４年になると、レーダーおよび効率的な誘導指揮により、純粋に防御に徹することは、よりいっそう安全で効果的な選択肢となった。これがフィリピン海〔マリアナ沖〕で起こったことである。日本の攻撃隊は数波に分かれて飛来し、それぞれが攻撃目標の上空に到達する、かなり前に迎撃されただけでなく、ＣＡＰで使用された戦闘機の数よりも格段に少ない戦力での攻撃となった。アメリカ艦隊付近には、ごく少数の攻撃機が飛来したにすぎなかった。

夜間のフライト・オペレーション

夜はかならず訪れる。とはいえ、すべての夜が漆黒に包まれ、悪天候であるわけではない。鮮やかで明るい月が見られ、とても心地よい夜もある。そうした光を利用し、作戦行動を行うことが可能なケースは多い。

航海薄明（Nautical twilight）とは、太陽が水平線の下に沈んだ後も、まだ〔作戦行動に〕利用できる明るさを表す用語である。太陽が水平線の下にどんどん沈むにつれ、この残光は次第に消えてなくなる。一般的には、太陽が水平線から下方角12度になるまで残存光を利用できるとされている。この定義はいささか恣意的な面もあるが、太陽が利用可能な光を提供する時間の大まかな目安にはなる。

航海薄明の時間は緯度によって異なる。太平洋での空母戦の多くは赤道にかなり近い場所で行われたため、「日の出」と「日の入り」の前後1時間弱の間は洋上に薄明かりが続く。北極圏の北緯66度エリアでは、夏には太陽が水平線の下に沈むことはない。北緯56度の北海の真ん中あたりでは、夏場は一晩中、航海薄明が続く。

よく耳にする「夜明け前が最も暗い」〔つらいことの後には、必ずいいことがあるものだ、という意味の諺〕という言葉は、ここでは正しくない。夜明け前が一番寒いかもしれないが、一番暗い時間帯は太陽が地平線よりずっと下にある時、つまり夜中なのだ。

夜の光は非対称的である。下を向くと暗さしか見えないが、月の方を見ると、すべてが鮮やかなシルエットで映し出される。月の光を利用できない場合、照明弾で同じような条件を作り出すことができる。

夜間飛行をするためには、訓練、慣れ、そして計器に頼ることを学びながら、わずかな光や利用できるものは何でも駆使して切り抜けることに熟練することが大切である。経験豊かなパイロットであるほど、わずかな光しかない状況でも安全かつ効率的に飛行することができる。十分な実践訓練を積んで、視力の見通した先に空間が開けていることを感知できれば、ほとんど光がない状態でも飛行することは可能となる。

戦前、アメリカ海軍のパイロットたちは皆、夜間における着艦訓練を受けていた。その訓練は必修であったが、たいていは完全な暗闇ではなく――たとえば夕日や月明かりの中――真の夜間飛行というよりは、低照度条件下の飛行に近いものであった。１９４４年以降には、高度な訓練を受けたパイロットによる少数の夜間戦闘専用機を運用する空母も現れた。

発艦は比較的容易だった。甲板上の位置がわかっているため、あとは普通に発艦するだけだ。必要であれば、ガイドとなる照明が甲板沿いに設置された。索敵任務では夜明け前の発艦が標準とされ、空中に出て真っ暗闇の中、すべては計器飛行に頼ることになる。編隊飛行も可能であったが、そのときは主に他機の赤熱した排気口を目印にした。問題は編隊を組み、編隊内で他の機体を識別することだった。とはいえ、飛行経路を綿密に計画し、時間を定めて発艦すれば、編隊を組むことは、さほど困難なことではなかった。

夜間の着艦はことのほか難しかった。まずは母艦を見つけることが先決だったが、これには推測航法かホーミング補助装置が使われたと考えられる。いちど見つけたら、甲板に沿って誘導灯が設置されていた。また昼間の着艦と同じように、着艦誘導士官（ＬＳＯ）がパイロットの着艦を誘導するために存在した。このときＬＳＯは、パイロットが見分けることができる蛍光ジャケットを身に着け、パドルには照明具が取り付けられていた。ＬＳＯが航空機の位置を見分けることができるように、航空機の位置標示灯もオンにされる。またエンジン音は、ＬＳＯが航空機の速度を測るのに役立っただろう。夜間の着艦は、すべての動きがゆっくりと進むため、速度の遅い航空機の方が楽だった。これは、タラントのイタリア戦艦に対する夜間攻撃において、ソードフィッシュ複葉機が成功した要因でもあった。最後に、常識から想像できることだが、空母への夜間着艦を安全に行うためには、大規模な訓練を必要とするということだ。タラント攻撃の前、パイロットたちは2ヵ月間にわたり集中的な訓練を実施した。

夜間には、航空機は対空砲やＣＡＰの脅威から比較的安全であった。このため夜間攻撃は、攻撃目標に接近する好機をもたらすという意味で雷撃機に適していたといえる。低空飛行でレーダーを回避し、照明弾で夜空にくっきりと照らし出された標的のシルエットを見ることができる。急降下爆撃機にはそのような利点はなく、逆に自らのシルエットが夜空に映し出され、暗い海面上に標的を見分けるのは至難の業であった。

タラント空襲は雷撃機による夜間攻撃の古典的事例であるが、これは港内の艦艇に対する攻撃であった。日本軍は特別に訓練された一式陸上攻撃機を使って、海上航行する艦艇に対して夜間の雷撃を行ったのである。〔イギリス戦艦〕〈レパルス（Repulse）〉や〈プリンス・オブ・ウェールズ（Prince of Wales）〉を沈めたのと同じ飛行隊であった。彼らの最初の本格的な夜間攻撃の成功例は、１９４３年1月のレンネル島沖海戦で巡洋艦〈シカゴ（Chicago）〉を撃沈したときだった。１９４４年2月、空母〈イントレピッド（Intrepid）〉は同じような攻撃を受け、魚雷が命中した。レーダーは目標の位置を特定するのに有効であったものの、実際の照準には最小射距離（パルス波長と受信機のリカバリタイムで決まる）に制限があった。つまり、爆弾や魚雷を正確に投下するためには、攻撃目標を目視で確認しなければならなかった。Ｕボートに対しては、その答えはリー・ライト〔航空機に搭載する探照灯〕である。艦艇に対しては、艦隊の片側に照明弾を投下し、攻撃隊がその反対側から突入する。このとき照明弾そのものではなく、海面に反射した照明弾の明かりが艦艇のシルエットを浮かび上がらせる。この方法では、攻撃してくる航空機を見つけることは一般的に非常に難しく、雲などの条件によっては位置を特定することは非常に困難だった。

1942年4月、南雲《なぐも》機動部隊のインド洋への進出の際、イギリス海軍のサマーヴィル（James Somerville）提督はASV（対水上艦艇）レーダーを搭載したアルバコア（Albacore）雷撃機を使って日本空母への夜間攻撃を計画した。索敵中のアルバコアは5日の午後遅くに南雲〔機動部隊〕を発見したが、正確な目撃報告を行う前に撃墜されてしまった。夜間も索敵を続けたが、再び接触することができずに終わった。

興味深い仮定の話として「もしヘンダーソン飛行場に駐留していたアメリカ海兵隊の爆撃機が、夜間における艦艇攻撃の訓練を受けていたら、どうなっていたか」というものがある。理論上は、アメリカが昼間だけでなく、夜間もガダルカナル周辺海域を制圧することができたはずだ。アメリカはカタリナ飛行艇を使って、日本の艦船に対する夜間攻撃を行い、それは「黒猫《ブラック・キャッツ》」として知られるようになった。速度が遅く、扱いにくいカタリナは昼間攻撃には不向きだったが、ソードフィッシュと同様、その低速性が夜間攻撃に適していた。カタリナにはレーダー高度計が搭載され、超低空を安全に飛行することができた。日本の夜間戦闘機から急襲されると、海面すれすれまで降下してしまう。レーダー高度計をもたない戦闘機は低空飛行ができず、暗い海を背景にしたカタリナを見失い、空を背景に〔敵機の〕シルエットを映し出すことができなかった。

敵機に対する夜間迎撃は、戦闘機に指示を出す誘導指揮士官が、標的機を捕捉するレーダーの範囲内に味方戦闘機を誘導するところから始まる。レーダーを使って標的機を目視できる地点まで接近し、暗赤色に光る標的機のエンジンの排気ガスを確認する。その後、標的機の下方すれすれを通過して上空に映るシルエットから、あるいはエンジン・ガスの排気口の位置から敵機であることを確認する。標的が敵であることを確認すると、攻撃側は戦闘態勢に入り、射撃を開始する。もし敵機に攻撃機の来襲に気づく後部機関銃手がいた場合、攻撃機にとっては非常に危険である。

のちのレーダーセットは高解像度のセンチ波用の装置を備えていたため、周辺環境の二次元地図のような画像を提供できるようになった。これにより目標の捕捉だけでなく、陸地周辺海域におけるナビゲーションや艦船の発見・捕捉にも役立てられるようになった。AN/APS-6がその一例である。レーダー覆域の範囲は航空機に対しては数千ヤードだったが、大型船舶や陸地に対しては数十マイルになることもあった。

気象の影響

飛行甲板上の最適な風速は単葉機では30〜50ノットの範囲であり、複葉機ではそれ以下の風速範囲が好まれた。フライト・オペレーション、とりわけ雷撃機の発艦には通常、甲板上を良好な風が吹いていることが必要であった。風速50ノットともなると風は嵐のように強くなり、立っているのも難しく、機体は揺れ動いた。穏やかな天候のもとでは、空母が速度を増すと風が発生する。風が強いときは空母の速度を落とし、飛行甲板上の風力を適切な範囲にとどめる。しかし、減速して艦をうまく操舵するにも限界があった。水上風速が30〜35ノット以上になると、航空機の発着艦は安全ではなくなり、時間をかけて慎重に進めなければならなくなる。

一般に風は常に安定しているとはいえず、予測できるわけでもなかった。突風が吹くこともあり、しかも基準風と異なる方向からランダムに吹いてくることが多い。このような突風は、発艦や着艦の重要な局面で問題を引き起こす可能性があり、実際にそうだった。

航空機の着艦や発艦を行う際には、風に向かって舵を切る必要があった。しかし、それは相当難しいことだった。というのも、パイロットの操縦を容易にするため、甲板上に大きな横風を発生させてはならないからである。風に向かって進む場合、空母は通常、主波に向かって航行する。しかし、波は複数の方向から来ることも珍しくなかった。また主波が現在の風と異なる方向からやってくることもある。周辺海域の気象条件から生じる波は長距離を回遊し、最大級の空母にも影響を与えるような巨大な波に成長することもある。

このような事情から、空母では縦揺れ《ピッチング》運動と横揺れ《ローリング》運動が生じ、いわゆるコルク・スクリュー〔らせん状に回転する動き〕と呼ばれる動きをすることがあった。当然ながら、これらは航空機が発着艦する際の障害となり、きわめて危険な状態をもたらしかねなかった。そこでタッチダウンの位置を、縦揺れ運動の影響の少ない甲板前方に移動させるという方法がとられた。もう一つの対策は、着艦や発艦のタイミングを見計らって、飛行甲板があるべき位置に収まるようにすることだった。そこでは最適なタイミングを見計らったり、再チャレンジのためにもう一回りすることも多く生じたため、おのずと作戦全体のスピードが落ちてしまう。

視界は航空機の発着艦の観点からも、空母と護衛艦の衝突リスクという観点からも、重要な考慮要件であった。先述したように空母は大きな艦艇であるため、進路の変更に時間がかかり、その時差が危険をもたらす恐れがあった。大戦の後半になると、レーダーは航路を維持するうえで大きな役割を果たしたが、基本的な問題は依然として残っていた。前述したように、空母は発着艦のために風上に向かって航行しなければならなかったが、護衛艦はそうした行動を予測し、準備しておかなければならなかった。とはいえ、舵を切ってから船体の向きが変わるまでの時差を考えると、予想以上に簡単にはいかなかった。

気象はかなり局地的なものだった。それほど離れていない場所では晴天であっても、空母は風雨に見舞われるかもしれない。こうした気象の変化は、電波封止によって空母に伝わらない可能性がある。

こうした複雑な条件のもと、空母の運用は気象にかなり左右されることになる。このことは、すべてではないにせよ、ほとんどの空母どうしの戦闘が、比較的気候が穏やかな地域で戦われたという事実によって覆い隠されてしまっている。また戦艦が空母によって時代遅れになったという論陣を張る際にも、このことを念頭に置くべきである。というのも、気象条件が良ければそのとおりなのだが、〔気象条件は〕いつでも、どこでも良好なわけではなかったからである。

風は機動部隊の行動にも影響を与えた。各空母は風上に向かって一定の間隔で航行するため、機動部隊全体が空母に随伴して〔風上に向かって〕航行する。つまりフライト・オペレーションを考慮すれば、風下への航行は作戦に不利に働いた。フライト・オペレーションの観点から、風上への航行は、〔艦隊の〕進路を変更する必要がないために採用可能な行動であったのに対し、風下への航行は事実上採用できなかった。かりに風下に向かって大きく艦隊を移動させる場合は、夜間に行わなければならなかった。

本格的な悪天候のもとでは、たとえ航空作戦を中止してでも、航空機をどこかに駐機しておく必要があった。飛行甲板を使用する場合、空母は航空機を飛行甲板に置いたまま嵐を乗り切らなければならない。そのためには、甲板の風下に飛行機を寄せ集め、風から互いを守り、船首から吹き付ける波飛沫から遠ざけ、しっかりと縛り付け、天蓋をかぶせる必要があった。むろん格納庫に駐機させるのが航空機の保護に最も適していたが、そこには全機収納できるスペースがなかった。もっとも格納庫に何機収納できるかは、ある意味、努力次第であったとも言えるが、天井ガーダ〔天井の梁に取り付けられた走行レール式のクレーン〕から吊るされている機体や分解中の機体が多いほど、格納庫は手狭になり、格納庫と機体の両方を使えるようにするまでに多くの時間を要してしまう。

イギリス海軍の空母は、北大西洋の条件に適応する必要があった。これが、密閉された格納庫をもっていた理由の一つであり、全艦載機を格納庫に収容する運用思想を育んだ。また、イギリスの空母によく見られる「ハリケーン・ボウ」〔荒れた海や嵐の中で航行するため、波をうまく切り裂き、波しぶきや海水の浸入を最小限に抑えるように設計された船首の形態を指す〕の理由でもあった。1945年8月の台風で、空母〈ワスプ（Wasp）〉と〈ランドルフ（Randolph）〉は双方とも大きな被害を受けた。ハルゼー（William F. Halsey）提督が〔イギリス海軍の空母〕〈インディファティガブル（Indefatigable）〉

に台風による被害について問い合わせたところ、艦橋は生意気にも「台風とは何だ？」と返信してきた。

どこへでも駆けつけ、搭乗員を救助する駆逐艦

航空機を運用している間、どの国の海軍も空母の後方に駆逐艦１～２隻を配置していた。その任務は、着艦や発艦に失敗し、不時着した搭乗員たちを救助することだった。当時の事故率を考えると、駆逐艦はまさにその任務にかかりきりだった。水上機を使うこともできたが、駆逐艦を使う方が簡単で早かった。飛行任務が終わると、駆逐艦は陣形の正規の位置に復帰する。

空母パイロットの体験記は、さまざまな事故リストを記録した読み物という側面が強く、最後は海に墜落するか、時にはパイロットが命を落としている。十分に訓練を積めば、航空機救助専属の駆逐艦は、完全に停止することなく、墜落した搭乗員を救い出すことができた。彼らはそのための修練に勤しんだ。

護衛艦のスピードと航続距離

空母のフライト・オペレーションとは、空母が風に向かって進路を調節し、速度を上げ始める一連の行動を意味する。機動部隊全体は、空母がフライト・オペレーションに必要な方向と同じ方向に進んでいるわけではないため、こうした状況にどう対処するかが問題となる。

通常、護衛艦は空母とともに旋回し、風上に向かって空母に随伴する。フライト・オペレーションには一定の時間がかかるものだが、もし護衛艦が空母に追随できなかったら、フライト・オペレーションが終了する前に空母は水平線の彼方に行ってしまうかもしれない。これは明らかに良くない。護衛艦は護衛艦らしく、空母を護衛するのが仕事だ。

その反面、護衛艦は高速航行での随伴を余儀なくされ、自由な行動は許されない。特に駆逐艦の場合、

航続距離に限界があるため問題である。駆逐艦に燃料を補給し続けることは、機動部隊の指揮官にとって常に頭痛の種だった。また艦隊の中に戦艦がいる場合、空母に追いつくには遅すぎるし、高速走行の後、艦隊の自分の位置に戻るのに苦労しなければならなかった。以上のような理由から、機動部隊全体が常に空母に続いて風上に向かって航行するわけではなかった。一部の艦艇には、機動部隊が向かう大まかな方向に〔一時的に空母から離れ〕進み続けるものもあった。容易に理解できることだが、ここに艦隊の安全性と、護衛艦の速力や航続距離といった現実的な考慮との間に緊張関係が生まれる。その二律背反的な問題は、最終的には機動部隊の指揮官の判断に委ねられた。

飛行艇と水上機の運用

飛行艇は水上に着水できる。原理上、飛行艇は海面を飛行甲板に見立てて使用し、補給船や潜水艦から燃料補給を受ける。しかし実際には、深海特有の長大なうねりに悩まされる。中程度のうねりでは中程度の荷重で離水し、大きなうねりのときは離水できないという制限があった。元来、海面のうねりを予測するのは困難なことで知られているが、そうした事情もあり、アメリカ海軍は結局、外洋を〔飛行艇の〕基地にすることを断念した。とはいえ、飛行艇は多少の波のある海でも使えるので、〔大きな波風の影響を受けない〕ある種の防護水域があれば、ほとんどの気象条件のもとで運用できた。その防護水域とは、港湾や島、あるいは珊瑚の環礁に囲まれた環湖《ラグーン》などである。

艦載用水上機も波の影響を受けた。アメリカ海軍のドクトリンでは水上機の運用は、穏やかな海面で最大風速は22ノットに制限されており、地域の状況を考慮し、ある程度の自由裁量が与えられていた。水上機は油圧式カタパルトで打ち上げられた。射出はかなり手荒な作業であったが、風や波の状態の影響を受けないという意味で合理的であった。反面、着水は難しく、水上機が波面で跳ねたり、海面衝突することが大きな危険であった。水上機はフロートでつまずきやすいため、飛行艇よりも安定性に欠ける。〔飛行艇の〕胴体着水の方がより安全であった。イギリス海軍が使用したスーパーマリン・ウォーラス（Supermarine Walrus）複葉機は外見は時代遅れに見えるかもしれないが、実際には非常に実用性に優れ、終戦まで使用され続けた。また着水速度が非常に遅いため、着艦制止フックを装備していないにもかかわらず、空母に着艦することができ、実に便利だった。

水上機が着水する前、母艦は減速し、艦の風下に比較的安全なエリアを作り出せるよう操舵した。水上機はそのエリアに着陸し、その後、水上走行して母艦に近づいた。観測員兼後部機関銃手はコックピットを開けてクレーンのフックをつかみ、それを機体に接続し、機体を吊り上げた。クレーンの先端部からフックまでの揺れがあるため、機体を甲板までうまく吊り上げるのは、かなり難しいことだった。多くの国では、母艦が曳航するマットのようなものを水上機が海面を走行する際に使用していた。これにより安定性と安全性が増し、クレーンのフックへの取り付けが容易になった。

第3章　艦載機

アメリカ海軍

開戦当初の主力戦闘機はワイルドキャットだった。頑丈で、多くの被弾があっても母艦に戻ることができた。消耗戦には適していたが、重量があるうえにパワー不足で、零戦のような小回りの利く旋回能力をもたなかった。そのためパイロットは一撃離脱《ブーム・アンド・ズーム》やサッチ・ウィーブ〔アメリカ海軍のジョン・S・サッチ（John S. Thach）海軍少佐が編み出した対零戦戦術。編隊僚機が相互にS字の旋回を繰り返すことで、敵機に後方を取られても別の僚機がその敵機の後方につくことを可能にする戦闘機動の一つ〕といった戦術に頼らざるをえなかった。パイロットが首尾よくこれらの戦術を用いることができれば、ワイルドキャットはなかなか撃墜されなかった。

デバステーターは開発当時としては、かなり近代的であったが、1942年になるとエンジンの出力不足が歴然となっていた。その低速性から、急降下爆撃機や戦闘機に追随することができず、攻撃隊の足を引っ張る存在となった。急降下爆撃機との連携もなく、戦闘機の護衛もなく運用されたため、遭遇した敵戦闘機から甚大な被害を受けた。

アヴェンジャーが初めて空母に姿を現したとき、強烈な印象を与えた。その巨大さは、まるで妊娠中の七面鳥を模した三部屋のアパート《スリールーム・アパート》のように見え、実際、そう呼ばれるようになった。空気抵抗を減らすために魚雷は機体内部に搭載されたため、ずんぐりした外観となった。魚雷を機内に収納したことで、ダミーの雷撃行動が可能になり、サマール沖の戦闘ではそれが十分に活かされた。アヴェンジャーの主翼は大きく、それは当時の空母艦載機の中では最大の翼幅であったが、コンパクトに折り畳むことができた。この機体はすぐにその実力を証明した。強力なラジアル・エンジンは安定した高速飛行を実現し、機体は頑丈に作られ、多彩な兵器や機材を搭載することができた。コックピットには広いスペースがあり、通信用無線機や各種レーダーなど、程度の差はあるが容積の大きい電子機器を搭載するのに適していた。

ドーントレスはパイロットたちの間で評判がよかった。それなりに速度があり、操縦性に優れ、飛行特性もよかった。窮地の時は、速度の遅い敵の雷撃機に対する迎撃機として活躍することもあった。主翼を折り畳めず必要以上に場所を取ることになったが、アメリカの空母はドーントレスを大量に搭載することが多かったため、この問題はとりわけ重要だった。速度と航続距離に優れ、偵察任務にも広範に利用された。

〔ドーントレスの後に開発された〕ヘルダイバーは、さらに強力で、多くの大型爆弾を搭載し、主翼を折り畳むことができた。しかし、この機体は開発が難航し、「野獣」と呼ばれ、評判は芳しくなかった。その理由の一つは、カーチス社の品質管理の甘さだった。もう一つの問題は、エレベータに2機乗れるという要求性能に関するカーチス社の解釈に起因していた。同社は全体のサイズに対して短すぎる機体を設計し、操作性に問題が生じたが、巨大な垂直安定板を取り付けることによって、それを部分的に解決した。アヴェンジャーも同様の性能を要求されていたが、グラマン社はうまく対処している。問題が解決されると、ヘルダイバーは首尾よく任務をこなせることを証明した。偵察にも使われた。

ヘルキャットはワイルドキャットより、はるかに強力なエンジンを搭載していた。当初、ワイルドキャットの改良型として開発が始まったのだが、最終的にまったく新しい戦闘機となった。零戦よりも速く、上昇能力もあったが、低速では零戦の旋回能力に追随できなかった。頑丈な作りは格闘戦向きで、消耗戦に適した機体であった。航続距離に優れ、翼をコンパクトに折り畳むことができ、１９４４年から45年にかけて高速空母群の主力戦闘機となった。しかし戦時中のＰ－47やＰ－51のようなバブル・キャノピー〔視界が良好な水滴型の風防〕をもつことはなかった。メーカーが〔ワイルドキャットの〕機体デザインに手を加えなかったためであるが、試作機も２つのタイプしか存在しなかった。短期間で設計され、優れた品質管理で大量生産された。まさに当時必要とされていたものだった。

コルセアは艦上戦闘機のプリマドンナだった。空力学的には先進的だったが、機械動作が不安定な面もあった。設計がまとまるのに長い時間がかかった。当初はワイルドキャットの後継機と目されていたが、開発の遅れと空母での運用の難しさから、ヘルキャットがその役割を引き継ぐことになった。

ベアキャット（Bearcat）はパイロットたちのお気に入りの戦闘機だった。ヘルキャットと同じエンジンを搭載していたが、目指すべき運用性能の方向性が異なり、パイロットをかろうじて支えるだけのアルミニウムを使用し、航続距離と武器弾薬搭載量を犠牲にしていた。小型軽量化を最大限追求して開発され、優れた上昇率を誇っていた。しかし、翼面荷重〔翼に加えられる単位面積あたりの重量〕が高く、低速度の条件下では、零戦ほど小回りが利かなかった。バブル・キャノピーにより良好な視界が得られ、折り畳み式の翼と頑丈な着陸装置をもつ空母艦載機でありながら、第二次世界大戦で最も優れたピストン・エンジン搭載の戦闘機であったといえるだろう。とはいえ、日本軍機との戦闘場面を見るには、あまりにも登場が遅すぎた。

アメリカ海軍はＰ－51ムスタングに関心を寄せていた。新しく発明された層流タイプの主翼〔空気が平行な層状に流れるよう設計された翼〕は、非常に長い航続距離を実現し、艦上戦闘機としてきわめて有用と見なされた。このため、軍で試作機が作られ、テストされた。その結果、機体は失速速度がかなり大きく、しかも唐突で危険な失速をするため、着艦には相当な危険が伴うことが明らかになった。全般的に、低速状態での機体制御に不調が生じることに加え、着艦制動装置《アレスター・ギア》を作動させるには着艦速度を速めなければならなかった。層流翼はたしかに空気抵抗が少ないが、その代償として低速性能が劣ったのである。結局、Ｐ－51は艦上機に採用されることはなかった。

戦争が進むにつれ、運用される機体数は増えていった。珊瑚海ではＦ４Ｆ－３ワイルドキャットは折り畳み翼をもたず、各空母に１個飛行隊の約18機が搭載されていた。ミッドウェーでは折り畳み翼をもつF４F－４が導入され、各空母に約27機が搭載されていた。これは東部ソロモンでも同様で、サンタ・クルーズ諸島沖では約36機のF４F－４が搭載された。１９４４年の戦いでは約40～45機のヘルキャット戦闘機が搭載され、１９４５年にはカミカゼの脅威に対処するため、ヘルキャットやコルセアなど〔の搭載機数は〕約72機まで増加した。

１９４２年と１９４４年の戦いでは、約36機の急降下爆撃機と14機の雷撃機が搭載されていた。ドーントレスは折り畳み式の翼をもたなかったが、同機は比較的小型の設計であった。アヴェンジャーとヘルダイバーは双方とも折り畳み式の翼を備えていた。１９４４年に爆撃機を１機も減らすことなく、より多くの戦闘機を搭載することができたのは、ヘルダイバーの折り畳み翼のおかげだった。１９４５年には約15機のヘルダイバーと15機のアヴェンジャーが搭載された。爆撃機と雷撃機の機数が少なかった背景には、ヘルキャットとコルセアの両方の戦闘機が対地支援の役割で広範に使われるようになったという事実があった。この頃には、日本海軍はほとんど消滅しており、対艦戦闘能力を専門とする部隊の必要性はなくなっていた。小型の〈インディペンデンス〉級空母は主にCAPとASWに使用されたため、約21～26機のヘルキャットおよび８～９機のアヴェンジャーを搭載した。

〈エセックス〉級空母の場合、飛行甲板を駐機場として使用すると、飛行甲板には５機×約22列のスペースがあり、格納庫甲板には４機×13列のスペースがあった。合計すると１７４機分のスペースがあった。これは全機が翼を畳んだ状態で詰め込まれ、機体を動かす余地も、ましてや航空機を運用する余地もない状態を指す。実際の収容機数は、飛行甲板で60機、格納庫で40～50機といったところだろう。１９４５年７月の日本本土空襲では、〈ベニントン（Bennington）〉はコルセア37機、ヘルキャット37機、ヘルダイバー15機、アヴェンジャー15機の合計１０４機を搭載していたが、これは戦時中の〈エセックス〉の最大搭載機数に近かった。この頃になると、デッキロード攻撃の必要性は低下しており、地上支援やＣＡＰを行うために多数の戦闘機をスタンバイさせておくことが主流となっていた。

アメリカ空母の艦載機搭載能力については、ほとんどの資料で、予備機として搭載された航空機を含む数字が示されているのが通例である。したがって、実際に運用された航空機の数は、記載されている数字よりも少なかった。予備機は、分解した状態で格納庫の屋根からぶら下げた状態で運ばれた。格納庫甲板が1層しかない場合、床面積が限られているため、代わりに格納庫の高さが利用されたのである。

日本海軍

零戦は非常に軽量で翼面積が広く、その敏捷性でたちまち有名になった。燃料タンクが自動密閉式ではなく、パイロットを守る防護装甲もなかったため、被弾などによる衝撃に脆かった。とはいえ、機体を有効に使いこなし、トラブルを起こすことのない練度の高いパイロットにとっては理想的な機体であった。戦争の進展に伴い、パイロットの質が低下すると、その脆弱性が無視しえない障害となり、損失は増大した。とりわけ頑丈なアメリカ軍機との対戦では弾薬の少なさが問題になった。速度はそれなりにあり、上昇性能は非常に高く、航続距離は抜群であった。初期型では主翼は折り畳めなかったが、後期型では主にエレベータの余積を確保するため、小さく折り畳める翼端が導入された。

99式艦爆も比較的軽量で、翼面積に余裕があり、優れた機動性を有していた。しかし、折り畳み式の翼をもたず、自動密閉式の燃料タンクもなく、パイロット防護用の装甲も施されていなかった。主な弱点は固定脚であったこともあり、いささか低速なことだった。１９４２年の後半には、より高速の彗星が後継機となる予定だったが、同機は開発に問題があり、99式艦爆は１９４４年まで持ちこたえなければならなかった。彗星は速度を大幅に向上させたが、まだ折り畳み式の翼を備えていなかった。

97式艦攻は雷撃機としては比較的高速であったため、日本が得意とした連携攻撃に適していた。速度と航続距離を兼ね備え、索敵任務にも広く使用された。他の日本機と同様、この機体も軽量化されていたが、他の雷撃機と同様、損失は大きかった。自動密閉式の燃料タンクやパイロット用防護装甲がなかったことも、その一因であった。97式艦攻の改良型である天山艦攻は大戦の後半期に登場したが、〔97式艦攻と〕同じ基本設計で、それをわずかに改良したものにすぎなかった。両機とも折り畳み式の翼を備えていた。

日本の航空機は攻勢向きで短期決戦用に開発され、機体性能と航続距離に重点が置かれていた。運用上やむをえない場合を除き、翼を折り畳むことは望まなれかった。日本海軍のほとんどの空母は格納庫甲板を２つもち、広いスペースを確保できた。日本海軍はパイロットの防護が不十分で、パイロットの訓練や補充計画にも不備があったと批判されることもある。しかし、それは日本が勝利できなかった戦争であったからこそ問題視されているのだと認識すべきである。

珊瑚海海戦の前日、日本海軍の空母〈瑞鶴〉の艦上で発艦準備をする零戦。赤道直下の暑い日差しを防ぐための日よけ用天幕と、主翼の下で休んでいる艦上整備士に注目。各機は日よけを外し、エンジンを暖めれば、すぐにでも発艦できる態勢にある。

珊瑚海海戦やミッドウェー海戦では、各空母に零戦18機、99式艦爆18機、97式艦攻18機程度が搭載されていた。東部ソロモン海戦では、各正規空母に27機の戦闘機と27機の99式艦爆、18機の97式艦攻が搭載されるまでになった。サンタ・クルーズ諸島沖海戦では各正規空母の戦闘機は20機に減らされ、約22機の99式艦爆と約22機の97式艦攻を搭載した。１９４４年のフィリピン海海戦では、３隻の正規空母にそれぞれ約23機の彗星と17機の天山または97式艦攻を搭載し、戦闘機数は再び26～27機に増加した。

フィリピン海海戦の後、日本海軍機動部隊は事実上消滅した。本当の意味で艦上航空隊を運用することは二度となかった。予備機は分解して運ばれ、格納庫の隅に収納された。折り畳み式の主翼を採用しなかったのは、格納庫がそれほど窮屈ではなかったからでもあった。

イギリス海軍

イギリス海軍の空母は、偵察と急襲という伝統的な〔空母の〕役割で運用される場面が多く、戦艦と協同して運用された。欧州戦域は視界が悪く、陸地からさほど遠くないエリアの混雑した海域で複雑な行動が求められた。このような条件は太平洋の広大な空間とは異なっていた。太平洋はデッキロード攻撃隊を満載した数隻の空母から成る機動部隊が、陸地を拠点とする敵兵力を制圧し、打倒することができた。

艦隊航空隊は多種多様な航空機を擁していたが、いくつかの理由から、それほど競争力に優れた機種はなかった。一方、さまざまな点から、イギリスにはそうする必要がなかったともいえた。すなわち戦略地政学的な現実を考えると、イギリスにとって陸上を発進基地とする航空機を制圧する現実的要請はなかったのである。

フルマーとソードフィッシュはその典型例だった。フルマーは複座式戦闘機で、それなりによく設計されていたが、空中戦《ドッグ・ファイト》では近代的な陸上単座戦闘機に到底太刀打ちできなかった。後部座席手が「戦闘機の誘導指揮」の役目を果たし、強力な前方火力は敵の攻撃隊形を崩すのに適していた。ソードフィッシュは旧式の複葉雷撃機であり、近代的戦闘機と対峙しなくても済むような場面では、かなりの戦果を収めている。対潜哨戒などの任務では、優れて実用的な機体であった。なおフルマーとソードフィッシュは折り畳み式の翼をもっていた。

アルバコアは、ソードフィッシュの機体に密閉式のコックピットを取り付けたものだといえた。ソードフィッシュと比較して若干の利点はあったが、同じような制約が多く、ほとんど変わり映えしなかった。バラクーダ（Barracuda）は急降下爆撃機と雷撃機を兼ねたもので、比較的強力なエンジンを搭載した単葉機であったが、機体のサイズと重量からすると、まだパワー不足であった。急降下性能に問題があったものの、空母での運用に支障はなかった。アルバコアとバラクーダも折り畳み式の翼を備えていた。

艦隊航空隊は、陸上機として成功した機体を再利用することで、主要な任務を果たそうと試みた。それがシー・ハリケーンやシーファイアの採用につながる。

〈フォーミダブル〉に着艦するアルバコア雷撃機。着艦したアルバコアは滑走制止装置を通過する必要があり、万が一、着艦制動索を捉え損なった場合、次のアルバコアが滑走制止装置に到着する前に滑走制止装置を引き揚げなければならなかった。ミスした場合の余分なスペースはほとんどない。したがって、着艦作業のテンポの良さは、訓練された甲板要員だけでなく、着艦飛行に熟練したパイロットの問題でもあった。

シー・ハリケーンは航続距離が短く、近代的な戦闘機ほど速くもなかった。胴体下部にある空気取り入れ口によって、海上への不時着は危険を伴った。シーファイアは着艦用テイル・フックと、それに伴う機体強化を施したことにより、むしろ平均的な性能となった。シー・ハリケーンと同様、シーファイアは航続距離が短く、空気取り入れ口があったため、不時着は致命的な危険を伴った。飛行甲板上の風が十分でない場合、着艦はかなり難しかった。着艦時に「浮きあがる」という厄介な癖があり、滑走制止装置で止められた。サレルノ上陸作戦では風が非常に弱く、空母はゆっくりと航行しながらビーチ沖合に張り付いていた。こうした状況では、着艦の約10%が何らかの事故につながり、同じような日が数日も続くと、空母からシーファイアがなくなってしまいかねない。シー・ハリケーンには折り畳み翼をもつ型式も設計されていたが、製造されることはなかった。シーファイアの後期型は折り畳み式の翼を備えていた。

フランス軍はアメリカのワイルドキャット40機を発注していたが、フランス敗北後、これらはイギリスの艦隊航空隊に譲渡された。マートレットと命名されたこの機体は、きわめて実用的であることが証明され、評判がよかった。

大戦末期になると、イギリス軍は太平洋での作戦において多くのアメリカ海軍機を採用した。アヴェンジャーに加え、ヘルキャットやコルセアが使用される一方、バラクーダは地上支援用に継続運用された。

第二次世界大戦中、イギリス海軍による複数の空母による数少ない作戦の一つがペデスタル作戦だった。この作戦では、マルタ島に向かう〔イギリスの〕輸送船団に対し、ドイツとイタリアの陸上機が激しく攻撃を行った。各空母に搭載されていた航空機は次のとおりである。

〈イーグル（Eagle）〉シー・ハリケーン16機
〈ビクトリアス（Victorious）〉シー・ハリケーン6機、フルマー16機、アルバコア12機
〈インドミタブル（Indomitable）〉シー・ハリケーン24機、マートレット10機、アルバコア16機

空母3隻の艦載機を合計すると、戦闘機72機、雷撃機28機となり、輸送船団の護衛という全体的な任務を考えると、適正な防御戦力であったと思われる。ちなみに雷撃機はイタリア軍の水上部隊に対処するために保持されていた。

〔イギリス海軍では〕真の急降下爆撃機は開発されなかった。大戦初期のブラックバーン・スクア（Blackburn Skua）は複座式で、戦闘機と急降下爆撃機を兼ねたものだったが、とりわけ近代的なドイツ空軍戦闘機と

対峙する戦闘機としては、あまり成功しなかった。イタリア軍もドイツ軍も空母を運用しなかったため――これは急降下爆撃機が最も得意とする非装甲飛行甲板が存在しないことを意味する――急降下爆撃機を開発しなかったことは理に適っていたのだ。主な標的は敵の戦艦であり、戦艦に対しては雷撃機がより効果があった。その好例はドイツ戦艦〈ビスマルク（Bismarck）〉追撃戦であり、急降下爆撃機による航空攻撃では、魚雷が命中したときのように戦艦の速力を落とすことができなかった。

１９４４年3月以降、イギリス海軍はデ・ハビランド・モスキート（de Havilland Mosquito）を空母で運用するためのテストに成功した。当時、最大の空母艦載機であったアヴェンジャーと比較すると、モスキートの翼幅長は同じだが、重量は2倍あった。着艦時にはことのほか低速にしなければならず、さもなければ着艦制動索が切れてしまう可能性があった。これはモスキートの強力なエンジンと4枚羽根のプロペラの影響によるものである。着艦するときのモスキートは、最終アプローチの際に「プロペラにぶら下がる」格好になるからだ。モスキートの初期型は着艦制動フックをもち、着陸装置が強化された標準タイプで、折り畳み式の翼はもたなかった。バーンズ・ウォリス（Barnes Wallis）卿〔イギリスの航空技術者、航空機設計者〕が設計した対艦反跳爆弾《ハイボール・バウンシング・ボム》〔海面を跳ねながら進み、標的艦の喫水線下で爆発する命中率の高い爆弾。ハイボールは戦艦攻撃用のコードネーム〕を1機につき2発搭載し、港湾内に停泊している艦船に対して使用された。この作戦構想は、ダム・バスターズ襲撃〔１９４３年5月、反跳爆弾でドイツのルール工業地帯のダムを決壊させたイギリス空軍による攻撃〕の空母部隊版ともいえた。しかし、担当する飛行中隊は出撃可能であったが、諸々の理由で攻撃が実行されることはなかった。モスキートの別の改良型はそれほどエキゾチックな特徴はなく、折り畳み式の翼をもち、魚雷を搭載することができたが、終戦までに準備が整わなかった。モスキートの戦後の改良型であるシー・ホーネット（Sea Hornet）は、折り畳み式の翼をもち、数年間空母で現役任務に就いていた。

大戦後半になると、アメリカで実施された飛行甲板に常時駐機させるデッキパークが本格的に採用され、航空群の編成も大規模化した。日本本土への攻撃に参加した最新鋭のイギリス空母〈インプラカブル（Implacable）〉は、シーファイア48機、ファイアフライ（Firefly）12機、アヴェンジャー21機を搭載していた。その姉妹艦である〈インディファティガブル〉は、シーファイア40機、ファイアフライ12機、アヴェンジャー21機を搭載していた。両艦とも約80機を搭載しており、これはアメリカ空母の戦時中の搭載機数に匹敵する。

イギリス空母の航空機搭載能力は通常、格納庫に収納できる航空機の機数に基づいており、作戦で運用された実際の数を反映したものだ。さらに戦争末期にはデッキパークが採用されたことで、実際に作戦に投入された運用機数は、この数字よりも大幅に増加した。予備機は分解された状態で搬送され、各パーツは格納庫内に天井からぶら下げられていた。天井の高さが比較的低かったため、予備機のパーツは航空機の収納に支障をきたした。

第4章　敵の発見

戦闘開始前に、敵の意図や戦力などを探るため、無線電波情報が使用される。空母の運用とはあまり関係がないかもしれないが、戦闘の構成要素として重要であるため、無線電波情報は価値のあるトピックである。

無線電波情報

無線電波情報に共通する一般的な形態はトラフィック解析である。これは暗号解読ではなく、何らかの情報を明らかにするため、電波の特徴や属性を探し出すものだ。

コールサインは、どの無線局が送信しているか、誰のためのメッセージであるかを示す、文字や数字から成る短い符号である。永続的に長く使用されるものもあれば、一時的にしか使用されないものもある。ある空母が使用するコールサインを知れば、その空母で何が起きているのかを推測できる。ある無線局のオペレータの特徴、たとえば打鍵操作の癖を把握し、コールサインの変更を追跡することができる。そこで使用される周波数は通常、HF帯である。ユーザーはある目的のために特定の周波数を利用し続けるケースが多いのだが、もし「誰が、何のために、どの周波数を使っているのか」がわかれば、それは敵に関する何かを教えてくれることになる。同様に、どの周波数をいつ使用するかといった時間表に注目した場合、「誰が、どの時間帯に、どのようなメッセージを送るのか」というパターンを発見できる可能性がある。メッセージの長さも手がかりになる。というのも、長いメッセージほど重要度が高い場合が多いからだ。また、ある無線局が、複数の部隊に送信している全体像を把握することができれば、その無線局を利用している部隊の兵力組成を知る手がかりになる。最後に、不注意なオペレータによる平文での普段の会話は、何か重大なことが起きようとしているのか、単に退屈しているだけなのか、あるいは空腹なのか、など情報の貴重な片鱗を明らかにすることもある。このような、わずかな兆候を組み合わせることで「何が起きているのか」について、情報に基づいた推測を行うことができる。

むろん敵も同じようなやり方で傍受しているということは誰でも承知しているが、無線通信は必需品であることに変わりはない。このため、コールサインや周波数などを変更するといったように、トラフィック解析を困難にするさまざまな方法がとられる。ダミー局も使えるし、他の局になりすますといった方法もある。こうして、「いかに情報流出を最小限に食い止めながら傍受側を欺くか」、「傍受側がいかに兆候をうまくつなぎ合わせることができるか」といったゲームが繰り返されるのである。

暗号解読とは、敵のメッセージの内容を実際に読み取る技術を指し、通信の流れを観察するだけでなく、使われている暗号を解読することである。暗号解読はトラフィック解析に助けられ、トラフィック解析は暗号解読に助けられる、というようにチームワークが大切なのだ。

暗号にはさまざまな形態があり、運用にかかる時間、作業量、必要な装置はそれぞれ異なる。運用面での使いやすさとセキュリティの間にはトレードオフの関係がある。実際、海軍はさまざまな種類の暗号を使用していた。使用は簡単だが、解読されやすいセキュリティ強度の低い暗号もあったが、強度の高い暗号は安全である反面、使用するのに多くの時間、人手、設備が必要だった。

暗号は完全に解読できることもあったが、ほとんどの場合、その一部しか解読できなかった。これは見方を変えれば、誰もが敵の暗号の少なくとも一部は解読しているということである。この意味で、暗号の保全はきわめて難しく、執拗で有能な人材を多く抱えた攻撃者に対しては、失敗する可能性があった。

暗号解読が空母の作戦運用に多大な影響を及ぼした最たる事例は、何といってもミッドウェー海戦であった。アメリカの暗号解読者たちは十分な時間的余裕をもって、日本軍の攻撃の時期と位置を、数分、数マイル単位で事前に予測することができた。これがなければ、敵の位置を通常の方法で特定しなければならなかったはずだ。

送信電波の到来方向は、適切な受信装置があれば解明できる。このような方位測定用受信機が２台あれば――通常は陸上施設で――、送信機の位置を通常なら誤差50～１００マイル〔約80～１６０キロメートル。１マイルは約１・６キロメートル〕の精度で（送信機と受信機の間の妥当な距離を考慮に入れながら）三角測定することができる。

イギリスの HF/DF（短波方向探知機。「ハフダフ」と呼ばれる）装置は艦載型の方位受信装置であり、護衛艦の位置から無線電波を送信したＵボートまでの方位を割り出した。Ｕボートが比較的近くにいる場合、方位情報は地上波から得られたため、正確な場合が多かった。方向探知機は位置ではなく、方位を示すのみであったが、非常に役に立ち、護衛艦はその方位に急行するだけで、海面に浮上したＵボートを発見できることが多かった。それに対し、長距離になると、ＨＦ信号の電波伝搬は大気の状態の影響を強く受け、方探の精度は落ちた。

レーダー警報受信機（ＲＷＲ）

通常の空母戦では、双方が死に物狂いで敵の空母を捜索する。敵に見つからずに敵を見つけ、敵の反撃を受ける心配なしに敵を先制攻撃できる態勢に持ち込むことが、空母艦隊の指揮官にとって「勝利の聖杯」であった。空母機動部隊は通常、対空見張り用レーダーを作動させ、襲来する攻撃隊を探知するため、その送信電波を逆用して敵空母を発見しようとする誘惑が非常に強くなる。

レーダー波は、適切な受信機があれば探知することができた。敵のレーダー波がレーダー警報受信機に到達するには片道だけあれば済むので、敵のレーダー自体が標的を探知するよりも、はるかに長いレンジで探知することができた。したがって、索敵機に搭載して高度を上げると、機上の受信機は２００マイル以上にわたりレーダー波を探知することができる。艦船に搭載した場合、探知範囲は艦船から見える水平線までの距離に制限された。

　ここで、いくつかの留意点がある。まず第一に、レーダー警報受信機は、レーダー発信機までの方位のみを提供し、距離は提供しないということである。方位を連続的に探知することで距離を知ることができるかもしれないが、戦闘状況中にこのような作業を行うことは通常は困難である。またレーダー発信機が空中にある場合、その高度に関する情報が得られないのは言うまでもない。

　さらに本質的な問題は、検出されるのがレーダー発信機の存在だけに限られるということだ。敵機動部隊の規模や編成については何も情報が得られないということである。大規模な艦隊かもしれないし、レーダーを搭載した一隻のピケット駆逐艦〔ピケットとは前線に配置される前哨兵、警戒兵を指す〕かもしれない。一方、検出されたレーダーの種類からは、大型艦に搭載されたレーダーであるのか、航空機搭載レーダーであるのかなど、何らかの情報を引き出すことができる。とはいえ、検出されたレーダーが空中からのものである場合、その航空機が艦隊に対して、どの位置を飛行しているのかを判別することは難しいため、レーダー検出の意義はさらに小さくなる。

　空母機動部隊の場合、従来から索敵機を使った目視偵察が行われていたため、レーダー警報受信機に頼らなくても、それと同じ情報以上のものが得られるという事情もあった。

　そのうえ実用性と費用対効果の問題があった。小型の艦上偵察機には電子機器を設置するスペースがなかった。レーダー警報受信機は、その重量、手間、訓練といったコストを凌駕するほど、有用で重要なものと見なされなければならなかった。しかし日米双方とも、索敵機にレーダー警報受信機を装備化するのは遅かった。１９４３年、アメリカ海軍はカタリナ（ARC-1受信機を搭載）のような哨戒爆撃機を使って敵の陸上レーダーの電波特性を調べることに力を入れていたが、レーダー波受信機（おそらくAN/APRシリーズの一つ）を搭載した最初のアヴェンジャーが運用を開始したのは、１９４５年初めのことである。

敵の哨戒機に搭載された水上見張り用レーダーは、艦船からも十分に探知することができた。レーダー警報受信機はドイツのUボートによって広範に使用された。最初の受信機は波長１・５メートルで作動するMetoxだった。後のNaxosは10センチメートルの帯域で作動した。日本はドイツからMetox受信機の設計仕様書を受け取り、約２０００台を製造し、ほとんどの艦艇に搭載した。しかし、そのころにはアメリカ海軍は波長がさらに短い新型レーダー（ＡＳＢ、ＡＳＧ、ＡＳＤなど）へと大きくシフトしており、受信機は役に立たなくなっていた。

右主翼のパイロンにAN/APS-6レーダーを搭載したヘルキャット。これは夜間戦闘用のヘルキャットで、レーダーは夜間迎撃用だったが、艦船に対しても有効であり、大型の水上目標に対する有効探知距離は20～30マイルであった。

レーダー

偵察機にレーダーが搭載されていれば、レーダーの機種や標的艦の大きさ、また隻数にもよるが、遠距離から艦船を探知することができた。レーダー探索の基本的な欠点は、艦船の種類が表示されないことである。輝点《ブリップ》の数と大きさから艦船の数を測定することはできるかもしれないが、そのためには解像度の優れたレーダーで、目標に接近していることが条件となる。空母とその他の大型エコーを区別することは望めない。とはいえ、敵艦隊を発見さえできれば、それを目視で確認し、夜明けに攻撃することは可能であった。

初期の航空機搭載型レーダーの有効範囲は、目視で確認できる範囲よりも広くなかったため、レーダーは主に視界が悪いときや、夜間に役に立った。偵察機が使用するレーダー波は、レーダー警報受信機を搭載した艦船によって探知されるが、それらは対空見張り用レーダーがすでに探知している（レーダーのスイッチがオンになっていればの話だが）以上の情報は得られない。

カタリナのような航続距離の長い哨戒機には1942年6月にすでにレーダーが装備されていたが、その最初のモデルはASV Mk IIであった。アヴェンジャーのような小型の艦上偵察機には1942年末に対水上捜索レーダーが搭載されたが、使用されたセット器材が大きすぎたため、一部にしか搭載されなかった。1944年になると戦闘機にも搭載されるようになり、夜間戦闘用ヘルキャットに搭載された。

日本の哨戒機には1943年後半にレーダーが装備された。しかし、97式艦攻や天山などの艦上偵察機には対水上捜索レーダーが本格的に装備されることはなかった。利用可能なセット数は非常に少なく、1944年後半に実用化された頃には、日本の空母は〔海上戦闘の〕主要なプラットフォームではなくなっていたのである。

目視による発見

索敵機は通常、扇形の飛行経路に沿って偵察を行っていた。偵察は必ずしも円形の全方位をカバーするわけではなく、それはひとえに戦術的状況によった。扇形の経路は通常15度の弧をカバーするが、より慎重な偵察が必要と判断された場合、より高い密度で行うこともあった。濃密に広い範囲を偵察することは、偵察用の航空機を他の任務、たとえば攻撃部隊から転用するなどのコストを伴った。また必要性に応じて、異なるエリアの偵察に向けられることもあった。

索敵機が偵察している間、通常それを発艦させた艦艇は移動している。扇形に沿った偵察任務はこれもまた通常、発艦地点とは異なる場所で終了する。そのため往路、弧の円周に沿った航路、復路を経て、移動した空母に追いつくための短い４つ目の航路が設けられることが多かった。偵察機には、発艦した母艦の予想される航路と、母艦が見つからなかった場合の予備の飛行経路が伝えられた。

日の出は高高度であるほど早く訪れたが、偵察活動に大きな影響を及ぼすほどではなかった。高度１万２０００フィート〔約３６００メートル。１フィートは約０・３メートル〕の場合、水平線までの距離は１３４マイルで、太陽は赤道上を９００ノット〔時速約１７００キロメートル。１ノットは約１・９キロメートル〕で移動しながら、この距離をわずか５～10分ほどで照らし出す。

最適な巡航速度と最大の航続距離が得られるのは、通常、１万～１万２０００フィートの飛行高度だった。高度が低いと空気が濃くなり、速度が落ちたり、燃費が悪くなったりした。逆に１万２０００フィート以上では、パイロットは酸素補給を必要とした。飛行高度はその日の雲層によって大きく左右され、低空しか飛行できないこともあった。高度１０００フィートでも、水平線までの距離は40マイル以上あった。低い高度で飛行すれば、海面流を確認しやすく、風の向きを推測して正確に航行することができた。また風速や風向は高度に応じて変化するものだが、低空飛行した場合、波頭の高さで観測された風速・風向と、航空機が飛行している高度での風が同じである可能性が高く、時には驚くほど一致していた。視界も大きく変化したが、最適な条件のもとでは25～30マイル〔約40～50キロメートル〕先まで見通しが得られ、50～60マイルの広い海域をカバーできた。

珊瑚海やミッドウェーでは、アメリカ海軍はドーントレス急降下爆撃機を使い、２機１組《ペア》がそれぞれ方位角10度から15度の範囲で２５０マイル先まで索敵した。巡航速度は約１５０ノットで、１回の索敵任務に約４～５時間を要した。ドーントレス〔の役目〕はのちにヘルダイバーに引き継がれ、ヘルダイバーはヘルキャットに護衛されながら偵察任務に就いた。大戦後半には、偵察は約３５０マイル先まで行われるようになった。その後、ヘルキャットだけが偵察任務に使われるようになったが、やはりペアで飛ぶことが多かった。アメリカ海軍のドクトリンは、敵の航空脅威が予想される場合はペアで偵察を行い、それ以外の場合は単機で行うというものだった。

日本軍は珊瑚海やミッドウェーでは、水上偵察機（巡洋艦〈利根〉と〈筑摩〉のもの）と空母艦載機を組み合わせ、300マイルの範囲まで索敵を行っていた。巡航速度は零式水上偵察機が約120ノット、99式艦爆と97式艦攻が約150ノットで、偵察任務を終えるのに約5～6時間かかった。大戦後半になると、500～550マイルの範囲まで偵察が行われた。また1944年以降は、2段階の索敵プロセスがしばしば用いられた。それは日の出と同時に遠距離エリアを偵察できるよう、夜明け前に第1次偵察隊を発進させ、その後、日の出の時点で中間エリアを偵察できるよう第2次偵察隊を発進させるというものだった。

偵察機には高い速度が求められた。高速であるほど、一定の時間内により多くの海面を偵察することができた。また高速であれば、敵と接触しても撃墜されにくいというメリットもあった。大戦末期には、主に戦闘機が偵察に使われるようになった。

水上偵察機は実際には偵察に向いていなかった。速度が遅かったために偵察範囲が限られ、容易に捕捉され、撃墜されやすかったからである。日本では偵察機として、巡洋艦や戦艦からカタパルトで射出される零式水上偵察機が広範に使用されていた。アメリカでは、キングフィッシャー（Kingfisher）水上偵察機を艦上偵察機の代わりに使用することはせず、沿岸砲台の砲撃の観測用として、あるいは捜索救難任務用として使用した。これら2つの任務はいずれも日本軍にはあまり関係がなかった。

大型飛行艇は航続距離が非常に長かったが、機体が大型で高価なため、運用機数が比較的少なかった。航続距離が長いといっても、広い範囲を効率よく偵察できたわけではなく、単に索敵エリアが飛行艇の所在する基地から遠く離れていたということである。結局、偵察範囲は速度に依存していたのだが、飛行艇は一般的にあまり速くなかった。その反面、飛行艇は発着基地に柔軟に対応することができた。長い航続距離を十分に活かし、空母から遠く離れたエリアの偵察に投入することができた。また、場所を取るレーダー装置を搭載できるという利点もあり、そのおかげで視界不良な場合や夜間の偵察が可能になった。

何か重要なものを発見した場合、その偵察機はきわめて危険な位置にいることになる。偵察機が空母部隊に接近すると、レーダーで捕捉されることが多い。そして艦隊の位置が特定され、目撃情報が送られる前に、侵入者を撃墜することが防御側ＣＡＰの最優先任務となる。こうした事情から、アメリカ海軍は攻撃隊から戦力を割いてでも、２機１組《ペア》で偵察していた。アメリカ海軍は損失を心配したというよりも、目撃情報を確実に送信することを重視したのである。

艦種を識別するために目標に接近するのは、さらに危険だった。上空を旋回し、艦隊を追跡し続けることは自殺行為に近かった。撃墜されずに済む最良の方法は、近くの雲の中に入り込むことだった。雲を出たり入ったりすることが、艦隊に接近しつつ長時間追跡するための唯一の有効な方法だった。近くに適当な雲がない場合、唯一の望みは戦闘機から逃げ切ることだ。水上偵察機は非常に脆弱で頻繁に撃墜されていたが、より高速の長距離飛行艇であれば、生き残る可能性は高かった。偵察機は基本的に使い捨てと見なされ、特に水上偵察機はそうだった。「敵艦隊発見、親族に通知せよ」というジョークがあったように。

日本の偵察隊は目撃情報を確実に伝えるため、別の方法をとることもあった。モールス信号の短いメッセージを送り続けるのである。撃墜されると、その発信は停止する。基地では、通信が止まった時間から、撃墜された位置を推定する。いささかぞっとする話ではあるが、偵察任務の現実を考えると必要なことだった。この方法では、発見された中身の情報は得られなかったが、撃墜された場所によっては〔撃墜したのが敵の〕空母艦載機である可能性が高く、そうだとすれば、そのエリアに敵空母がいると推測された。

自動操縦の実用化によって、戦闘機が偵察機の役割を果たすことが容易になった。その頃になると、パイロットはナビゲーションのほか、暗号化されたメッセージの発信操作を単独で行えるようになったからである。速度が速いことで、戦闘機はより効率的な偵察を可能にし、撃墜される可能性は低下した。

索敵において艦隊を発見する際、最初に目にするのは敵の艦艇そのものではなく、航跡だった。航跡を出さない静止した艦船を発見することは、実際のところ難しかった。偵察機は、艦船から飛行機を視認できる距離（約5マイル）よりも、はるかに遠方の距離（約25～30マイル）から艦船を目視で発見することができた。

遠方からでは、艦隊の中にどのような種類の艦艇がいるのか、非常にわかりにくかった。そのため、さらに接近して目で確認する必要があった。したがって索敵任務では、撃墜され殺されてしまう前に、「正確な報告を行える距離まで十分に接近できるかどうか」が勝負の分かれ目となった。航跡の相対的な大きさから判断すれば、遠く離れていても艦隊の速度の大まかな推定は可能であった。艦種の識別は、徹底した訓練経験を積んでいたとしても、決して信頼できるものではなかったが、その理由は〔これまで述べてきたことから〕容易に理解することができるだろう。

偵察機は何時間にも及ぶ長いミッションに駆り出されてきた。この間、実に多くのことが予想され、実に多くのことが現実に起こった。無線封止のため、偵察機は何が起きているのかわからないことが多く、何とか空母に帰還したとき、かなりの驚きを味わうことになる。

コラム　レーダー

基本原理

レーダーは一定の方向に信号のビームを放射して機能する。信号が何らかの物体に当たると、その信号は反射する。その反射した信号の一部は発信元の方向に向かい、レーダー受信機によって検出される。そうした場合、放射した信号のすべてが発信元に戻ってくるわけではないが、その一部は受信機に戻ってくる。電源出力が十分に高ければ、反射した信号を検出することが可能となる。

したがってレーダー設計の第一の原則は、強力な送信機を用意する必要があるということである。さらに発信する信号が連続波ではなくパルス波であれば、受信する反射波もパルス形になる。この点が重要で、パルス波を発信してから反射波を受信するまでの時差は目標までの距離に比例する。つまりレーダーの本質は、高い出力で短いパルスを送信し、（微弱な）反射波を聞き取ることである。

　高出力のパルス波を発生させやすいかどうかは、波長によって決まる。ここで説明するまでもないが、一般的に言えば、波長が短いほど高出力の信号を発生させることは困難である。そこで、他の方法では実現できなかった短い波長での高出力化を可能にしたのが、多空洞《マルチキャビティ》マグネトロン〔マグネトロンとはマイクロ波を発生させるために用いられる共振真空管の一種〕という革新的な装置であった。

　空洞マグネトロン自体は１９２１年から知られていた。多空洞マグネトロンは１９３６年から37年にかけてロシア人科学者によって初めて作られ、１９４０年に発表された。またイギリスの科学者（ランドール（Randall）とブート（Boot））は１９３９年後半までに優れた多空洞マグネトロンの設計を行い、それをアメリカに伝えた。ドイツは空洞マグネトロンの研究はしていない。

日本は部分的だが非常に高度な研究を行い、イギリスと同じように優れた多空洞マグネトロンの設計をしていた。日本は全般的にレーダー技術の研究には長けていたのだが、それを大いに活用するだけの産業基盤を有していなかったのである。一例として、八木《やぎ》アンテナは日本の科学者である八木秀次の名前にちなんで命名されたもので、助手の宇田新太郎は1930年代にこのタイプのアンテナを発明していた。

パルス出力に制限がある中で、受信機が正常に機能するのに必要なリターン信号が返ってくるようにするためには、いくつかの方法があった。その一つは、より多くのパルスを送信することであり、そのためにはパルス繰り返し周波数（PRF）を高く設定する必要があった。パルス間の時間間隔が短いと、次のパルスが発生する前にパルス・エコーが戻ってくる時間も短縮され、有効到達距離が短くなってしまう。受信機を活用しやすくするもう一つの方法は、パルス波を長くすることであるが、その場合、距離の分解能に影響する。

ビーム

伝送されるビームには、さまざまな形状があり、ビーム幅が広い場合もあれば狭い場合もある。一般的には狭いビームのほうが、どの方向からエコーが到来したか、つまり目標の方向をより正確に把握することができる。ただしレーダーを向ける方向ごとに、エコーが戻ってくるのを待たなければならない。ビーム幅が狭いため、各方位は狭い範囲しかカバーできない。ある目標を捜索する場合、特定の範囲を走査するのには時間を要する。このように、ある範囲を捜索するのにかかる時間と精度はトレードオフの関係にある。

またビームの形状は水平面と垂直面とでは異なる。たとえば船舶のような水上目標を捜索する場合、私たちは水平面での方向に関心を抱くけれども、垂直面では、あらかじめどこに現れるのかがわかっている（船舶は水面上に存在するということ）ので、垂直面での精度を追求する必要はない。したがって、ビームは水平面では狭く、垂直面では広いのである。

対空見張り用のレーダーには2つのタイプを用いるのが通例であった。すなわち、広大な空域を素早く走査できる広帯域ビームのレーダーと、これに高い分解能で目標を探知する狭帯域ビームのレーダーを追加する方法である。

アンテナ

ビームの形状はアンテナの形状で決まる。アンテナがビームの形状を形成するうえでは根本的な物理的制約があったが、このことがレーダー設計に大きな影響を与えた。狭いビームを作るには、アンテナは信号の波長よりずっと大きくする必要があった。ある波長の場合、アンテナが大きいほどビーム幅は狭くなる。同じ大きさのアンテナでも、波長が短いほどビーム幅は狭くなる。

〔アンテナを〕船舶や航空機で使用する場合、重量やサイズによってアンテナのサイズが制限を受けることが多かった。そのため常に短い波長が求められ、マグネトロンの重要性が増していた。

波長の長い電波を扱う大型アンテナは、重量を軽減するためにワイヤー・フレームのような構造にするケースが多かった。これは、電磁波が実際には波長より、はるかに小さい構造物の影響を受けないことがわかったため実現できた。こうして波長がメートル単位になると、設計者たちはアンテナを軽量化するさまざまな条件を活用することができたわけである。

水上見張り用レーダーでは、捜索対象である目標が海面に存在することは既知事項であるため、高度情報にはさほど関心がもたれない反面、水平分解能はきわめて重要である。そのため横幅が広く、平面形状のアンテナが用いられる。ＳＧアンテナはその代表例である。

「戦闘機の誘導指揮」で利用されるレーダーは、水平面と垂直面の両方で優れている必要があった。また単機か編隊かを識別するため、高い分解能をもたせる必要もあった。さらにアンテナは水平面、垂直面ともに、波長よりはるかに大きいものが必要とされた。このようなレーダーでは波長が短く、皿型のパラボラ・アンテナが使われることが多い。高分解能で、移動する艦艇に搭載するため、アンテナはジャイロで安定化させる必要があった。アメリカ海軍が使用したＳＭレーダーがその代表例で、一部の艦船に搭載されたＳＭの小型軽量版であるＳＰレーダーとともに一般的に普及していた。イギリス海軍では２７７型レーダーが、このタイプのレーダーでは代表的なものだった。

長い波長と短い波長

波長が短いと、より高い分解能が得られ、アンテナの小型化が可能となるが、それがすべてではない。波長が長い電波にも利点がある。その一つは、波長が長いほど——信号の「脚が長く」なり——レーダー波の到達距離が長くなることである。また波長が長いと地球の曲率に沿って伝搬するため、水平線の向こう側を見ることができる。一方、波長が短いと見通し線までは見えるが、そこから先は見えない。

それゆえ波長の長いものは、長距離の用途に適していた。その一つが対空警戒レーダーだった。これは数メートルの波長で運用された最初のレーダーセットである。〔波長が長いため〕必然的にアンテナは大きくなり、搭載は大型の軍艦に限られた。マグネトロンが発明されるまでは十分な出力を得ることは困難だったため、長波の利用は妥当であった。このように長波を利用したレーダーは、空母運用の観点から重要であった。

イギリス海軍が使用した長波長セットは、279型レーダーと281型レーダー（それぞれの波長は7・5メートルと3・5メートル）であった。アメリカ海軍ではCXAMレーダーとSKレーダーセット（どちらも波長1・5メートルを使用）が使用されていた。

日本海軍は対空警戒レーダーの製造に遅れをとった。最初に実戦使用されたレーダーは2号1型電波探信儀であった。このレーダーセットは1・5メートルの波長が使われ、1942年の夏に初めて実戦投入された。のちに艦隊全般で使われるようになった103号は2メートルの波長で運用され、1943年3月に初めて実用化された。

航空機搭載レーダー

レーダーセットを航空機に搭載する場合、利用可能なスペースと重量の面で厳しい制約があった。アンテナのサイズを極力制限し、できるだけ空気抵抗を生じさせないようにしなければならなかった。レーダーセットの重量と電力も利用可能な出力、つまり到達範囲を制限するため、無視できない問題だった。

水上捜索レーダーが最初に搭載されたのは長距離哨戒機だった。これは主にUボートの捜索に使われた。次に水上捜索レーダーを搭載したのは雷撃機である。通常、雷撃機は３人乗りで、それなりにコンパクトなレーダーセットを設置するのに十分な機内スペースがあった。

戦闘機の機内スペースは非常に狭く、搭載されるレーダーは通常、長距離の捜索用ではなく、敵の航空機の迎撃を目的とした短距離用のレーダーであった。また単座戦闘機では計器パネルのスペースが非常に限られていたため、表示盤は非常に小さく、制御部は簡易なものでなければならなかった。

イギリス海軍の航空機搭載レーダー

ASV Mk II は最初の航空機搭載型の対水上艦艇レーダー（ＡＳＶ）である。イギリスが開発したこのレーダーは波長１・７メートルを使用する２本の八木（または「フィッシュボーン」とも呼ばれる）アンテナで構成され、左右両翼の下に1本は送信用、もう1本は受信用として設置されていた。アンテナは翼の前方部に固定されていた。潜水艦や水上目標に対して有効で、大型艦船に対する有効探知距離は最大35～50マイルで、ASV Mk II セットは１９４０年からソードフィッシュ雷撃機や大型哨戒機に搭載され、〈ビスマルク〉の探知にも使われた。ASV Mk III は波長10センチメートルを使用し、１９４３年から実用化され、ソードフィッシュやバラクーダなどの航空機に搭載された。

アメリカ海軍の航空機搭載レーダー

太平洋では１９４２年6月以降、ASV Mk II セットが大型哨戒機に搭載された。２本のアンテナを1本にまとめ、空気抵抗を減らした後期のＡＳＥセットへと改良された。

次にＡＳＢシリーズのレーダーであるが、これはマグネトロン式でない最後のセットである。波長60センチメートルを使用するこのセットは、２本の八木アンテナを両翼の下に1本ずつ取り付け、両方ともトランシーバーとして機能した。アンテナは左右に90度ずつ動かすことができた。1942年後半に生産が開始され、約2万6000台が製造された。第二次世界大戦で使用された航空機搭載レーダーセットの中で、最も一般的なものであった。哨戒機やドーントレス、ヘルダイバー、アヴェンジャーといった艦上爆撃・雷撃機に搭載され、水上艦船に対する有効探知距離は最大35～50マイルであったが、分解能は後期の波長10センチメートルと3センチメートルのレーダーセットほど良くはなかった。

マグネトロンを使った最初のセットは、波長10センチメートルを使用するASG（のちにAN/APS-2と改名）だった。かなり容積がかさばったため、大型の哨戒機や爆撃機に搭載された。水上艦船に対する有効探知距離は最大60マイルであった。1942年10月に生産が開始され、約5000セットが製造された。

次のセットであるASD（のちにAN/APS-3と改名）は、波長3センチメートルを使用した。波長が短くなったことで、アンテナの大きさを3分の1に縮小することができた。パラボラアンテナは機首や翼の下のフェアリング〔空気抵抗を減らすため流線型をした外装パーツ〕に収納されるようになった。中型の哨戒機やアヴェンジャーに搭載され、最大40マイル先の艦船まで探知することができた。1943年6月以降、約6000セットが生産された。

ASHセット（のちにAN/APS-4と改称）はAN/APS-3の小型軽量版で、戦闘機や雷撃機など、ほとんどすべてのタイプの航空機に搭載できる汎用型レーダーとして運用することが意図された。有効探知距離はAN/APS-3と同じ最大40マイルで、1943年10月に生産が開始された。

AN/APS-6はAN/APS-4と基本的には同じであったが、単座式の夜間戦闘機による迎撃任務用に簡略化されたディスプレイを備えていた。約2000セットが生産され、1944年中頃から運用が開始された。

AN/APS-20はAN/APS-2をベースに、（大幅に改装された）アヴェンジャーのような空母艦載機に搭載するために改良された波長10センチメートルを使用するセットである。生産が開始されたのは終戦後であった。

1943年2月以前は、陸軍と海軍はレーダーセットに異なる名称を使用していた。同じセットでも陸軍と海軍とで異なる名称になることもあった。混乱を避けるため、AN（Army-Navy）の命名法が導入され、ASxシリーズ（AS＝Air Search）の名称はAN/APS-xシリーズに置き換えられた。

日本海軍の航空機搭載レーダー

Ｈ６型（別名、３式空６号無線電信儀）は波長２メートルを使用し、双発爆撃機や大型飛行艇に搭載された。約２０００台が製造され、１９４２年８月に運用が開始された。送受信とも八木アンテナ１本で運用され、主に対空捜索用に使われた。編隊機に対しては60マイル、単機に対しては約40マイルの有効探知性能があった。艦船に対する探知距離は不明であるため、そうした役割ではあまり使用されていなかったかもしれない。

Ｎ６型は波長１・２メートルを使用し、雷撃機のような単発の空母艦載機に搭載することができた。八木アンテナ１本を使用し、主に対空捜索用に使用され、有効探知距離は40マイルであった。１９４４年10月に運用が開始されたが、わずか20台しか製造されず、実験的な使用を超えることはなかった。

ディスプレイ

最初のディスプレイはＡスコープだった。これは生のリターン信号を表示する基本的なディスプレイである。１つの軸に信号強度、もう１つの軸に距離が表示されていた。アンテナを手で３６０度回転させ、何かを発見したら、オペレータはそこでアンテナを止めて、エコーの大きさと距離を調べるといった操作を行った。このタイプのディスプレイは、エコーの大きさを見たり、距離を正確に測定したりするのには非常に適していたが、全体の状況を直感的に把握することはできなかった。

航空機搭載レーダーには独自のディスプレイがあった。Ｂスコープは空中捜索に、Ｃスコープは空中の目標照準に使用され、それぞれ目標までの距離と仰角・方位角を表示した。

レーダーで最も一般的なディスプレイは平面位置表示器（ＰＰＩ）〔自機や自船を中心に３６０度方向の距離と方位角をブラウン管に描出するレーダーの表示方式〕である。地図のような表示法で、とてもわかりやすい。

レーダー警報受信機

ある波長の信号を検出する探知機を作るのは比較的容易である。敵がレーダーを使用している場合、受信機は警報を発する。受信機によっては敵の方向までわかる。敵までの距離は、少なくとも直接的には明らかではない。とはいえ、経験豊富なオペレータであれば、敵のレーダーまでのおおよその距離を推測できるかもしれない。同じような感度の受信機を使用すると、その受信機がレーダー信号を検出する距離は、レーダーが目標に反射したエコーを検出する距離よりはるかに大きくなる。つまり受信機はレーダーを上回ることになる。

ドイツ軍はUボートのために一連のレーダー探知機を開発した。最初のものは波長1・3〜2・6メートルの送信波を検出するために使用された「メトックス（Metox）」である。アンテナは単純なダイポール式であり、原理的に送信機に対して方位情報は与えない。受信機の感度は非常に高く、長い探知距離が得られる。しかし、その感度の良さが災いして、多くの誤報が発生した。メトックスは1942年8月に運用が開始された。

のちの「ナクソス（Naxos）」は8〜12センチメートルの波長を検出した。最初の実用版ではパラボラアンテナを手で回転させることで、ある程度の方位情報を得ることができた。受信機の感度は低く、探知範囲は約3マイルにすぎなかったが、それでもUボートに1分ほどの警告時間を与えることで、通常は急速潜航するのに十分だった。1943年12月に運用が開始された。

ナクソスの次に登場したのが、3センチメートル帯の送信波を検出できる「チュニス（Tunis）」である。これにはホーン・アンテナが使用された。アンテナは手で回転させることができ、方位情報を提供した。1944年5月にドイツ軍で運用が開始された。

無線封止とアクティブ・レーダー

レーダーの大きな欠点は、自分の位置が知られてしまうことである。正しい周波数で聞けば、レーダーは巨大な灯台のようなもので、耳を傾けているすべての人に自分の位置を知らせるようなものだ。一般的に言って、警戒態勢にある、攻撃準備の整った敵に向けて、レーダーはできるだけ使用しない方がよいという結論になる。

アメリカはレーダーを多用したが、日本にはアメリカのレーダー放射を傍受・追跡する設備がなかったため、弊害を回避することができた。日本軍は無線・レーダー波の電波封止を主な原則的指針の一つとしていたため、そのような事態〔敵に傍受されること〕はあまり起こらなかった。このため、アメリカはレーダーの使用を妨げられることなく、それを大いに活用した。そして、より洗練された敵に対峙した場合に起こりえた問題よりも、はるかに大きなアドバンテージを享受することができた。もし、日本の偵察機がレーダー警報受信機を装備していたら、アメリカ軍は自分たちの位置が暴露されるのを恐れて、レーダーの使用をもっと制限せざるをえなかっただろう。発見された時点で、すべてのレーダーのスイッチがオンにされるのは当然だが、そのためには発見されたという事実を知る必要があった。

空中早期警戒機（ＡＥＷ）の登場により、レーダー警報受信機の価値は低下した。〔レーダーの〕方位は機動部隊の一部の艦艇にではなく、音を出して飛び回る小型機に向けられた。それに伴い、レーダーの有効探知距離が延び、レーダー覆域の下に潜り込むことが不可能になったため、「戦闘機の誘導指揮」の有効性は格段に高まった。こうしてＡＥＷは空母の運用に不可欠となった。効果的なＡＥＷには数機の航空機が必要であり、できるだけ大きなアンテナを搭載するためのスペースが必要であったが、一方で空母に搭載できるよう機体のサイズを制限しなければならなかった。

第5章　来襲する敵機の探知

ピケット艦の利用

レーダーを搭載した駆逐艦の前哨部隊《スクリーン》を、敵機の通過が予想されるどこかに配置することで、「戦闘機の誘導指揮」に必要な時間を確保し、最適な場所に戦闘機を配置することができる。艦隊までの距離が長くなるほど、外郭線をカバーするために、より多くのピケット艦（ピケットとは前線に配置される前哨兵、警戒兵を指す）が必要になる。その数は距離の二乗に比例して増加する。もう一つの方法は、ピケット艦を敵の飛行場がある沖合に配置することで、敵機が離陸したときに、それをレーダーで捕捉することができた。

ピケットの利点は、来襲する敵攻撃隊の高度を推定できることである。高度の推定はレーダーの有効探知距離に依存するが、敵攻撃隊がピケット・ラインを通過するたびに、ピケット艦は攻撃隊に接近できるため、主力艦隊から比較的遠く離れた場所で正確な高度データが得られ、それは敵攻撃隊を迎撃するための大きな利点となる。

ところが、これらのピケット艦は、敵攻撃隊の進路上に単独で存在し、ＣＡＰもわずかであるため、非常に脆弱である（ピケット艦はＣＡＰを支援するために存在するのであって、その逆ではないことを想起してほしい）。高速で航行し、機動力を発揮することで、そうした脆弱性を和らげることはできるが、そのためには常に燃料を補給する必要があり、カミカゼに対しては、さほど有効ではなかった。

日本海軍は前衛艦隊を使い、偵察やピケットの役目を担わせるとともに、敵の攻撃を吸引するよう運用することが多かった。ここでいう「前衛艦隊」は、おそらく一部には「生き餌《ライブ・バイト》」の婉曲表現と読むべきだろう。これは「部隊を一体的に運用する」というアメリカ海軍のドクトリンに反するものであることに注意してほしい。日本のドクトリンは、先遣艦隊や陽動艦隊というものに対して、はるかにオープンだった。

レーダーの利用

海上レーダーに関しては〔高度〕1万フィート〔約3000メートル〕地点の目標に対する水平距離は122マイル〔約200キロメートル〕で、艦載アンテナの高さを100フィートと仮定した場合、さらに12マイルが加算される。281型は1940年以降のイギリス海軍における標準的な対空見張り用レーダーであった。高度によって差はあったものの、このレーダーは航空機の編隊に対して70～120マイルの有効探知距離を有していた。アメリカ海軍のCXAMとその後のSKモデルの探知範囲は、ターゲットの高さにもよるが、50～100マイルだった。珊瑚海では、来襲する日本軍の攻撃隊は70マイル地点で探知された。日本の対空見張り電探2号1型は有効探知距離が50マイルで、1942年9月に空母〈翔鶴〉に初めて搭載された。サンタ・クルーズで同艦を救ったのは、急降下爆撃機の爆弾が同艦に命中する前に〔そして実際に航空機用ガソリンの配管を直撃する前に〕、乗組員たちがガソリンの配管を撤去する十分な警告時間を〔電探が〕与えてくれたからだろう。

対空警戒レーダーは、最大探知距離ではないにせよ、大編隊だけでなく単機も探知できたため、こっそりと忍び寄ってくる敵の索敵機を発見するのに有効であった。このような単独行動をする索敵機《スヌーパー》は攻撃を受け、撃墜される。スヌーパーが接近を恐れて遠距離にとどまれば、彼らの報告の正確さが失われる。しかし、スヌーパーに攻撃を仕掛ければ、近くに空母部隊が存在することを相手に暴露する恐れがある。よって、スヌーパーが遠すぎて空母部隊を探知できない場合は、スヌーパーを放置しておくのが最も賢明な策かもしれない。レーダーの探知範囲はスヌーパーの目視範囲よりはるかに大きいので、編隊がスヌーパーの進路からそれるだけの時間的余裕をもつことは可能かもしれないが、大編隊が相手に気づかれずこっそり逃げ出すのはそう簡単なことではないかもしれない。また（レーダーで探知されなくても）扇状パターンの偵察を行っている次の偵察機と偶然出くわすかもしれない。

探知距離が70マイルだと、攻撃隊が目標に到達するまでの警戒時間は20～30分となる。戦闘範囲が250マイルに及んだ場合、攻撃隊は大きな塊としてレーダーに表示される。艦隊との距離が十分に近ければ、発艦したときから、レーダーに表示される目標を実際に見ることができる。対空警戒レーダー装置は大きくて重いが、上部構造物の高い位置に搭載しなければならないので、大型艦にしか搭載されなかった。空母が優先されるのは当然だが、戦艦や巡洋艦にも搭載されていた。駆逐艦には、たとえばアメリカ海軍の大型艦に搭載されていたSKの代わりにSCのような、小型で探知距離の短い装置が搭載されていた。

空母艦載機にもレーダー装置を搭載することができたが、サイズや重量の制限から、敵機に対する探知距離は数千ヤードと短く、主に夜間における爆撃機の迎撃に役立った。

探知距離が短かったため、戦闘機隊は、艦載レーダー（できれば高度推定機能付き）を駆使する「戦闘機の誘導指揮」チームの誘導にしたがって、飛来する敵の爆撃機に向かわせなければならなかった。

航空機搭載用の空中捜索レーダー（AEW）には大きな回転アンテナが必要で、大きければ大きいほど性能が良かった。この方向での最初の本格的な試みは、アメリカ海軍がアヴェンジャーやB－17（それぞれTBM-3WおよびPB-1Wと命名）の胴体腹部に取り付けられた巨大なレドーム（レーダー・アンテナを収容している。レーダー・ドームの略）にAN/APS-20 Sバンド（10センチメートル）レーダーを搭載したことだった。このレーダーは、低空飛行する編隊を100マイル以上（高度1万2000フィートでは地平線までの距離は135マイル、実用上昇限度2万8500フィートでは200マイル）探知することができた。地上を含め、200マイル先まで完全にコントロールできるようになったことは非常に画期的だった。これは空母戦と海戦全般における革命にほかならない。しかし、これらのＡＥＷシステムは基本的に警戒システムであり、通常は目標の高さに関する情報は得られないことに留意する必要がある。「戦闘機の誘導指揮」においては、とりわけ夜間の迎撃のため、測高レーダーと組み合わせることが理想的である。

　アヴェンジャーはレーダーのプラットフォームとしてのみ機能し、同機から「戦闘機の誘導指揮」を行う試みは一切なかった。レーダー画面の画像は、無線リンクで空母のＣＩＣ〔戦闘情報センター〕に送られた。ＣＩＣからはレーダーを制御するためのバック回線が引かれ、〔ＣＩＣで〕表示されている情報が送られた。これらの無線リンクは３００MHz帯で運用され、到達距離は約45マイルであった。Ｂ－17に搭載されたことで、さらに多くのオペレータを収容するスペースができ、空飛ぶ指揮センターとして機能するようになった。どちらの機種も終戦までに運用されることはなかったが、いずれも日本侵攻の際に使用される予定であり、カミカゼに対する早期警戒情報を艦隊に提供する計画であった。

AN/APS-20レーダーを搭載するため大幅に改装されたアヴェンジャー

　初期のＡＥＷシステムでは、レーダー・アンテナは胴体腹部のレドーム内に下向きに設置されていた。これは、低空を飛行する標的を捉えるという目的からすれば、ごく当たり前のことであった。しかし直感に反するかもしれないが、これは悪い習慣であった。なぜなら、海面に照り返された膨大な反射波が有効なエコー信号を打ち消してしまうからであった。そのため、レドームを機体上部に設置し、機体自体が海面からの反射波を防ぐスクリーンとして機能することが、より良い解決策となった。また機体上部のスペースも広くなっていた。このことに気づいたときには、基本設計を変更するには遅すぎた。アヴェンジャーとB－17の両機種は、腹部にレドームを搭載して運用が開始されたが、B－17の後期型はレドームが上部にあった。現代のほとんどのAEWシステムはレドームが上部にあるが、実際には、その近くや下方にある目標を探知しずらくなっている。海上目標に対する最短の有効探知距離は、数十マイルになることもある。

目視による発見

ほかに有効な手立てがなければ、Mk1アイボール（人間の眼球の比喩）に頼るしかない。肉眼で船の上に立てば、比較的小さな空母艦載機を、条件が良ければ約5マイル先に発見することができる。人間の目の最大分解能は約0・1ミリラジアンであり、これは5マイルで直径約3フィートの大きさの物体を認識することに相当する。これに近い視力をもつ人、あるいは観測技能の訓練を十分に積んだ人は、もっと長い距離で航空機を発見できることが報告されている。双眼鏡を使えば探知距離は延びるが、その分、単位時間当たりの捜索エリアが小さくなり、すでに発見された目標を識別するのに適している。航空機の中から外を見るとき、ほかの単発機を視認できる一般的な距離は約3マイルであった。航空機搭乗員たちは自分の高度の下と上にある標的を見逃しやすく、人間の目は水平方向に対して捜索しやすいという傾向があった。目視では大きな編隊を見つけやすいが、レーダーの探知範囲は単機の場合と比べてそれほど大きくはなかった。可視光波の世界では、さらに多くの小さな標的を捉えることができた。何もなかったと思ったら、次の瞬間には何十個もの小さな点が現れる。これはレーダーとは違うところで、大きな編隊を探知することは、単機を探知するよりも容易である。第二次世界大戦中の典型的な対空警戒レーダーのビームは編隊全体をカバーできるほど広く、多くの小さな標的からのリターン信号が1つの大きなリターン信号のように見え、大きな編隊は単機を探知するときに比べ、30～50％遠くの距離から探知できるようであった。

第6章　航空攻撃

波状戦術

これは最も基本的な戦術である。攻撃は数の多さによって、一時的にせよ相手側の対空防御を過剰負担に追い込むような波状攻撃を行うことが最も効果的である。一般的に、十分に調整された1回の大規模攻撃、できれば、数種類の攻撃を組み合わせた同時攻撃を行えれば最良である。デッキロード攻撃はすべての海軍の常識であり、日本海軍もアメリカ海軍もそれを重視していた。

五月雨戦術

五月雨戦術《トリクル》は少数の航空機で飛来し、防御側の意表を突く攻撃である。空母を不意に急襲する狙いは、飛行甲板や格納庫甲板で燃料補給や弾薬補給をしている航空機がいる戦機を捉えることである。

攻撃側には、防御側が脆弱になるタイミングはわからないが、攻撃側が長期間にわたって繰り返し攻撃隊を送り込めば、遅かれ早かれ、空母が警戒を解くタイミングを捕捉できる可能性が高まる。それが可能になれば、一発の爆弾で制御不能の火災を発生させ、その艦を沈没させることができるかもしれない。

ミッドウェーでの日本の空母に対するアメリカの攻撃は、結果的に五月雨戦術に近いものになった。サンタ・クルーズ諸島において、日本軍が行ったアメリカの空母への絶え間ない攻撃は、アメリカの空母が長時間にわたって航空作戦に支障をきたし、多くの航空機が着艦前に燃料切れとなって不時着を余儀なくされるという事態を招いた。

大戦の後半、空母〈プリンストン（Princeton）〉〈フランクリン（Franklin）〉〈バンカー・ヒル（Bunker Hill）〉はいずれも単独機の爆弾に襲われ、大火災を引き起こした。〈プリンストン〉は沈没し、〈フランクリン〉は辛うじて沈没を免れたが、事実上全損壊となった。

目標への接近と航続距離

爆撃機の巡航速度は、100～110ノット〔時速約190～210キロメートル。1ノットは時速約1・9キロメートル〕と比較的遅かったデバステーターを除き、120～150ノット程度であった。ソードフィッシュ複葉機はデバステーターよりもさらに遅く、80～100ノットで巡航した。巡航速度とはある意味、恣意的に設定されているので、パイロットは必要に応じ、速くしたり遅くしたりすることができる。巡航高度は通常6000～1万2000フィート〔約1800～4000メートル〕であった。

日本軍の攻撃範囲は1942年には約250～300マイル〔約400～480キロメートル〕、1944年には約300～400マイルまでであった。アメリカ海軍は1942年に約200マイル、1944年には250マイルまで拡大した。イギリス海軍はソードフィッシュで250～270マイル、アルバコアでは、その少し先まで攻撃できた。

航続距離の数値は、かなり微調整が可能であったため、常に扱いが厄介である。どの艦載機にも、空母から確実に発艦可能な最大積載重量がある。航空機の機種に応じて、その重量は「その日の飛行甲板上を吹き抜ける風の強さ」「その機種が発艦するのに必要な距離」「発艦に必要とされる安全マージン」に依存し、さらに任務のタイプと重要性によって違いがでる。

最大積載重量に基づき、増槽〔機体外部に取り付けられた切り離し可能な増加燃料タンク〕を利用した場合を前提に、燃料や兵装を合計した運搬量を設定する。運搬される燃料は編隊の編成、他機が到着するまでの待機、目標地域への到達、目標の索敵、防御ＣＡＰ（戦闘空中警戒）の回避、目標上空における攻撃隊形の形成など、さまざまな用途に使われる。また不都合な風、航法ミス、着艦順序の待機時間などの未知数に対する安全マージンとして使うこともできる。こうした要素は、どれも流動的であり、目標までの最大距離は（最大積載量を考慮するうえでの）一つの要因にすぎなかった。

高高度爆撃

戦前、多発爆撃機による水平爆撃は、軍艦にとって大きな脅威と考えられていた。高高度で飛行するため、爆撃機は自動化された対空火器の影響を受けず、ＡＰ（徹甲）爆弾は装甲甲板を貫通できる速度をかせぐ時間的余裕があった。爆弾の命中率はかなり低いが、大型機から多数の爆弾を投下することで、その弱点を補うことができると考えられていた。アメリカ陸軍航空隊のビリー・ミッチェル（Billy Mitchell）将軍は「重爆撃機は海軍を時代遅れにした」とまで言い切っている。この脅威に対抗するため、各国海軍は高高度爆撃機を狙える大口径高射砲や火器管制システムの開発に多大な資源を投入した。

爆撃の精度は、航空機の高度、速度、方向、そして海面までの風速と風向についての正確な見積りに依存する。また目標の視認を難しくする雲がないことも必要である。飛行は正確でなければならない。機体のわずかな縦揺れや横揺れが照準を狂わせてしまうからだ。また乱気流が発生すれば、当然、飛行に支障をきたす。このような理由から、ジャイロ・スタビライズド爆撃照準器がよく使われた。ノルデン爆弾照準器は元来、アメリカ海軍が軍艦を攻撃するために開発されたものだった。最初はデバステーターに、のちに「空飛ぶ要塞」と呼ばれたＢ－17に搭載されたが、後者はもともと長距離沿岸防衛および艦船攻撃用（戦略爆撃は二の次）に開発された。

艦船に対しては、通常、高度１万～２万フィートで水平爆撃が行われた。爆弾の落下には30～40秒かかり、その間に２０００～５０００ヤード〔約１８００～４５００メートル〕の水平距離を移動する。その間に標的艦は約５００ヤード移動し、45～90度旋回することができる。

仮定の話だが、目標の大きさを２６０×30ヤードとし、１０００×１０００ヤードのエリア内に爆弾をランダムに投下すると爆弾の約０・７％しか当たらない。実際のところ、命中精度はもっと良くなかった。艦船は爆撃機が爆撃するのを見て、別の場所に退避できるからだ。また爆撃は前記の仮定ほど正確に行われるとは限らなかった。戦闘状況下では、爆弾が数マイル単位で外れることも十分ありえる。効果的な爆撃を行うには、静止目標に対して、比較的低空で、見通しがよく、対空火器やＣＡＰに邪魔されない爆撃でなければならない。むろん精度は訓練に大きく左右される。真珠湾で行われた水平爆撃は、ＡＰ爆弾を搭載した97式艦攻によって高度１万フィートから行われ、かなりの成功を収めたが、そのときのパイロットたちは任務前に徹底した訓練を積んでいた。

〔ドイツ戦艦〕〈ティルピッツ（Tirpitz）〉に対して使用されたトールボーイは、高度１万２０００～１万６０００フィートから投下された。重量は２万２０００ポンド〔約９トン〕あり、落下時間は約30秒、平均３００～５００ヤードの誤差の範囲内で命中した。同艦に対する最後の攻撃では、放たれた16発の爆弾のうち３発が命中した。この精度は、〈ティルピッツ〉が静止していて視界が良く、対空射撃はさほど激しくなく、〔イギリスの爆撃機の〕搭乗員たちが経験豊富であったという好条件のもとで達成された。トールボーイは尾翼を備え、落下時に回転するようになっていた。これにより通常の爆弾よりも、かなり精度が高まった。これは腔線《こうせん》が刻まれたライフル銃の銃身から発射された弾丸が、滑腔銃《かっくうじゅう》から発射された弾丸より正確であるのと似ている〔野球用語で言えば、ボールが回転する投球は、回転しない「ナックルボール」よりも安定していて〔軌道が〕予測可能である〕。トールボーイは非常に重く、流線型であったため、〔落下速度は〕音速の約１２０％に達した。標準的な爆弾は高高度から投下された場合、音速の約80～90％に達する。

雷撃機

魚雷の主な利点は、あらゆる種類の艦艇を確実に沈めることができることである。一度沈んだ艦艇はずっと沈んだままである（港内で沈んだ艦艇を除く）。爆撃を受けた艦艇は港に帰投し、やがて戦場に戻るケースが多い。実際、魚雷の助けを借りずに沈没した艦艇はほとんどなかった。

目標地点に接近中の雷撃機の飛行高度は、５０００〜７０００フィートが一般的だった。この高度は目標を見つけ、攻撃隊形を整えるため、目標地域全般を把握するのに必要だった。爆撃機は７０００〜８０００ヤードの距離で、緩やかに降下を開始する。ソードフィッシュのような低速の雷撃機は、速度を上げるために急降下を必要とした。急降下で得た速度は、①攻撃態勢に移りながら、②防御する側の戦闘機にとって迎撃しにくい目標になり、③対空火器にさらされる時間を短縮する〔丸数字は訳者〕ために有効であった。

雷撃機は雲に覆われた悪天候のもとでも攻撃することができた。雲層の位置に応じて飛行経路の高度を調整しなければならなかったが、視界が良好である限り、攻撃は続行された。風の影響は、少なくとも爆弾の落下や急降下爆撃機の急降下に対するのと同じようには魚雷に作用

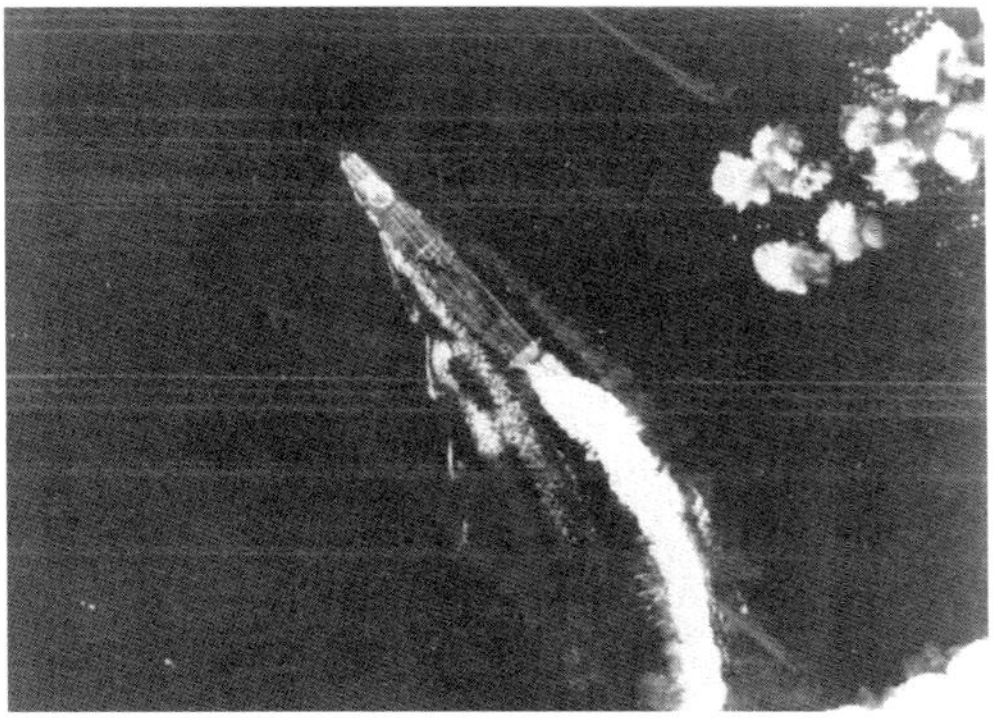

ミッドウェー海戦でB-17高高度爆撃機による連続投下爆弾を回避する日本の空母〈飛龍〉。護衛艦の姿が見えないことに注目してほしい。日本海軍の空母は攻撃を受けている間、各艦艇の間隔を広くとる非常に緩やかな陣形で行動していた。それは機動の自由を確保することが、対空火器を追加配備することよりも重要であると見なされていたからである。また上空からは、艦艇そのものよりも、航跡の方がよく見えること、飛行甲板の暗めの色は海面を背景にすると、見えにくいことにも注目してほしい。

しない。しかし、大きな波は問題になるかもしれない。大きな波に魚雷を落とすと、衝撃で魚雷が針路から外れたり、走行を完全に停止してしまう可能性があった。

攻撃する雷撃隊は、攻撃開始前に標的とする敵艦隊の陣形を確認する。相手も数千ヤード先から来襲する雷撃隊の位置を特定することができる。目標とされる艦船は発射された魚雷を回避するため通常、魚雷に背を向け、船尾だけを向けようとする。また魚雷の発射地点と航跡を追跡する。戦艦や空母のように全速力で航行する標的艦を攻撃する場面では、魚雷の速度はそれらの艦艇より若干速い程度である。魚雷を回避するため、標的艦は一定の距離を移動し、いずれの方向にも舵を切ることができる。とはいえ、こうした回避行動を取っているときの艦長のストレスのレベルは想像するに余りある。

このように、いかなる攻撃をもすり抜けようとする標的艦を捕捉するには、攻撃する雷撃隊が相互に連携し合って接近し、複数の方向から同時攻撃を仕掛ける必要がある。これを「金床《アンヴィル》」攻撃という。攻撃目標とされる艦艇は、一方向からの攻撃をかわすことで、他方向からの攻撃に対して恰好の標的となってしまう。逆に雷撃編隊が多かれ少なかれ同時に攻撃しなかった場合、標的艦艇は一つひとつの攻撃を順番に回避してしまうだろう。理想を言えば、各機が密集した編隊飛行《フォーメーション》で攻撃し、防御側に過剰な負荷をかけることである。緩い編隊飛行や、1機ずつ縦に連なる編隊飛行で攻撃すると、タイミングの面で「攻撃側に」余裕が生まれる反面、1機ずつ狙い撃ちされ、撃墜されやすくなる。このように雷撃を成功させるには、相当な訓練と勇気が必要とされる。

複数の編隊で攻撃する場合——各編隊はもともと、全機が簡単に撃墜されない程度の機数で編成されるため——現実的な「攻撃の成功率を高めるために最小限必要な雷爆撃機の機数」を想定することができる。この最小限必要な機数は10機程度と考えられる。それ以上の機数であれば、命中する可能性は十分にある。移動しない目標に対し、1発以上の命中弾を一定の確率で得るには、少数の雷撃機で十分である。

魚雷の投下は、基本的に波頭の水位で、低速から中速の速度で行われる。低空かつ低速であるほど、そつなく正確な魚雷を投下できる確率は高くなる。魚雷をデリケートな花のように考え、慎重に〔海面に〕植え付けるのだ。慎重に投下された魚雷は、そのまままっすぐに直進する。一般に魚雷の放出距離は目標から約１０００ヤードである。可能な限り攻撃目標に接近することが重要であるが、生存できる確率との間で両者を天秤にかける必要があった。

航空魚雷は、単発式の航空機が短い飛行甲板から持ち上げることができるよう、比較的軽量化する必要

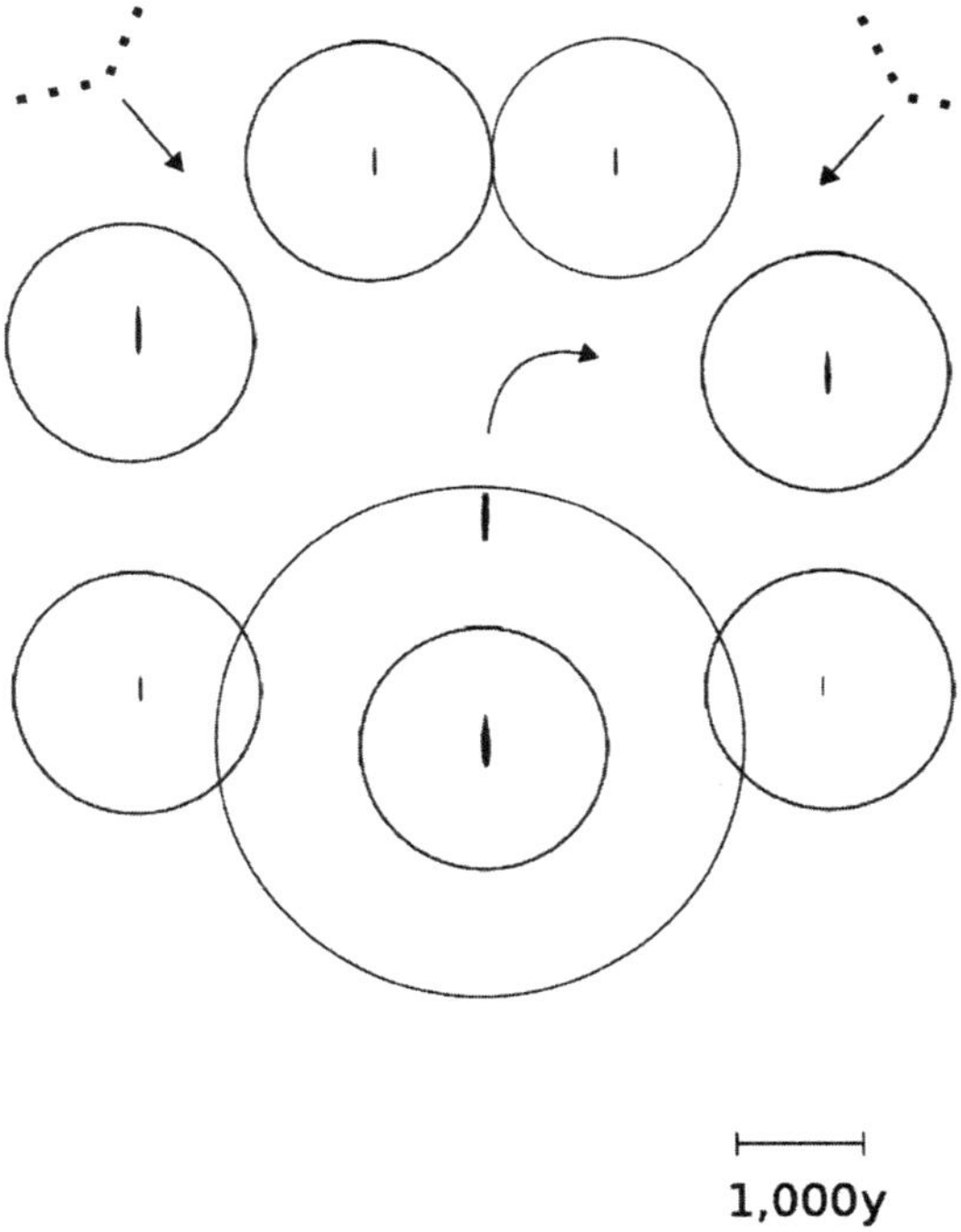

攻撃する雷撃機は２つ以上の編隊に分かれ、異なる方向から同時に接近する。これは「金床」攻撃と呼ばれる。目標とされる艦艇は一方向の編隊から逃げようとするが、そうすると、別の方向から接近する編隊から恰好の標的とされてしまう。防御の陣形は、まず中央に空母を配置し、巡洋艦と駆逐艦が遮蔽幕を形成する。さらに空母の後方に戦艦を配置し、対空戦闘を支援させる。雷撃機が魚雷を発射するためには、この対空弾幕を通過しなければならなかった。図中の円は、〔小円が〕20ミリ機銃の約1000ヤード、〔大円が〕40ミリ対空機関砲の約2000ヤードの有効射程を示している。縮尺は図中に示すとおり。

があった。弾頭部も小型化され、射程も短くなる。航空魚雷は投下時に視認できるため、標的となった艦艇はその回避を試みる。このため、長距離からの投下は効果がなかった。

各国海軍は、通常40ノット、2500ヤードという短い射程の高速魚雷を採用した。アメリカ海軍は33ノット、6300ヤードとより遅く、より長い射程の魚雷を選択した。これらの魚雷は、大戦初期には信頼性が低く、1943年まで実用性は低かった。日本軍は有名なロング・ランス魚雷〔酸素魚雷。「ロング・ランス」は長槍の意〕を航空攻撃に使用せず、通常の魚雷を使用した。巨大で長距離のロング・ランスは重さ2・7トンもあり、空中で使用するための試作品も存在したが、実戦配備されなかった。

大戦の後半になると、アメリカ海軍は敵の対空砲火を回避するため、2400フィートの高度から投下できる高速の改造魚雷を使用するようになった。この場合、魚雷は空中で約1000ヤードを約7秒かけて移動する。通常、魚雷の射程距離は2000ヤードで、その一部が空中移動となるが、目標到達時間は概略同じであった。

パイロットが陥りやすい最も一般的なミスは、標的からあまりにかけ離れた位置で魚雷をリリースしてしまうことだった。これは、至極もっともな理由と思われる生存本能に起因していたとは一概には言えなかった。実際、標的までの距離の目測は簡単ではなかった。もう一つの共通的なミスは、標的までの十分なリードを取らなかったり、標的の速力を見誤ったりすることだった。

雷撃機は低空でゆっくり進入してくるため、比較的簡単に撃墜できる。低空域は迎撃しやすく、〔狙われた航空機は〕逃げ場がほとんどない。また接近経路上には護衛艦が存在し、その近くを通過しなければならなかった。また標準的な金床攻撃を行う場合、対空砲火やCAPを前にして攻撃態勢を整えることも難しかった。このように雷撃機のパイロットは、実に勇敢でなければならなかったのである。どの国の海軍でも同じであったが、戦時中、彼らは相当な損失を被った。その一方で、標的となる攻撃目標と遭遇する機会が稀であったため、２回以上の攻撃を行わなければならなかったパイロットはほとんどいない。

ミッドウェーにおけるデバステーターの損失〔の多さ〕は、デバステーターが時代遅れの欠陥品であったからではない。他国の海軍が運用していた航空機と比べても、それなりに競争力のある雷撃機だった。珊瑚海でも何の問題もなく、軽空母〈祥鳳〉に対して実によく仕事をしてくれた。ミッドウェーでの問題は、組織化された防御側に対し、単独で、かつ戦闘機の護衛もなく突入してしまったという攻撃方法にあった。決して「旧式機」による「勇敢な犠牲的行為」のケースとは言えず、他の攻撃編隊との連携がまったく取れていなかったことが問題だった。とはいえ、デバステーターは巡航速度が遅かったため、他の攻撃編隊との連携が難しかったことも事実だ。デバステーターが最前線の現役から引退することは、かなり前から計画されていたことで、かりに新鋭のアヴェンジャーを同じような方法で運用していたとしても、結果は同じであったにちがいない。

損失が大きかったため、雷撃機は「対空能力を奪われ、護衛を欠き、十分な回避行動をとることができない艦艇」に対して最も費用対効果が高かった。つまり雷撃機の最良の使用法は、港湾内の艦艇、あるいは輸送船団のなかの損傷した艦艇に対する攻撃であったと言える。雷撃機は魚雷の代わりに爆雷、爆弾、ロケット弾を装備することができたが、それは戦闘機や急降下爆撃機も同様であった。大戦末期、雷撃機の搭載機数は減らされたが、残された機体は主に爆撃、対潜哨戒、空中からの早期警戒といった任務に使われた。

急降下爆撃機

急降下爆撃の主な長所は、その正確性である。急降下の角度が大きいほど、爆撃の精度は高まった。航空機の前進速度の推定および補正に関する不確実性が大幅に減少するからである。また爆弾の投下点が非常に低いため、標的艦は回避運動をする時間がほとんどない。さらに対空戦闘を行う場合、照準を合わせる時間が短く、高速で移動する急降下爆撃機は非常に難しいターゲットであった。

急降下爆撃の主な短所は、機体が大きな重力加速度がかかった状態からの引き揚げに耐えられるだけの小型サイズでなければならず、爆弾の積載量も制限されることである。当然、四発爆撃機では機体の引き揚げに問題が生じる。このように精度と小型化という条件は、空母から運用され、敵の艦船を攻撃目標とする単発の爆撃機に適していた。

高い高度から急降下爆撃を行うには、晴れた青空と、視界を遮る雲層がないことが条件であった。急降下爆撃は、地中海や太平洋のような晴天の多い地域で成功する傾向があり、晴天の少ない北欧の海域ではそうではなかった。目標がはっきりと見え、高度1万フィートに座っていると、パイロットは約1~2フィートの大きさの目標の特徴を見分けることができた。パイロットにとって軍艦は非常に大きな目標と映り、攻撃準備のために目標艦の比較的小さなディテールまで見分けることができた。

急降下を始める前、敵の対空火器やCAPを可能な限り避けるため、急降下爆撃機は比較的高い高度——最大2万フィート——から攻撃を開始することを好んだ。この攻撃を開始する高度までは、ゆっくりと上昇することが多かった。対空射撃が始まると、編隊は速度を上げるために浅い急降下に入る。そして急降下と飛行経路の両方をわずかに変化させ、敵の対空射手に多くの次元で多様な標的を同時に与えることができる。

とはいえ、実際の急降下は戦術的状況によって変化する。最適な降下位置につくため、速いスピードで浅い滑空からスタートする場合もあれば、ただちに急降下を開始する場合もある。急降下の最終段階では機体は60~70度まで傾き、この角度で目標に狙いを定めた。機体の制御は操縦桿と補助翼のみで行った。尾翼方向舵《ラダー》〔尾翼の垂直安定板に組み込まれた可動部で、機体の方向を左右に変更できる〕はスリップすると爆撃照準がずれてしまうため、作動は控えられた。傾斜角度を増すにしたがい正確になるが、そのぶん制御が難しくなった。

急降下爆撃は通常、縦一列の隊形で行われた。先導機の指揮官が目標を決め、他機はその後方に一列に連なった。順番待ちの機体は、所定の間隔を保ちながら縦列に機体を滑り込ませるパターンで飛行した。そのとき、前の機体の爆弾による影響を受けないように最低でも３～４秒、一般的には5秒以上、機体どうしで一定の距離が保たれた。複数の急降下爆撃機の編隊が同時に攻撃することも、主に同じ理由から避けられた。また爆撃飛行を相互に妨害し合う危険性もあった。

他方、空中衝突のリスクを冒すことにより、相手の防空能力を飽和させ、金床スタイルの攻撃を追求できる利点を生み出すことができた。もう一つの方法は、小さな編隊で攻撃することである。たとえば３機編隊を組み、真ん中の爆撃機が先導し、２機の僚機がそれに続く。編隊を維持することで急降下の操縦は複雑になるが、短時間でより多くの攻撃を行うことができた。

巡航高度１万２０００フィートから投下高度２０００フィートまでの急降下には、およそ30秒かかる。２０００フィートで放たれた爆弾の落下時間は約３秒である。30ノットの船は３秒で約50メートル前進するが、主要な艦艇の全長が２００～３００メートルであることを考慮すれば、これは大した距離ではない。熟練パイロットなら約10～20メートルのエリアに繰り返し命中させることができるため、主要な艦艇の全幅25～40メートルにも十分収まる。

つまり、どの方角からでも、どこへでも攻撃が可能であり、爆弾が落下する間、主要な軍艦ができる回避運動の範囲はごく限られたものでしかない。一方、急降下を開始した時点で、パイロットは照準器で狙いを定め、爆弾を放つ瞬間に攻撃目標がどこにいるかを考える。もし目標が照準範囲から別の場所に移動してしまった場合、パイロットは操縦を調整しなければならず、精度は落ちる。

急降下爆撃機は、横方向への照準は比較的うまく狙えるが、飛行進路上で生じる不確実性には対応が難しい。このため艦の縦方向に沿った攻撃が好まれた。急傾斜の降下では、水平方向への速度が船の速度にまで落ちるため、通常、艦尾から接近するのが望ましい。これが理由で、ほとんどの艦船には、艦尾方向に高射角の対空火器が据えられていた（文字どおり「後ろを隠せ」ということである）。この攻撃の特徴は、カモメやアジサシが侵入してくる人間に対し、どのように攻撃を仕掛けてくるかによく似ている。

縦列隊形の攻撃では、先導機に搭乗する編隊長が、目標にいたる有効な飛行経路を設定することが特に重要だった。それがうまくいけば、彼のあとに続く僚機も良い攻撃機動をしてくれる。編隊長が経路設定を誤れば、後続機も失敗するケースが多かった。12機の編隊の場合、５秒間隔での攻撃には60秒かかる。その間に標的艦はかなりの機動ができる。先導機がうまく経路選定ができても、後続機が困難な攻撃機動を強いられる可能性がある。99式艦爆がイギリス海軍の巡洋艦〈コーンウォール（Cornwall）〉と〈ドーセットシャー（Dorsetshire）〉に対して記録した80％前後の非常に高い命中率は、飛行長が完璧な経路選定に成功したことによるものであったと思われる。

Ｊｕ－87〔ドイツ国防軍の急降下爆撃機。通称「シュトゥーカ」〕のパイロット、ハインツ・ミゲオド（Heinz Migeod）はインタビューの中で、標準的な降下角度は70度、標準的な投下高度は５００メートル（約１５００フィート）であったと語っている。ただしこれは、小さな地上目標に対するもので、しかも強靭な対空防御がないケースである。ペデスタル作戦で攻撃されたイギリスの空母〈インドミタブル〉は〔ドイツの急降下爆撃機にとっては〕巨大な標的に感じられ、空母が回避行動を取らなければ、外しようがなかった。それに対し、地上の戦車は発見するのも打撃するのも難しく、小さくて軽快すぎるし、たいていは分散している。〔急降下爆撃機にとって〕好ましい目標は橋梁、建造物、艦船であった。

速度は遅いが、Ｊｕ－87は機動性に優れていた。攻撃してくる戦闘機を振り切り、実際にドッグファイトを首尾よく乗り切った。Ｊｕ－87のエースであるハンス＝ウルリッヒ・ルーデル（Hans-Ulrich Rudel）

は空中戦で25機を撃墜している。ミゲオド自身はハリケーン戦闘機に照準を合わせていたところを撃墜されている。99式艦爆とドーントレスも似たような特徴を有していた。アメリカ海軍の急降下爆撃機パイロット、スタンリー・〝スウェード〟・ベジタサ（Stanley "Swede" Vejtasa）は、珊瑚海でドーントレスを操縦しながら３機の零戦を撃墜している。

堅固な防御目標に対する投下高度は、一般的には２０００～３０００フィートが標準とされていたが、状況によっては１５００フィートの低空まで設定することができた。その場合、ほとんどの爆弾は艦船に

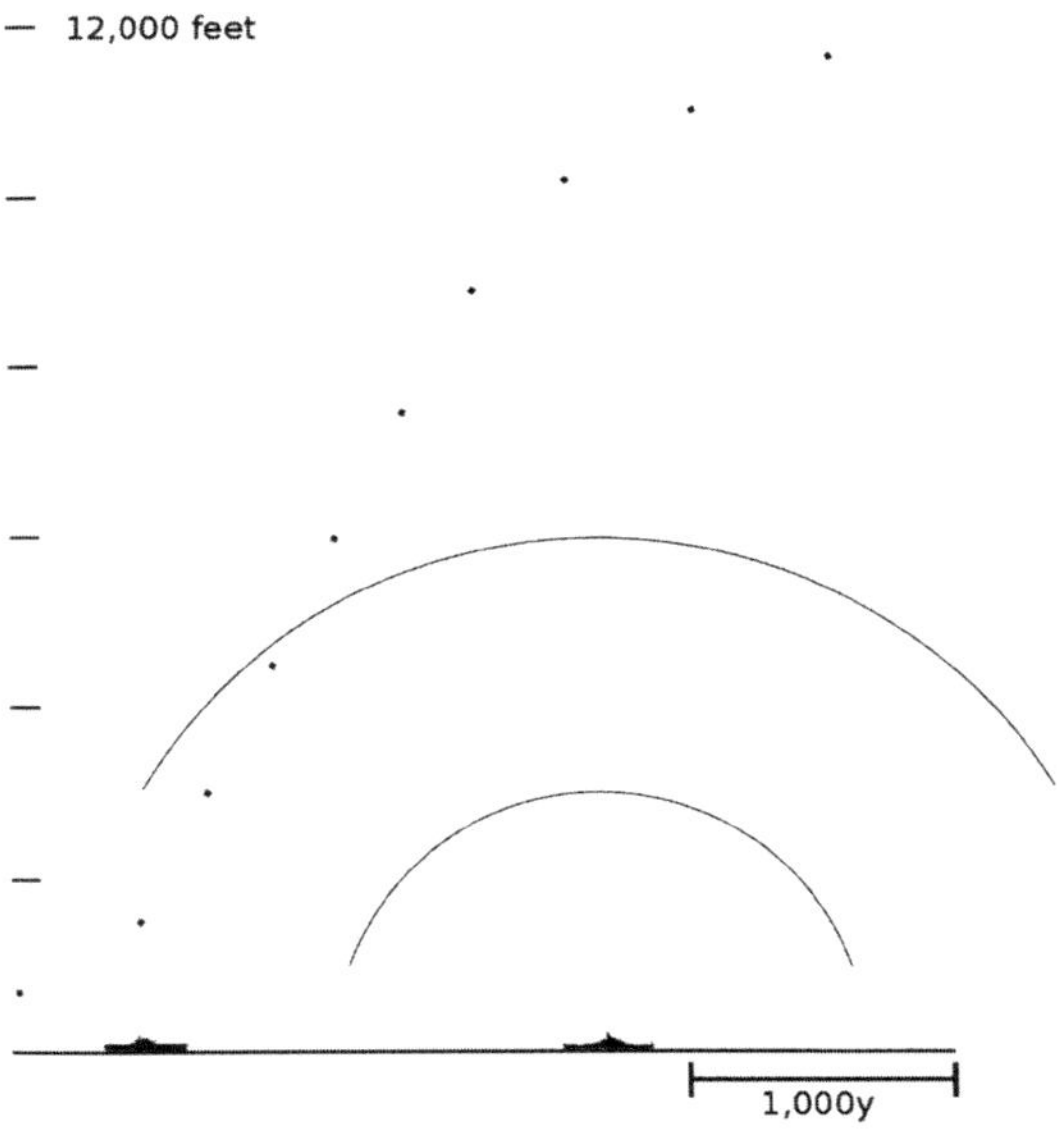

防空支援を行う戦艦を後方に配置した空母を攻撃する急降下爆撃機の編隊を図示したもの。図中の点は急降下爆撃機のおおよその飛行経路と角度を示している。通常、2000フィート程度の間隔で降下するが、もっと接近したり、もっと離隔したりすることもある。円弧は、20ミリ機銃（1000ヤード）と40ミリ対空機関砲（2000ヤード）のおおよその有効射程を示している。縮尺は図中に示すとおり。

命中する。３０００フィートから１５００フィートの高さから爆弾を投下する行為は、猛烈な対空砲火に身をさらす勇気と、犠牲を厭わない意志の実践であった。投下高度の下限は、投下後の機体の引き揚げに必要な高度と、自分の爆弾の破片に当たる危険性（これは徹甲爆弾や遅延信管を使用することで軽減できるが、後続機に与える危険性を考慮しなければならない）によって規定された。つまり１０００フィートが投下高度の下限と考えられる。急降下ブレーキを使い、急降下に伴うエネルギーの大半を逃がした後、思い切り機体を引き揚げたときには、急降下爆撃機の速度はかなり抑えられている。また低空飛行となるため、復讐心に燃えた直衛戦闘機隊からの恰好の標的となる。

急降下爆撃機は音速の約35～45%で急降下するのに対し、自由落下する爆弾の終端速度は音速の約80～90%に達する。急降下爆撃の投下高度が低いということは、爆弾が最大の終末速度に達する十分な時間がとれず、音速の50%程度にしか達しないということを意味する。このことは、徹甲爆弾が限られた効果しか生まないこと、急降下爆撃に対して甲板の装甲化が有効な対処法であることを意味している。より高い位置から投下された爆弾は、終末速度に達するまでの時間的余裕が十分にあるため、より優れた貫通力を発揮できる。一方、投下高度が高いということは、それだけ爆撃の精度が落ちるということでもある。遠距離から発射される大口径艦砲の砲弾は通常、急降下爆撃機の爆弾よりも高い垂直速度で命中する（ため、より効果があった）。このように分厚い装甲で覆われた近代型戦艦は一般的に、急降下爆撃に対する防御性は高かったといえる。急降下爆撃機の爆撃や機銃掃射は、その後に控えている雷撃隊――戦艦にとって急降下爆撃機よりも恐ろしい存在でありながら、脆弱性を併せもつ――の攻撃を成功させるため、戦艦の対空火器を制圧する効果があった。

一般にＨＥ爆弾（高性能火薬爆弾）は瞬間または短い遅延信管をもち、徹甲爆弾は長い遅延信管をもつ。ＨＥ爆弾は非装甲の飛行甲板を破壊するのには有効であるが、装甲甲板に対しては有効かどうか定かではない。

ただしＨＥ爆弾では艦艇の心臓部を貫通できないであろうから、艦艇を沈めることはできない。それに対し、徹甲爆弾は非装甲の飛行甲板に穴を開け、艦体内部の奥深くで炸裂する。それは推進プラントを破壊して艦を減速させ、その艦艇はおそらく次の攻撃で沈没するだろう。徹甲爆弾は装甲化された飛行甲板を貫通する可能性がはるかに高いが、装甲化されていない甲板と同じようには艦艇の深部まで貫通しないことがほとんどであろう。なお徹甲爆弾は爆薬量が少ないため、飛行甲板を破壊する効果は低く、その修復は比較的容易である。

急降下爆撃は、たとえば戦闘機のように、どの航空機でも実施できる。その基本的条件は、爆弾がプロペラに当たらず投下できるよう処置することである。一つの方法として、プロペラが回転して描く円弧の外側の主翼部分に爆弾ラックを設置することが挙げられる。機体胴体部の中心線に搭載する場合は、爆弾をプロペラの外側に放り出せる何らかの装置が必要となる。さもなければ爆弾の重量にもよるが、降下角は40～50度に制限される。

また急降下ブレーキがなければ、急降下を相対的に低高度・低速度から開始しなければならない。一つの工夫は、着陸装置（主脚）を急降下ブレーキとして利用することで、これはヘルキャットとコルセアで使われていた。また別の工夫として、プロペラの回転数を制御し、プロペラの抵抗を大きくする方法もあるが、これは急降下の安定性を損ない、制御を難しくする。より速度を増した急降下運動では、機体を引き揚げるための空間を十分に確保するため、爆弾投下点をより高い位置に設定する必要がある。高い位置での投下に代わる選択肢として、30～50度の浅い降下角で行う攻撃があるが、降下角の緩い急降下爆撃は、それだけ正確性を欠いた。

戦闘機は、高い防空能力を有する目標への急降下爆撃に苦戦した。降下角の小さな平坦な攻撃は、地上からの恰好の標的となりやすく、対空火器に長時間にわたり機体をさらすことになる。また後部機関銃手がいなければ、攻撃編隊は敵戦闘機から独自の回避運動で身を守ることしかできず、編隊の隊形は簡単に崩れた。

急降下爆撃は、特殊な装備と豊富な訓練を必要とする高度な技術であった。日本海軍が事実上壊滅し、それに代わる標的がなくなった後、専用の急降下爆撃機は以前ほど必要ではなくなった。大戦末期になると地上支援が最も一般的な任務となり、必ずしも急降下爆撃機を必要とする場面はなくなった。たとえば戦闘機パイロットたちが慣れ親しんできた機銃のように新たにロケット弾が使用されるようになるなど、汎用性の高い戦闘爆撃機としての運用に重点が置かれるようになった。

カミカゼ

カミカゼ攻撃では一般的に、高空または低空のいずれかのアプローチが採用された。高空アプローチとは基本的に急降下爆撃の方式で攻撃することである。この方式には、どの機種でも対応できた。照準器を使う必要はなく、爆弾を投下する必要もない。機体を引き揚げる必要がないため、急降下ブレーキも必要ない。最高速度で標的に飛び込んでも、爆弾の衝突速度は比較的低く、装甲貫通性能はさほど良くなかった。

低空アプローチはレーダー〔覆域〕の下に潜り込み、自動対空火器の射程外にいる間に機体を約150フィートまで引き揚げ、そこから重力を利用して、攻撃が完了するまで――パイロットが被弾しても、操縦制御部が撃ち抜かれても――自動対空火網の中を突き進む攻撃方法である。最良の攻撃方法は、低空と高空両方の方法を駆使した複数機による連携攻撃である。装甲貫通力に劣るカミカゼは、主にアメリカの空母や駆逐艦、揚陸艦など非装甲目標に対して有効であった。

桜花は有人の特殊滑空爆弾である。重量は2140キログラムで、1200キログラムの弾頭を搭載していた。双発の陸上攻撃機から高高度で放たれ、目標地点に向かって滑空する。滑空できる時間は限られており、目標から20マイル以内で切り離されなければならなかった。これはレーダーやＣＡＰの届く範囲であり、〔母機の〕攻撃機にとっても非常に危険な任務であった。目標接近の最終段階では、ロケット弾が音速の約80％まで上昇し、装甲目標に対してより効果的であり、対空火網からの影響をほとんど受けなかった。

誘導爆弾

誘導爆弾は、艦艇や橋梁など、防御力の高い目標に対する精密攻撃を加えるために使われるスタンドオフ兵器である。開発は戦前から行われ、ドイツとアメリカが最も開発に積極的だった。

ドイツのヘンシェルＨｓ－２９３は、１９４３年半ばに運用が開始された最初の誘導爆弾である。この爆弾は基本的にグライダーの形をしていたが、小型のロケット・エンジンを搭載し、10秒間、エンジンを噴射することができた。また、どんな高度からでも放出できた。初期型には照明弾と無線受信機が装備されており、オペレータがジョイスティックで目標まで誘導した。後期型は機首部にテレビカメラを搭載し、その画像を無線でオペレータに送信し、雲の切れ間からでも攻撃できるようになった。

ドイツのフリッツ－Ｘは、おそらく第二次世界大戦中で最も成功した誘導爆弾である。十字形の動翼面をもち、限定的な滑空が可能であった。誘導は照明弾と無線受信機で行われ、動翼面を制御した。これは水平爆撃機によって高高度から放たれ、オペレータがジョイスティックを使って目標に誘導する。高速で目標に接近するため、練度の高いオペレータが必要だった。一方で装甲貫通力が高いという利点もあった。１９４３年半ばに運用され、連合国の軍艦数隻を沈没させたり、損傷を与えたりした。この爆弾に対する主な防御策は、効果的なＣＡＰと無線リンクを妨害することであった。

アメリカのAzon爆弾はフリッツ－Xに似ていたが、実際は標準的な1000ポンド爆弾に誘導キットを取り付けたものであった。1944年半ばに初めて運用され、主に橋梁に対して使用されたが、誘導は横方向に対してのみであった（Azonという名称は「方位角のみ」〔Azimuth Only〕という語に由来している）。

アメリカのコウモリ型滑空弾は機首の内部にレーダーがあり、目標（主に艦船）に向かって自律的に飛行するものだった。当時としては優れて先進的な誘導爆弾で、開発費は約7000万ドルだった。これは目標エリアから10～20マイル離れた高度1万5000～2万5000フィートから発射された。そして、そのエリアに向かって滑空し、本物のコウモリが獲物を狙うときのように、最も強いレーダー反射波を放出している艦船に向かう。オペレータも無線リンクも不要で、コウモリ型滑空弾が自ら選んだ目標へと自律飛行してくれる。とはいえ、レーダーは簡単に欺くことができるため、この自律的運用が弱点でもあった。

コウモリ型滑空弾は1944年後半に運用が開始され、日本の船舶に対して使用され、戦果をあげた。当初はB－24に搭載されていたが、まもなくコルセア、ヘルダイバー、アヴェンジャーに搭載されるようになった。1944年に使用されはじめたコウモリ型滑空弾は、かりにその必要性が広く理解され、モノさえ揃えば2年前にも運用できた可能性が十分にあった。これが1942年に使用されていたなら、空母の戦いがどのような結末になっていたかは推測するしかない。

初期の誘導爆弾は、どれも妨害されやすいものばかりだった。当時の電子機器では、敵に誘導の仕組みを知られてしまえば妨害装置を作るのはいたって簡単であり、妨害を受けないようにする費用対効果の高い方法はなかった。また原子爆弾の出現により精度が重要視されなくなったため、誘導爆弾の開発の機運が削がれた。誘導爆弾は、誘導を行っている段階が非常に脆弱な状態になるため、搭乗員には必ずしも好まれていなかった。その後、数年間、誘導爆弾は特殊目標にしか使用できないと考えられていた。こうした状況は、1960年代後半にレーザー誘導式のペイブウェイ・シリーズが登場し、初めて本格的な誘導爆弾が登場するまで続いた。

果敢な攻撃

アグレッシブに攻撃するほど命中弾の数は増えるだろうが、その分、損失も大きくなる。これが冷厳な戦場の実相だ。あらゆる戦闘は結局のところ、守る側のスキルと覚悟、攻める側のスキルと勇気との戦いに帰結する。

空母の艦載機は安価で、空母機動部隊全体に必要なマンパワーに比べれば、パイロットの数は少なかった。戦闘システムの観点から、空母は巨額の投資の中心であったのに対し、艦載機は使い捨ての消耗品であった。ヘルキャット1機の製造コストは5万ドル程度であるのに対し、〈エセックス〉級空母の製造コストは5000万～7500万ドル程度である。つまり1隻の空母は、航空機1000～1500機の価値があったことになる。純粋に経済的観点から見れば、航空機とパイロットは消耗品であり、それは弾丸と見なされていたほどだ（実際に魚雷のコストが1万ドル程度であることを考えると、あながち実態からかけ離れた話ではない）。パイロットをコストと捉えてしまうと道徳的な問題を引き起こすが、少なくとも訓練費用について言えば、おそらく5000～1万ドルの範囲内だった。

寡婦の年金は約1万2000ドルだった。この数字は、指揮官が、十分な燃料がなく、空母に帰還できない航空機が発生する可能性が見込まれるなか、長距離攻撃を行うかどうかの決断を迫られたとき、考慮しなければならないコストだった。

こうした話題の一方で、第二次世界大戦における軍需品のコストは、1トンあたり約2000ドルであったというのは興味深い。この数字は、シャベルからトラック、戦車、空母にいたるかなりの品目を対象に合理的に見積もられたものだった。航空機はもっと高価で、1トンあたり約1万ドルであったが、当時はアルミニウムのほうが鉄よりも高価だった。

日本機の重量はアメリカ機の約半分であったから、その製造コストもアメリカ機のおおよそ半分であったと推定される。そうなると航空機がますます弾薬のように見えてくるだろうし、カミカゼを振り返るとき、こうした見方があることも心にとどめておくべきかもしれない。

1944年になると、日本軍は強力なCAPに直面するようになり、その試練を乗り越えてアメリカ艦隊を攻撃できた航空機は多くなかった。フィリピン海海戦のように、攻撃目標に到達するまでの間に甚大な損失を被るのであれば、目標に到達した時点で確実に命中させることが重要となる。それが自爆のような自己犠牲的な勇気を伴うものであるなら、そうするまでだ。いずれも全体的な損耗率はさほど変わらなかった。このように考えると、カミカゼ戦法は、レーダーと「戦闘機の誘導指揮」が可能にしたCAPの有効性に対する、きわめて合理的な答えとも言えた。

目標エリアに到達したカミカゼのうち、約半数はCAPで撃墜された。残りの約3分の2は対空火器で撃墜されたり、目標から外れたりしたが、3分の1は目標に命中している。カミカゼは1回の出撃あたり、約7～10倍の命中率を達成したと推定され、また喪失した機数1機あたりの命中率では1・7～2倍の効果をあげることができた。全体として約2500機の航空機が投入され、アメリカ海軍のさまざまな種類の艦艇に対し、474機が命中している。

航空機と空母の相対コストの面から前記の数値を考えてみると、2500機の航空機は、およそ正規空母1隻分に相当し、〔この2500機が達成した〕474件の命中弾は非常に良い交換比率であることがわかる。つまりカミカゼは、経済的にも人的にも最も費用対効果の高い兵器であり、だからこそ、倫理的な問題があるにもかかわらず使用されたのである。

果敢な攻撃を断行した日本海軍のアプローチは――その究極的手段としてカミカゼ戦法を用いるなど――間違っていなかった。それに対し、アメリカ海軍はパイロットたちに決してそのようなコミットメントを要求することはなく、若さ、気概、危険に立ち向かう勇気、そして勲章で報いることで、武勇と献身を振起し、パイロットを選抜していった。集団のために自己犠牲をいとわぬよう個人を馴致《じゅんち》することは、いつの世も戦争に必要なことであった。

もちろん、終末段階の誘導の役割をエレクトロニクスが担うようになると、どれだけ犠牲をいとわずに果敢な攻撃を行うかという問題は後景に退く。つまり、どこの国が「最も勇敢で献身的なパイロットを有しているか」ではなく、「最も優れたエンジニアを有しているか」という問題に取って代わられるだろう。

攻撃のあと

輸送船団も、魚の群れも、鳥の群れも、すべて同じ基本原則――数が多いほど安全である――にしたがっている。つまり集団で行動することで、生き残る可能性を高めるのである。その要点となるメカニズムは、捕食者を局地的に過負荷状態にし、大半の獲物を逃がすことである。捕食者たちは獲物を見つけるためにおのおの散開するが、ある捕食者が獲物を見つけると目の前に食べきれないほど大量の獲物がいる一方で、別の捕食者たちは空腹のままだ。これに対抗するため、捕食者は「戦闘機の誘導指揮」によって、ある種の「狼の群れ《ウルフ・パック》」を形成しようとする。しかし、その形成に遅れ《ラグ》が生じると、しまうだろう。これは〔攻撃者側が〕護衛戦闘機や後部機関銃手といった防御手段をもたない場合にもあてはまる。それらを利用できれば、集団行動の有効性はさらに高まる。

攻撃終了後、どの機も真っ先に友軍機を探した。それはどんな機種でも、どの飛行隊でもよかった。互いに生き延びるために「ここに獲物がいるぞ」と仲間どうしでかばい合うのである。

攻撃の変更と撤回

攻撃隊が出撃するとき、攻撃目標の位置だけでなく、目標にいたる飛行経路や速度が示される。また攻撃から帰還する際の母艦の予測位置についても知らされる。なぜなら、攻撃隊と空母の間で無線通信が使われることはないからだ。

攻撃隊が発進した後になって、状況が変わる可能性がある。目標の位置について新たな情報が入ったり、空母部隊が、攻撃隊を発進させた時点での計画とは異なる針路を取る必要があると判断するかもしれない。このような場合、無線機を使用するのが一般的かもしれないが、無線封止を破らねばならなくなる。戦術的状況に照らし、無線封止の厳守と、無線の使用により達成できる成果を比較検討する必要があった。

第7章　対空防御

未発見状態の維持

未発見状態を維持するというのは主に、敵に味方の空母部隊を発見される前に、または〔発見されてしまっても〕目撃情報を送られてしまう前に、敵の偵察機を撃墜してしまうことである。また敵に味方の空母部隊の真の戦力組成を把握されてしまう前に、偵察機を追い払うことも必要だった。さらに敵に誤った情報を与えることは、実戦では効果的な防御策の一つである。

退避行動

敵の空母部隊が近くにおり、攻撃が予想される場合、空母はある方向に退避することができる。敵の攻撃隊が上空に来襲するまで1時間かそれ以上かかるため、その間に空母部隊は水平線の彼方に消えてしまえばよいのである。もしレーダーで敵の攻撃隊（あるいは索敵機）を探知した場合、その航路から外れることも十分可能である。

ここで問題になるのは、任務で出撃中の友軍機の扱いである。彼らが無事に母艦への帰還を果たすためには、母艦から将来の動きを知らせておく必要がある。変更を知らせる手段としては無線通信が考えられるが、それは電波封止を破ることを意味する。また無線は敵の妨害やそれ以外の問題でうまく伝わらない可能性がある。

日本のドクトリンには、もともとの会合地点に駆逐艦を配置し、帰還した航空機に信号灯とモールス信号を使って、実際の母艦の方向を伝えるやり方があった。これは平時には有効かもしれないが、戦闘になれば駆逐艦は空爆で沈められてしまうかもしれない。

たとえ攻撃に巻き込まれても、敵の攻撃隊が連携攻撃を組もうとしている時間を使えば、味方の戦闘空中警戒《コンバット・エア・パトロール》（CAP）が敵の攻撃隊に対処できる時間を長く使えるため、退避行動は依然として有効であった。

スコールの中に隠れる

熱帯地方ではスコールが頻繁に発生する。暑くて風が少ない状態で発生するスコールは、束の間の雷雨のようなものだ。かなり遠くからでも見ることができ、水平線上を比較的ゆっくりと移動する。船舶でスコールが生じているエリアを航行していると、同時に複数のスコールが見えることもあり、そのうちの一つに当たるかどうかは運しだいである。

スコールは幅が数マイル程度で、5〜20ノット〔時速約9・5〜19キロメートル〕の速度で移動する。スコールの中は視界が非常に狭く、突風が吹き、雨が降っている。この視界の悪さと降雨のおかげで、攻撃にさらされている艦船にとって恰好の避難場所となる。もし攻撃が近づいているとき、たまたまスコールが近くにあったら、その中に飛び込めばよい。スコールの大きさや、船との位置関係にもよるが、船は何十分もの間、その中に身を隠すことができる。スコールの中にいる間は、状況によりフライト・オペレーションを中断しなければならないこともある。当然、対空戦闘も影響を受ける。

戦闘空中警戒

戦闘空中警戒《コンバット・エア・パトロール》（CAP）の主な任務は、敵の攻撃隊形を崩すことであり、必ずしも攻撃機を撃墜することではない。爆撃機は通常、緊密な編隊を組んで飛行し、後部機関銃手による相互支援を提供する。いったん編隊がばらばらになると、孤立した爆撃機はCAPと対空砲の攻撃によって撃墜されやすくなる。単発の爆撃機は、攻撃機としてあまり有効ではなかった。攻撃隊形を崩すためには、必ずしも高性能な戦闘機や機敏なドッグファイターを必要とするわけではない。機銃掃射しながら敵の編隊を潜り抜けることができれば、何でもよかった。

緊急発進した戦闘機は、できるだけ早く高度を上げる必要がある。初期上昇率は、1分間に2200フィート〔約660メートル〕（ワイルドキャット）または3000〜3500フィート（零戦、ヘルキャット）程度だった。高度1万フィートまで到達するのに4〜6分かかった。ワイルドキャット、ヘルキャットの後継機であるベアキャットは、おそらく戦時中最速の上昇性能を誇る戦闘機だった。初期上昇速度が毎分6000〜6500フィートで、1万フィートまで2分間で上昇することができた。とりわけ1万フィートまで91秒という記録は、ジェット時代になっても破られることはなかった。

大戦の初期には、CAP隊は艦隊の上空に配置されていた。もし敵の攻撃が予想される方向がはっきりしていれば、母艦から25マイル〔約40キロメートル〕ほど離れた地点にCAP隊を配備することができた。

艦隊近傍でのCAPは層状に区分して配置された。すなわち雷撃機から防御するための低層と、急降下爆撃機から防御するための1万5000〜1万8000フィートの高層である。急降下爆撃機は敵の迎撃を困難にするため、目標上空エリアにできるだけ高高度から進入することが望まれる。そのため急降下開始前に、妨害されずにCAP編隊の上空を素通りするのが理想的である。

開戦当初のアメリカ海軍では、雷撃機を迎撃するためにドーントレス偵察機を低空に配置するのが慣例だった。その意図するところは、戦闘機が苦労して獲得した高高度から降りてきて、〔雷撃機に対処したのち〕再び上昇するといったことを避けるためであった。しかし、このやり方はうまくいかなかった。なぜなら、この爆撃機〔ドーントレスのこと〕は速度が遅すぎ、効果的に迎撃することができなかったからだ。そこで雷撃機が〔魚雷投下のために〕低高度への滑空を開始する以前に、より遠方で迎撃することに重点が置かれるようになった。

上空での滞在時間は最大2〜3時間で、航続距離の短いワイルドキャットはそれ以下であった。戦闘機は通常4〜5時間の航続時間があり、必要であればもっと長く空中に滞在することができたが、戦闘に発展した場合に備え、十分な予備燃料が用意されていた。CAP機への弾薬補充と燃料補給にかかる時間は、多くの要因に左右されるが、滞空時間よりはるかに短いため、CAPに割り当てられたほとんどの戦闘機が空中にとどまり続けることができた。ちなみに1万2000フィート以上の高高度に滞空する時間は、パイロット用に携行される酸素量によって制限された。

急降下爆撃機は、艦艇が装備する対空火器よりも、目標地点への接近経路上で待ち構えるCAP隊に対して脆弱であったと言える。しかし、いったんブレーキの利いた急降下運動が始まると、戦闘機が急降下爆撃機に追随するのは難しかった。戦闘機は急降下爆撃機を追い抜いてしまいそうになり、バレル・ロール〔進行方向を変えずに横に一回転すること〕を繰り返さなければならなくなるが、敵の後ろにつけるタイミングは一瞬しかなかった。

急降下攻撃を終えると、急降下爆撃機は弱点をさらす。もはや編隊を組んでおらず、相互支援もなく、煙を吐き出しながら海面すれすれを低空飛行しているかもしれない。また急降下中に速度を制限した後、機体を急角度で引き揚げるため、飛行速度は必ずしも速くはない。これは防空CAP戦闘機にとって、復讐《リベンジ》の意味合いがあるとはいえ、撃墜数を稼ぐ絶好の機会である。

通常、爆撃機の撃墜は2段階のプロセスで行われる。まず後方から間合いをとって接近し、後部機関銃手を狙い撃ちする。後部機関銃手が前のめりに崩れ落ち、動かなくなったことを確認したら、標的に急接近し、時間と弾薬をできるだけ浪費しないように確実に仕留め、次の攻撃に移る。また爆撃機が編隊を組んで襲来し、隊形を崩しそうにない場合、後部機関銃手からの〔銃撃の〕危険を避けるため、爆撃機の下方から接近し、標的の下腹に入り込むことができれば、撃墜までのプロセスを短縮化できる。これを避けるため相手の編隊がばらばらになれば、かえってこちらの思う壺だ。編隊がばらばらになると、爆撃の効果はかなり落ちる。それゆえ爆撃隊は程度の差はあれ、編隊を維持するよう厳命されている。つまり爆撃効果を高めるためには、ある程度の損失を受け入れなければならないという考えなのである。

当然、後部機関銃手は反撃し、攻撃してくる戦闘機の機先を制したり、損害を与えようとするだろう。後部機関銃手が自機の尾部〔垂直安定板や尾翼〕を撃ってしまうことを防ぐものは何もなく、それを回避するためには自分で注意するしかない。爆撃機のパイロットが留意すべき細かいポイントとしては、機体を横滑り《サイドスリップ》させることで、後部機関銃手の射撃を妨害しない角度を保持しつつ、全体の編隊の中で自らの位置を維持することである。

対空火器

直線的で予測可能なコースを飛行している目標への有効射程はかなり長い。有効射程距離とは、主に射撃管制の正確性と対空火器の射距離により規定される。このようなシナリオでは大口径高角砲が適しており、攻撃隊が艦隊上空に現れたら、ただちに射撃が開始される。

それに対し〔非直線的で予測不可能な〕機動的な目標に対しては、有効射程はもっと短く、それは主に対空火器が目標に到達するまでの飛翔時間によって決まる。有名な5インチ高角砲〔5インチは約125ミリ。1インチは約25ミリ〕と40ミリ対空機関砲という2つの対空火器を比べると、40ミリの方が銃口速度は速いのだが、砲弾が軽いため、空気抵抗による速度低下が早い。5インチ砲の場合、飛翔時間の面で有利な射程距離は、外部弾道特性から計算すると射程は３０００～５０００ヤード（９０００～1万５０００フィート）〔約２７００～４５００メートル〕程度であることがわかっている。機動目標に対して用いる場合、これは非常に長い距離であり、おそらく有効射程と見なされる範囲外である。つまり機動目標に対しては、５インチ砲は40ミリに比べ、射程の優位性をもっていないことを意味している。非機動目標に対しては、５インチ砲は、長射程の方位盤《ディレクタ》〔移動目標に対する三角法や射撃解を継続的に計算し、射撃手に目標データを送信する装置〕を使用できる利点をもち、有効射程ははるかに長かった。

実際には、空中の多くの目標が「直線的で予測可能」と「機動的で予測不可能」という２つの類型の間のどこかに位置し、それに応じて大口径高角砲の有効射程も変化する。〔実際の作戦では〕機体自体は自由に機動できたとしても、編隊の中で自分の位置を維持しなければならないことが多い。攻撃機動の最終段階でパイロットが機体をさっと横に振る動作は、対空火力の効果を低下させるが、その代償として攻撃目標に対する照準を難しくしてしまう。いずれにせよ、「有効射程距離」の定義がはっきりしないため、弾薬の量や防御側の標的の価値など、状況に左右される。

急降下爆撃機の急降下の開始地点は、あらゆる対空火器の有効射程を超えたところにある。大口径高角砲はそこに到達することができるが、小型で敏捷な機体に対してはあまり有効ではなかった。唯一の有効な防御策は、急降下の最終段階での弾幕射撃であった。攻撃される艦船から見て、急降下爆撃機はまっすぐ向かってくるうえ、狙いやすく、攻撃側は確実に命中させるため標的に近づかなければならなかったが、最高の射撃タイミングは、爆弾が放出された後であった。攻撃側をひるませ、早すぎて正確でない爆弾の投下を強制するには、射撃量がものを言った。護衛艦は偏差射撃が困難で、目標からの距離も遠かったもののそれでも、相手パイロットに心理的圧力を与えるだけの効果はあった。

アメリカ海軍では、急降下爆撃機に対する40ミリ機関砲の射撃は、目標が高度９０００～1万フィートにあるときに開始された。だが実際の有効射程は約６０００フィートであった。20ミリ機銃の場合、射撃

アメリカ海軍の40ミリ４連装ボフォース対空機関砲の砲架。手前はMk 51方位盤。写真は〈レキシントン（CV-16）〉艦上で撮影されたもの。

は４０００～６０００フィートで開始され、実際の有効射程は約３０００フィートであった。ちなみに20ミリ機銃による撃墜は報復の意味合いをもつ殺傷であることが多かった（そのためカミカゼに対しては、あまり役に立たなかった）。初期の１・１インチ４連装機銃は、20ミリ機銃１門と同程度の威力があった。日本の25ミリ機銃は、20ミリ機銃１門と同程度で、有効射程は約３０００フィートまでだった。

射撃規律はきわめて重要だった。大戦初期には、遠すぎて届かない目標や、すでに他の火器が射撃中の目標、あるいは、すでに爆弾や魚雷が放たれてしまった目標に対して射撃することが頻繁に生じていた。問題は弾薬の無駄遣いというよりも、誤った目標を選んでしまうことである。また対空見張り員は、周囲の凄まじい対空弾幕に気を取られ、あまり役に立てなかったかもしれない。

防御側にとって重要なタイミングは、攻撃機が有効射程内に入ったときから、爆弾や魚雷を投下するまでの間であった。急降下爆撃機の場合、これは６０００フィートから１０００～３０００フィート程度までだ。この高度差３０００フィートを降下するのにかかる時間は、概ね10秒である。この時間の窓が開いている間——爆撃機が爆弾を投下し、縦列編隊の次の爆撃機が急降下して撃破ゾーンに入るまで——に、できるだけ多くの弾丸を撃ち込むことが防御側の任務であった。通常、急降下爆撃機は前の機が投下した爆弾の爆風に当たらないよう十分な間隔を開け、一列に連なって攻撃してくるため、防御側は攻撃機を一機ずつ射撃することができた。

この10秒の間に、５インチ単装高角砲は約３発、40ミリ４連装機関砲は約100発の砲弾を発射することができた。20ミリ単装機銃は10秒間に最大75発（スパイラル・マガジンは60発入るので、目標を変えながら弾倉を交換する）発射するが、その大半は有効射程内に収めることができなかった。初期の1・1インチ4連装機銃は10秒間に約70発の銃弾を発射した（20ミリ単装機銃とほぼ同等）。

日本の25ミリ機銃は理論上、1銃身あたり（10秒間に）約40発の銃弾を発射できたが、弾倉には15発しか装填できなかったため、10秒の間に少なくとも1回は再装填しなければならなかった。したがって3連装だと合計60発（単装の20ミリ機銃とほぼ同等）と半減してしまう。

イギリスの対空速射砲《ポンポン》は、112〜140発の弾丸が入った給弾箱から1銃身あたり約16発の銃弾を発射でき、10秒間の攻撃中に8連装銃架1単位あたり約128発を発射した。この機関砲は弾詰まりを引き起こす問題があり、実際に射撃された弾数はもっと少ないこともあった。比較的銃口初速が遅かったため、有効射程距離は40ミリ機関砲に及ばなかった。

心理的要因

急降下爆撃機が空母のような大きな目標を攻撃する場合、十分な訓練を積んだパイロットなら、特に妨害を受けない限り、どんな爆弾でも命中させることができた。しかし実際には、10発に1発程度しか命中せず、5機のうち1機程度は撃墜されている。つまり対空火器の最も重要な効果は、パイロットにミスをさせることであり、必ずしも撃墜することではなかった。実際に撃墜に成功しても、それ自体が戦果に与える影響はわずかであった。空母戦の中で最も重要な戦いは、「パイロットの勇気」と「対空砲火の恐ろしさ」との戦いだった。

まずは攻撃隊の隊形を崩すこと、それ自体が重要だった。隊形が崩れることで、相互支援や連携は失われる。集団内部で育まれた勇気は失われ、それは孤立した個人の恐怖と生存本能に取って代わられる。したがって、編隊を崩すことがCAPの主要な任務であり、航空機を撃墜することではなかった。通常、大口径高角砲では来襲する編隊を崩すのに十分ではなく、〔編隊を崩さず来襲を許した〕時にはもう手遅れであった。

日本のパイロットはたしかに勇敢であったが、対空火器をまったく無視するような不注意をおかす傾向があった。武士道精神をもち、死ぬことを覚悟しているようにも見えた。こうした気概は、爆弾や魚雷を投下する前にはプラスに働いていたかもしれないが、爆弾や魚雷を投下した後も生き残ってしまった場合、彼らはどうしたらよいか、わかっていないように見えた。離脱するときに回避行動を取らないことで、無駄に撃墜されてしまう者もいた（これによってアメリカ艦艇に搭載された20ミリ対空機銃の有効性を増大させた）。

空母の回避機動

空からの攻撃は比較的ゆっくりと展開する。まず航空機が接近して来ることを確認できる。当時の航空機の速度は攻撃対象である艦船の約5～10倍だったが、〔艦艇が〕来襲する敵機の攻撃を回避することは十分に可能であった。そうした回避運動は〔艦艇にとって〕単なる防御手段の一つであったというだけでなく、多くの場合、最も効果的な防御手段であった。艦艇の操舵性と艦長の技量は、おそらく艦艇の生存率に関わる重要な要素であった。艦船を沈めるための手っ取り早く確実な方法は、船に操舵させないことであった。

雷撃機は大きな重量のある魚雷を搭載しなければならなかった。雷撃機は一般に低速であったが、かりに低速でなくとも、魚雷投下のためにあえて速度を落とさなければならない。投下された魚雷は艦艇より極度に速くなることはなかった。雷撃機に対抗する標準的な戦術は、第一に、できるだけ速力を上げて、ひたすら逃げること。第二に、魚雷が発射されたら、素早くかわすことであった。難なくできる場合もあれば、そうでない場合もあった。それは相手の攻撃隊がいかに相互に連携し、決死の覚悟で臨んでくるか否かにかかっていた。軽快に動く空母と、極度のプレッシャーのもとでも冷静さを保てる艦長の存在は、空母の生存を保証するきわめて大きな要因であった。

高高度水平爆撃機を相手にした標準的な戦術は、爆撃手が標的を照準に収め、進路を合わせるまで何もしないことだった。編隊が爆撃準備を整え、爆弾が投下されたら脇によける。爆弾が着弾するまで、しばらく時間がかかったため、そうした対処が可能であった。

急降下爆撃機の爆弾投下のタイミングは〔高高度爆撃機よりも〕遅かったため、空母の回避行動の効き目は制限されたが、それでもパイロットはぎりぎりまで急降下を制御し続ける必要があった。〔こうした場合、空母側の〕最良の防御戦術は、ぐるっと一周するような形で艦を操舵することだったようだ。また降下中の爆撃機に対し、艦の舷側を見せるように操舵することも効果があった。それにより舷側にある全砲門を一斉に開くことができ、〔攻撃側にとっては〕より困難な目標となった。

1万2000フィートの高さから急降下している30秒ほどの間に、30ノットで移動する大型艦艇であれば、概ね2隻分の長さに匹敵する距離を移動することができた。一般的に軍艦の最小旋回直径は概ね3〜4艇身である。主要な軍艦の全長は200〜250ヤードであり、旋回直径は約600〜1000ヤードである。実際の旋回直径は、船体長に対する船体形状、舵の配置やサイズなどの要因に影響され、艦艇の設計構造によってかなり異なっている。〈大和〉級は巨大な船体に比して非常に機動性が高く、これは予備の舵として機能するスケグ〔艦尾の底に取り付けられているフィン〕の働きが影響しているかもしれない。〈フレッチャー（Fletcher）〉級駆逐艦はかなり小さな舵が一つあるだけで、駆逐艦としては旋回直径がかなり大きく、〈アイオワ（Iowa）〉級戦艦に近いものだった（のちの〈サムナー（Sumner）〉級と〈ギアリング（Gearing）〉級は双舵式となった）。

主要な軍艦では、舵を直進から大角度の舵《ハード・オーバー》（30～35度）へ切るのに約15～30秒かかる。駆逐艦の場合、それは5秒程度である。30～35度以上の舵切りは、艦に鋭い旋回《ターン》をもたらすというよりも、単に速力低下を招き、艦に重い負荷をかけるだけである。舵が大きく切られた後、船体の旋回が開始されるまで、さらに数秒を要する。いったん旋回を開始した船は、その旋回行動を継続する。そうすることで舵を反対側に切っても、直線運動になることを避けられる。舵を大きく切る操舵は、ある程度予測可能な行動であるけれども、攻撃側にとって最も対応が難しいものなのかもしれない。

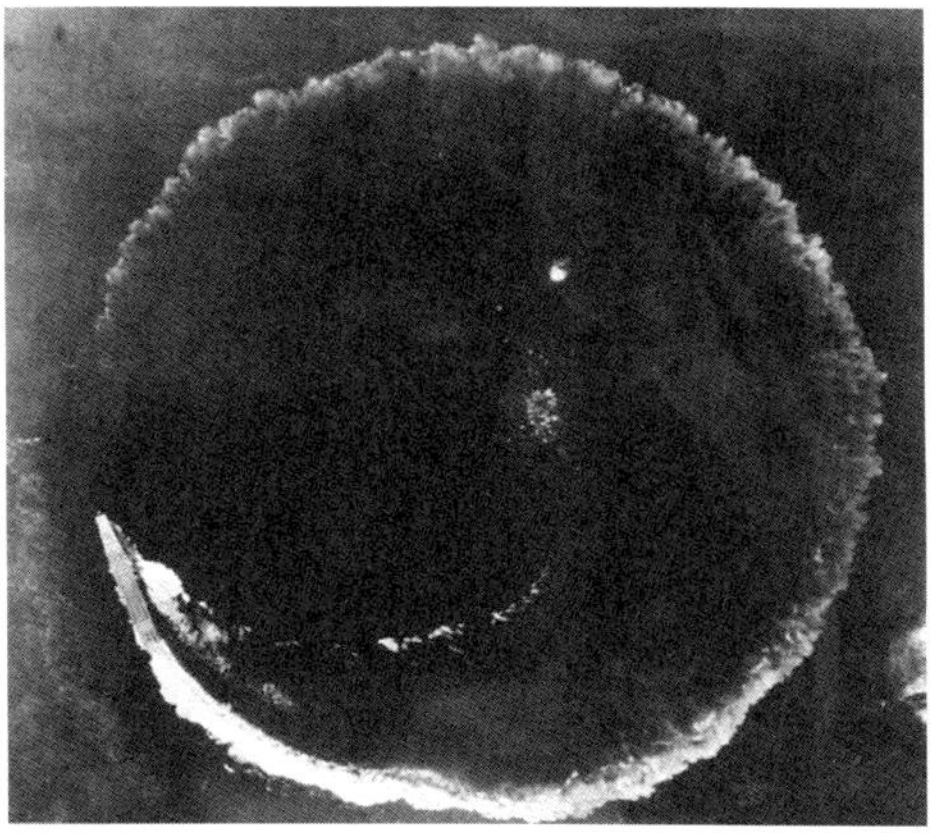

ミッドウェーでB-17爆撃機の攻撃を受け、円を描いて回避行動をとる日本の空母〈蒼龍〉。おそらく速力を維持するためか、円の大きさはそれほど小さくなっていない。日本の空母は、水平爆撃機や急降下爆撃機からの攻撃を受けている間、円環状の退避行動をとることが多かった。

船体が急旋回をはじめると、主要な軍艦の速度は約15～20ノットまで低下してしまう。そのため急旋回は可能な限り避けられ、魚雷を回避するような、真に危機的な状況の場合に限られる。駆逐艦のような小型の艦艇は低速での馬力に余裕があるため、旋回をしても減速が少ない。また駆逐艦は旋回からの加速も早かった。

旋回するときには〔舵を切ってから艦が旋回をはじめるまでの〕タイムラグがあるため、外から他の艦艇の動きを見ているだけでは、他の艦艇と一体となって舵を切ることができない。

艦隊が〔陣形を保持したまま〕一斉に旋回する

ためには、全体を律する何らかのコマンドを必要とする。実は艦船が明確な理由もなく衝突している問題の中核にあるのが、このタイムラグなのだ。つまり僚艦の動きに反応するだけでは不十分で、僚艦の動きが明らかになる前に反応を開始する必要がある。そこで必要になるのが、艦艇どうしの緊密な通信である。

商船には軍艦のような大きな平衡舵はなく、比較的小さな舵をもつ方向安定性を重視した船体となっている。これが意味するのは、商船から改造された空母は回避行動性能が相対的に低いということである。〈タイタニック（Titanic）〉号は、前方に出現した氷山を回避するため、大型客船が旋回する際に生じる問題（舵を切ってから旋回が起こるまでのタイムラグおよび旋回速度の遅さ）を示す代表的な例である。

一般に船舶は、速力が低いと旋回速度も遅くなる。舵が効果を発揮するには、舵の周りを水が流れている必要があり、海水の流れが速いほど、舵が生み出す横方向の力は大きくなる。つまり速力が落ちた船は、単に遅いというだけでなく、旋回能力も落ちるため脆弱になるのである。それゆえ攻撃が予想されるときは、大胆な回避行動がとれるように、速力を最大限まで上げておかなければならない。

蒸気タービンを搭載した船はボイラーの圧力を上げるのに、かなりの時間がかかる。蒸気圧が上がり、最高速度に達するまで30分もかかることがある。これは巡航速度で航行する空母にとっては危険なことで、速力を上げる前に相手に捕捉されてしまう可能性がある。これがノルウェー作戦でドイツ戦艦に捕捉され、撃沈されたイギリス海軍の空母〈グローリアス〉に起きたことだった。同様に、巡航速力からフライト・オペレーションに必要な最大速力への移行には、数分間を要した。

空母艦隊は陣形を保ったまま一日中全速力で航行することはできない。まず護衛の駆逐艦にそのための航続力が備わっていない。実際、数日ごとに燃料を補給しなければならず、これは戦闘前も戦闘中も、あらゆる指揮官にとって常に頭痛の種であった。戦闘が終わると、どの艦艇も最寄りの給油タンカーに身を寄せた。

船はプロペラを逆回転させることで急停止することができる。主要な軍艦の場合、全速力で前進している状態から停止するまでの距離は約1マイルである。このような急停止を行う際には、舵は船体中央線上に据えられる。戦艦〈ウィスコンシン〉（Wisconsin）では、手動制御によって動く舵を、納屋の大きな開き戸を閉めるように、内側に回転させる実験を行った。これは、プロペラを前進の側面速度から後進の側面速度に切り替えるタイミングで行われた。その結果、艦の全長よりも短い距離で急停止することができた。この操舵法は「納屋の扉の停止《バーン・ドア・ストップ》」として知られるようになった。舵はこの実験に耐えたが、二度と繰り返されることはなかった。のちに判明したことだが、舵は著しくひずんだ状態になり、修復を余儀なくされたという。

主要な軍艦を停止状態から加速させる場合、蒸気圧をフルに使える状態であれば、最初は非常に速く稼働し、最高速力の半分に達するまで1分程度かかる。その後、最高速力の1～2ノット以内に到達するのに10分程度かかる。その後、絶対的な最高速力に達するまでには複雑なプロセスをたどり、さらに10分以上の時間を要した。

可燃物を取り除く

オクタン価の高い航空機用ガソリン（aviation gasoline）（略して「avgas《アヴガス》」）は非常に燃えやすい。アヴガスは空気中の酸素を利用するため、高性能火薬よりもエネルギー密度がはるかに高い（高性能火薬はそれ自体が酸化剤を含んでいる）。高性能火薬は、より速く（より激しく）爆発するため、エネルギー密度をある程度犠牲にしている。航空機1機分のアヴガスは通常、1トンの高性能火薬よりも多くのエネルギーを含んでいる。このアヴガスが漏れ、密閉された空間に気体として溜まった場合、最終的に発火する可能性が高く、その結果、大爆発を起こすことがある。したがって、攻撃隊の来襲に備えて最初になすべきことは、すべての給油パイプを取り除くことである。甲板上に転がっている爆弾や魚雷を一掃し、保管庫に戻すことも、当然の優先事項であった。

そこで艦載機、特に燃料を満タンに補給され、爆弾や魚雷を搭載した航空機の問題がある。最大の脅威は、格納庫に収納されている航空機だろう。飛行甲板にある航空機は厄介な火災を引き起こす可能性があるが、ほとんどの場合、アヴガスが爆発することはない。装甲化された飛行甲板では、火災の熱により兵器が爆発することがあっても、空母は生き延びる可能性が高い。軽装甲の飛行甲板では、このような事態が発生した場合、はるかに壊滅的な影響を受ける。燃料を満載し、爆弾や魚雷を搭載した航空機が待機する格納庫甲板の中で火災が発生した場合、これは飛行甲板が装甲化されていようが、いまいが、艦船の生存へのきわめて現実的な脅威となる。こう考えると、甲板上に航空機が存在しない状態で、敵機の攻撃を吸収できた方がはるかに望ましいということになる。したがって問題は、敵の来襲を受けたとき、甲板から航空機を遠ざけておくことが可能かどうかである。

30機の攻撃隊を格納庫から飛行甲板まで移動させる時間は、エレベータ1基のサイクル時間を60秒とし、エレベータ2基を使用できるとした場合、合計約15分である。またエンジンの暖機運転《ウォーム・アップ》にかかる時間は約15分である。そして攻撃隊を発艦させる時間は、20秒の時間間隔《インターバル》を取って約10分である。

この数字は、50～80マイルの有効範囲をもつ対空見張り用レーダーが提供する15～30分の警告時間に匹敵する。エンジンが暖機運転状態（または暖機運転状態で定期的に停止している状態）でも、攻撃隊の発艦準備は整っていると言える。エンジンの暖機運転を終え、発艦準備が整っていれば、デッキロード攻撃隊は、敵の攻撃隊が艦隊上空に到着する以前に発艦できるはずだが、そうでない場合は、〔敵来襲前の〕発艦はできない。

この同じ警告時間が、来襲する敵の攻撃隊を迎撃するために発進するＣＡＰ隊にも適用される。実際に見られたように、接近する敵の攻撃隊をレーダーで捕捉した時点で、ＣＡＰ隊は空中にあり、高高度で待機していることが求められた。

飛行甲板の装甲化

艦の装甲化、特に飛行甲板の装甲化は〔空母にとって〕最後の防御ラインであった。〈イラストリアス〉級、〈インプラカブル〉級、〈大鳳〉〈信濃〉などの空母は、いずれも厚さ3インチ程度の装甲甲板を有していた。装甲は一般には格納庫の上部のみに施され、飛行甲板の〔前方と後方の〕両端は通常、軽装甲か、非装甲であった。

この装甲の厚さは、急降下爆撃機から投下される１０００ポンド〔約４５０キログラム。1ポンドは約0・45キログラム〕までの標準的な高性能火薬爆弾に対する防御力を備えていた。「急降下爆撃機から投下される」という条件が重要で、これは爆弾が１５００～３０００フィートという比較的低い高度から投下されることを意味する。爆弾は落下中にさほど速度を上げないので、装甲を貫通するにはあまり向かない。また爆弾にはさまざまな特性をもった多様な種類があり、それぞれの任務に最適な運用がなされる。さらに飛行甲板の実際の強度は、装甲板の品質や設計内容によって異なる場合がある。とはいえ、爆弾の衝撃は非常に凄まじく、簡単に予測することはできなかった。つまり、装甲化された甲板はかなり強力な爆弾に耐えることができるが、どれだけの強度を備えているかについては不確実な面があった。

これらを踏まえると、艦上爆撃機が搭載できる爆弾の重量には、かなりの制約があることに留意すべきかもしれない。空母部隊の作戦は一般に広大なエリアで行われるため、艦上爆撃機は多量の燃料を積載しておく必要があった。燃料と爆弾を満載し、空母甲板上の短い滑走路から発艦できなければならなかった。そこで爆弾の搭載量は厳しく制限され、結果的に装甲化された飛行甲板がそれに耐えられる確率を向上させることになった。

アメリカ海軍と日本海軍のほとんどの空母は装甲化された飛行甲板をもたず、格納庫甲板だけが装甲化されていた。一般に飛行甲板は、鋼鉄製の桁の上に厚さ3〜4インチのチーク材を張った軽装構造で、爆弾に対する防御力はほとんどなかった。アメリカ海軍の空母では、木材は0・2インチの鋼鉄の上に敷かれていたが、鋼鉄は非常に薄いため、強度や防御力はあまりなく、甲板の表面荷重を支えていたのは木材であった。なぜかアメリカ軍の空母では、板張りの方式は常に横張りであったが、日本海軍の空母では、船首から船尾への縦張りであった。

ダメージ・コントロール

各国の海軍は空母が脆弱であることは承知していたため、被害局限《ダメージ・コントロール》にかなりの配慮をした。ここでは設備や対処方法の詳細には触れないが、各国はどの程度の成功を収めていたのだろうか。

まず、燃料や武器弾薬を積んだ航空機が駐機しているところに爆弾が着弾するという破局的な大惨事がある。ミッドウェーで沈んだ4隻の日本の空母や、大戦後期の〈プリンストン〉〈バンカー・ヒル〉〈フランクリン〉などがこれにあたる。これらのケースではダメージ・コントロールが追いつかず、艦は燃え盛る残骸と化した。

次のカテゴリーは、1発以上の爆弾が命中したが、燃料と武器弾薬を積載した多数の航空機を搭載していなかったケースである。この場合、国籍に関係なく空母は生き残っている。珊瑚海とサンタ・クルーズ諸島沖での〈翔鶴〉、珊瑚海での〈ヨークタウン〉、東部ソロモンとサンタ・クルーズ諸島沖での〈エンタープライズ〉、フィリピン海での〈瑞鶴〉がその例だった。唯一の例外は、1942年に南雲機動部隊がインド洋に進出した際に攻撃された〔イギリス海軍の〕小型空母〈ハーミーズ〉であった。多くの被弾を受け、急降下爆撃機だけで撃沈された。

そして爆弾と魚雷の両方が命中した空母もあった。珊瑚海での〈レキシントン〉、ミッドウェーでの〈ヨークタウン〉、サンタ・クルーズ諸島沖での〈ホーネット（Hornet）〉がこれに該当する。これらの艦の被弾はダメージ・コントロールで処理しきれないほど、凄まじいものだった。どの艦も、廃棄が決定される前に沈没することはなかったが、〔砲弾や魚雷を撃ちこまれ〕ずたずたに切り刻まれて沈没した。

結局、空母はかなりの被弾にも耐えられることが証明され、この事実は各国の海軍の教訓となった。重大な危険は火災を鎮火できなくなることで、これは空母に特有の問題であった。よくアメリカ海軍は、ダメージ・コントロールが最も優れていたと言われる。たしかにそうであったかもしれないが、それを裏付けるような十分な統計資料はない。

ダメージ・コントロールの主要な部分は、戦闘状態に入る前に、艦内から可燃物をできるだけ取り除いておくことだった。そのためには強い自覚と厳格な規律を必要とした。たとえば長年にわたり何層もの塗料が蓄積されていた場合、その塗料は非常によく燃える。古い塗装を削って金属をむき出しにしてから新しい塗装を施すことは、戦時中の乗組員たちにとって、平凡で退屈な作業だった。

戦術隊形

自動対空火器は１０００～２０００ヤードの有効射程しかもたなかった。そのため、特に急降下爆撃機に対して有効な対空戦闘を行う場合、護衛艦が近傍にいなければ役に立たなかった。雷撃機に対する防御では、護衛艦はさらに遠方の、最大２０００～６０００ヤードの距離までカバーする必要があった。これよりも短い距離での対空戦闘は、艦隊全体が一斉に旋回を行う場合〔荷馬車方式《ワゴン・ホイール・スタイル》〕でのみ有効であった。各艦が独立して自由な機動力を発揮するには、〔隣接する艦艇どうしの衝突を避けるため〕艦隊がより大きな

1945年、日本近海において、箱型隊形で旋回機動する第38任務部隊

サイズの陣形――通常２０００～３０００ヤード――をとる必要があった。

各国海軍は基本的に輪形陣を採用していた。戦艦と巡洋艦は内側の円陣に配置されていた。駆逐艦は通常、外側の円陣に配置されたが、スペースに余裕があれば内側の円陣に入ることもあった。大型艦艇は対空射撃に適した火力基盤であったため、標的艦〔空母を指す〕の近傍に置かれた。

さらに外側の前哨ラインに配置されている駆逐艦は、友軍による射撃からの影響を避けるため、最寄りの陣形ラインから約４０００ヤード離隔して配置する必要があった。たしかに友軍が放った対空砲の着弾や破片は問題であり、実際かなり深刻な問題であったが、単にやむを得ないコストと見なされていた。砲弾は４０００～４５００ヤードの弾道飛翔を終えると、自動的に爆発するように設計されていることが多かった。

一般的に、撃墜された航空機の内訳は、攻撃を受けた艦艇によるものが約半分、防空戦闘機によるものが残りの半分であった（この比率は、とりわけ戦艦のような大型でターゲットになりやすい艦艇について言えた）。

日本海軍は戦争全般を通じて、正規空母を２隻１組《ペア》で運用した。大戦初期、空母は周囲にあまり多くの護衛艦を随伴していたわけではなかった。大戦後半になると、多数の護衛艦が近傍で対空戦闘支援を行うようになり、艦隊機動はより緊密に調整されるようになる。

１９４２年の戦いの後、アメリカ海軍では「空母を一括して運用するか、それとも分散させて運用するか」をめぐって激しい議論が交わされた。結局、多数の空母を利用できるようになったため、この問題は現実的意味を失い、両方の方法が併用されるようになった。空母は任務部隊《タスクフォース》に分散して編成され、各任務部隊が正規空母と軽空母の混合で構成される、３〜４隻のボックス型の陣形で運用された。これにより艦隊の陣形を統制しやすくなり、対空火力とＣＡＰの両方の相互支援が可能になった。これが意味するのは、すべての空母が、風に向かって舵を切りながら、同時にフライト・オペレーションを行わなければならないということである。爆弾や魚雷を回避するための激しい操舵は、隣接艦どうしの衝突が避けられ、艦隊の陣形を保持できる限りにおいて、個々の艦に許容されていた。

イギリス海軍は空母を主に単独で運用し、利用可能なあらゆる護衛艦艇を随伴させた。イギリス海軍は、戦前から複数の空母の連携作戦について訓練していたが、大戦初期における消耗が激しかったため、それを実践することができなかった。欧州戦線において複数の空母が投入された主要な空母戦は、マルタへの輸送船団をめぐるペデスタル作戦だけであった。対日戦では、戦争末期に複数の空母が参加した作戦がいくつかあったが、その頃になると、日本軍に唯一残された対抗手段はカミカゼだけとなっていた。

第8章　戦闘機の誘導指揮

有効性

「戦闘機の誘導指揮《ファイター・ディレクション》」は、特にCAPとして防空用戦闘機を効率的に運用するうえで、きわめて重要な役割を果たす。それはCAPの防御効果を数倍に高めることができる。「戦闘機の誘導指揮」がなければ、戦闘機は基本的に次の2つの方法のいずれかを選択しなければならない。一つは艦隊上空で待機することだが、これだと敵機が艦隊に接近するまで迎撃できない。また味方の対空戦闘を妨害するリスクも生じる。もう一つは艦隊の周囲を広く旋回することだが、これでは一部の戦闘機しか敵機を迎撃できず、戦闘機の多くが艦隊の反対側に置き去りにされたままになるという事態も生じる。

また敵の攻撃部隊がどの高度から飛来するか予測できないため、CAP隊が別の高度で空中待機させられたままになることも多かった。ここでもまた、すべてのCAP機が迎撃に最適な高度に位置することができれば、効率性は一段と高まると言える。

実は、効率的な「戦闘機の誘導指揮」にはコストがほとんど生じない。誘導指揮に必要なレーダーや無線機器は他の目的のためにすでに用意されているからである。ここでの問題は、ドクトリン、組織、訓練の改善により、利用可能な資源をより有効に活用できるかどうかなのである。

時間差

ここで言う時間差《ラグ》とは、敵が何らかの行動を起こした時点から、味方の戦闘機が敵の行動にいかに対処すべきかを判断するまでに経過した時間のことである。このラグが「戦闘機の誘導指揮」の成功にとって重大な要素である。1分を超える過度の遅れは、「戦闘機の誘導指揮」の効果を大幅に低下させる。

一般的に、ラグは飽和状態が原因で発生する。つまり、あまりに多くのことが、あまりに速く起こりすぎてチームが状況についていけなくなると、「戦闘機の誘導指揮」が一貫性を保てなくなる。これはレーダー・スクリーンやプロット、無線回路など、誘導プロセスのいずれでも起こる。たとえば、敵が複雑な攻撃を仕掛け、編隊が数派に分かれたり、コースを変えたり、複雑で予測不可能な行動をとることによってもラグは発生する（敵が「戦闘機の誘導指揮」チームをひどい目に遭わせようと意識しているかどうかは別として）。

こうしたラグの回避は組織と訓練、そして円滑で効率的なチームワークに大きく依存する。

情報提供方式と指示方式

情報提供方式とは、パイロットに敵の所在位置を知らせることである。そのあと、パイロットはどこに向かうべきかを自分で判断しなければならない。しかし、それは容易なことではなかった。パイロットは全体の状況を把握できなかったし、とにかく飛行機を操縦することに精一杯だからだ。戦闘機に専属の航法士《ナビゲーター》がいた方がうまくいく（〔複座式戦闘機の〕フルマーのように）。この方法は大戦初期にイギリス海軍で採用され、実行するのは簡単だったが、結局あまり効果がなかった。

指示方式はパイロットに何をすべきかを指示するもので、パイロットにとってはずっと容易なことだったが、「戦闘機の誘導指揮」チームにとっては、どのパイロットに、いつ、何を指示したかを記憶し、各機の行動を追跡するなど、はるかに大変な作業となる。これはすぐに好ましい方法として採用されていったが、ラグを避ける効率的な業務手順の確立に向けて、高い要求が課されていくことになる。

追跡すべき対象があまりに多すぎて「戦闘機の誘導指揮」チームが飽和状態に陥ると、指示方式は破綻する可能性があり、実際に破綻した。飽和の最初の兆候はラグの増大と、ラグによる精度の低下だった。この問題の解決策の一つは情報提供方式に戻ることだったが、その場合、各航空機が自分に託された業務を処理する能力をもっていることが前提だった。最善の解決策は情報処理プロセスを合理化し、チームがより多くの業務量に対処できるようにすることだった。しかし、これは「言うは易く、行うは難し」である。

迎撃

迎撃機は接近する敵の攻撃編隊を見逃すかもしれないし、パイロットによる敵の発見が遅れたり、高度を見誤ったりするかもしれない。視認距離は、視界や雲の状態にもよるが、数マイル程度である。しかも、迎撃に成功するために自動化されているものは何もない。東部ソロモン海戦〔日本側の呼称は「第二次ソロモン海戦」〕における日本軍の第1次攻撃隊の攻撃を受けたときがその代表例であり、CAP隊の配備が万全だったにもかかわらず、アメリカ軍戦闘機による迎撃は非常に混乱したものとなった。

迎撃は、戦闘機が爆撃機を捕捉するだけでなく、爆撃機編隊のやや上方かつ前方に位置することが理想である。爆撃機の下方では、戦闘機が攻撃位置に到達するのが困難になる可能性がある。上方すぎると、海面を背にした爆撃機が見えにくくなる。

最適な迎撃位置につくと、あとは戦闘機が戦術的に連携し、効率的に任務をこなすことになる。攻撃してくる爆撃機を、できるだけ少ない時間と弾薬で効率よく撃墜するには、相当なパイロットの技量が要求される。これは、敵の爆撃機をすべて撃墜するか、弾薬を使い果たすか、味方の対空射撃の危険が迫るまで続けられた。

無線ネットの活用

通常、「戦闘機の誘導指揮」は空母ごとに行われ、各空母は自艦の航空機をコントロールしていた。戦闘中は、全航空機が同一周波数（または「チャンネル」「ネット」「回路」）を使用する無線セットを搭載していた。航空機も含め、各空母は他の空母の通信を聞くことができた。ＨＦ（短波）帯の無線機ではモールス信号を使用していたが、戦闘中は音声のみが使われた（偵察機はモールス信号を使っていたが、通達距離と暗号処理が必要だった）。ここでもラグが重要な問題だったのであり、暗号をいじっている暇はなかったのである。

実際、チャンネルが１つしかなかったため、たとえばパイロットが「敵が後ろにいる」と叫ぶなど、重要ではない通信で簡単に回線が飽和してしまうのだ。１９４２年の戦闘では、アメリカ海軍の空母は無線の飽和状態という深刻な問題に直面した。個別の攻撃や小規模攻撃のための訓練は行っていたが、大規模な攻撃はシステムを破綻させる。無線規律は改善されていたものの、基本的問題は未解決のままだった。

１９４４年の戦闘では、すべてのアメリカ軍機にＶＨＦ（超短波）無線機が装備され、４つのチャンネルが追加されたため、〔回線の〕飽和状態はかなり緩和された。ＶＨＦのチャンネルは目的に応じて使い分けができるようになった。たとえば複数の空母による「戦闘機の誘導指揮」のための専用回線には、ＶＨＦの１つのチャンネルが割り当てられた。

日本海軍のドクトリンは電波封止の維持であった。戦闘中は、「戦闘機の誘導指揮」も戦術的な無線通信も行われず、手信号のみを使用した。電波封止の目的は敵に奇襲攻撃を行うためであったが、アメリカは対空警戒レーダーを使用していたため、これはうまくいかなかった。日本側もこのことに気づき、ドクトリンを変更しようとしたが、いつものパターンどおり、あまりにも遅すぎた。

レーダーの活用

「戦闘機の誘導指揮」ではレーダーを使うのが基本であった。初期の「Ａスコープ」タイプのディスプレイでは、オペレータが目にするのは〔空母から目標までの〕距離を表す平らな線であった。目標はその線上に小さな点として表示され、線上のその位置が目標までの距離を表していた。オペレータは通常、アンテナを手動で回転させ、目標を走査する。何かを探知したら、そこでアンテナを止め、ゆっくりと左右に動かしながら目標を捕捉し続ける。こうして目標を固定すると、〔他の〕捜索活動はほとんど行えなくなる。オペレータはもし可能なら、他の艦艇のオペレータに捜索活動を引き継いでもらうこともできた。それができない場合、目標の捕捉と捜索活動のいずれかを選択しなければならなかった。オペレータは捕捉結果を他のメンバーに口頭で伝達し、それがチームが管理するプロットに反映された。

のちに登場するレーダー装置には、平面位置表示器（ＰＰＩ）が搭載された。この表示器の特徴は、レーダー本体がプロットの多くを表示する点にあった。アンテナは連続的に回転する。レーダーは画面の中央に表示されており、アンテナが回転すると、地図状の電子画像に輝点《ブリップ》が表示される。このようにＰＰＩは、輝点の解析やプロットといった煩雑な作業を軽減してくれる。これにより作業は容易かつ迅速に行えるようになり、エラーが起こる可能性も減った。

レーダーは種類によって解像度が異なる。大型艦のアンテナは大きいため、ローブ〔レーダー波の放射ビームの形状〕が狭く、角分解能が高かった。駆逐艦のような小型艦はアンテナが小さいため、ローブが広くなり、角分解能が低い。むろん解像度の良いレーダーを使えば、迎撃が容易になる。また主力艦が搭載するアンテナは一般に出力が高く、探知距離も長くなる。方位が不確かであるということは、目標が遠方にあるほど、その位置が曖昧になり、迎撃の不確実性が増すことを意味する。

初期の対空警戒装置は高度を測定できなかった。しかし、熟練オペレータはさまざまな工夫をして目標の高度を推測することができた。ロープの切り替えや、目標がレーダーに映ったり消えたりする距離の観測〔ロープを出入りする目標の観測〕などがその一例である。イギリスは79式と２８１式を使用していたが、それぞれ垂直方向に異なるロープを輻射するため、目標の挙動を比較することで、有益な高度情報を——少なくとも時々は——引き出すことができた。アメリカ海軍が使用していたＣＸＡＭとＳＫレーダーからは、有益な高度情報を得ることがより困難だった。

「戦闘機の誘導指揮」には「現場で何が起こっているのか」を識別できる解像度を有したレーダーが必要だった。何かの大きな塊が近づいてくるというのは、攻撃に備えるには十分かもしれないが、効果的な「戦闘機の誘導指揮」を行うには十分ではなかった。優れたレーダー解像度には、正確な高度情報も含まれる。レーダーは必ずしも抜きん出た探知距離をもつ必要はなく、「戦闘機の誘導指揮」を行える範囲をカバーできるもので十分だった。

方位、距離、高度のいずれにおいても高い解像度を得るためには、水平面だけでなく垂直面も走査する「ペンシル」ビーム〔アンテナの感度パターンの一つ〕を必要とする。こうした目的で作られた最初の「戦闘機の誘導指揮」用レーダーは、１９４３年後半から１９４４年前半にかけてアメリカの空母に配備されたＳＭレーダーであった。イギリス海軍では、これにほぼ相当するのが２７７式であった。このように全方位面〔三次元を指す〕での高解像能が実現されると、アンテナをジャイロスコープで安定化させる必要が生じた。こうして本体はかなり重量を増し、ＳＭレーダーは主に空母に搭載されるようになった。高解像度とそれに伴う狭いビームの結果、ＳＭレーダーは〔広域〕捜索に適さなくなった。そのため高解像度３Ｄレーダーは、広範囲な空域を素早く捜索するのに適した低解像度の対空警戒レーダーと組み合わせて運用されるのが一般的となった。

敵味方識別装置（ＩＦＦ）は、レーダー画面に表示される輝点が味方機のものなのか敵機のものなのかを識別するために使用される。ＩＦＦは通常、問い合わせコードを受信すると、応答コードで反応するトランスポンダ（あらかじめ登録されている無線信号を受信すると、自動的に応答信号を返信する装置）として実装されていた。応答コードは、レーダー画面上の輝点と何らかの形で関連づけられている。最も単純な形は、トランスポンダがレーダーと同じ周波数のパルスで応答し、レーダー画面上に２つ目の輝点として表示される（輝点の形状はトランスポンダの応答パルスの形状で表示される）。ただＩＦＦの扱いは厄介で、それは今日でも変わらない。

ＩＦＦは１９４２年の戦闘でアメリカ海軍によって使用されていたが、技術的にはまだ初期段階にあり、ごく少数の航空機にしか搭載されていなかった。１９４４年になると、アメリカ海軍の全機にＩＦＦトランスポンダが搭載されるようになった。日本軍には、いずれの空母戦においてもＩＦＦを搭載した航空機はなかった。

第二次世界大戦中、個々の輝点（航空機）の特徴を識別する方法はなく、知りえる情報は「味方」ということのみであった。「味方」の応答がないと、その輝点は「敵」と仮定され、ありったけの火砲で撃たれた。そこではじめて、「味方」のパイロットは慌ててトランスポンダを「オン」にするという事態がよく起きていた（そして、おそらく自分の今後のキャリアを考え直したはずだ）。

プロットとＣＩＣ

プロット用ボードは多様な目標を追跡するために使われていた。プロット用ボードのオペレータたちは、レーダー要員や無線要員など、複数の情報源から情報を受け取っていた。

そこでは垂直のガラス枠が標準的ソリューションとして使われ、表側と裏側の両面から利用できた。筆者も実際の作戦で垂直の両面ガラス枠を使用した経験があるが、たしかに実用的で効率的なソリューションであった。これを使いこなすには、グリース鉛筆で鏡文字を書くなど、特殊な技能も必要とされるが、それを習得するのが訓練というものである。

このプロットを中心に、さまざまなレーダー表示画面や無線局が配置されていた。艦種によっては、ソナー要員も配置されていた。この部屋はのちに、ＣＩＣやオペレーション・ルームと呼ばれるようになる。かなり広い部屋で、10～20人ほどの要員が勤務に就き、情報の流れが最も効率的になるよう、よく考え抜かれたレイアウトに配列されていた。

ここで重要な点は、レーダーがプロット用ボードと同じ部屋にあったことである。レーダーが登場する前から、艦艇にはプロット用ボードが存在していたが、情報を効率的に流すにはレーダーが同じ部屋にあることが必要だった。

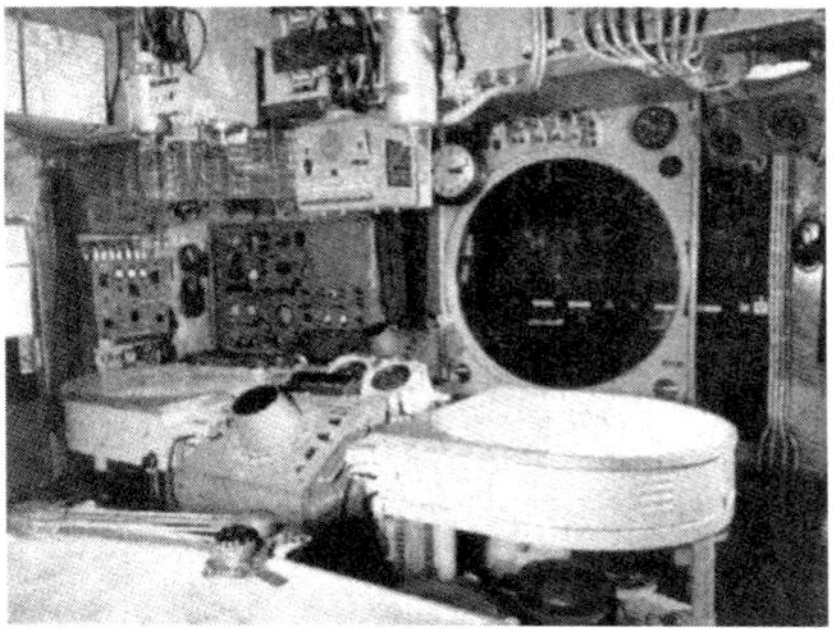
軽空母〈インディペンデンス〉艦内のCICの中枢部。写真右側に垂直ガラス枠がある。

ＩＦＦの届く範囲に多数の航空機が飛来し、その中の一部のトランスポンダが「オン」になっていると、レーダー画面は受信コードが混ざって複雑な表示になる。つまり輝点とコードの区別がつかなくなる。また短距離ではトランスポンダのリターン信号が強く、サイドローブやバックローブなど、あらゆる方向から信号がレーダー内に混入してくるため、レーダーオペレータの業務をさらに複雑にするという制約があった。

実戦配備

「戦闘機の誘導指揮」の最初の萌芽的試みは、ノルウェー作戦中にイギリスによって行われた。その後、地中海の戦いで徐々に改良が加えられていく。この間、「戦闘機の誘導指揮」の効率性は空母ごとに相当の開きがあったが、それは現地の「戦闘機の誘導指揮」チームの練度に依存していた。「戦闘機の誘導指揮」が初めて本格的な成功を収めたのはペデスタル作戦のときで、空母〈ビクトリアス〉に最高のチームが存在することが証明された。

アメリカ海軍は、太平洋戦争の開戦当初から「戦闘機の誘導指揮」を実践していた。1942年の戦闘では、利用可能な唯一の無線チャンネルが飽和してしまうという深刻な問題が発生した。1944年には4つのチャンネルをもつVHF無線が登場し、無線規律も改善されていた。このように運用要領や組織が大幅に改善された結果、フィリピン海海戦で実証されたように、効果的な「戦闘機の誘導指揮」が可能になった。

「戦闘機の誘導指揮」は、たとえば陸上の基地航空隊が関与する戦場では、〔空母以外の〕専用の艦艇によって行われることもあった。このタイプの誘導指揮では防空戦闘にのみ焦点が置かれ、空母の甲板使用の効率性や燃料管理の問題などは、これらの艦艇では扱われなかった。

「戦闘機の誘導指揮」への対処

「戦闘機の誘導指揮」による迎撃を回避する最も有効な方法は、敵のレーダーに映らないようにすることである。この古典的な方法は、レーダー覆域の下を低空飛行することで達成できた。この方法〔低空飛行〕に対しては、艦隊の外周に駆逐艦をレーダー・ピケット艦として配置することで対抗できた。そして1945年後半に航空機に搭載された空中早期警戒（AEW）レーダーが登場すると、低空で忍び込むことは基本的に不可能になった。

もう一つの方法は、任務と訓練が許せば、夜間飛行することである。レーダーと「戦闘機の誘導指揮」は夜間でも問題なく機能するが、迎撃戦闘機が夜間に敵機に対抗するのは困難である。

おそらく最良の方法は、使用されているレーダーやＩＦＦシステムに固有の弱点を利用し、大規模な波状攻撃ではなく五月雨戦術《トリクル》を用いることであろう。個々の航空機はレーダーで見分けがつきにくく、無線誘導されるＣＡＰ戦闘機では迎撃が困難となる。これには、さまざまな形態がある。たとえば①戦闘機に紛れ込むが、相手に見つからないように少し離れて行動する②帰還する敵の攻撃隊を追尾する③雲や雲層を渡り歩くように飛行する④敵の戦闘機の下方あるいは上方を飛行する〔当時のレーダーの高度探知能力の欠点に乗じたもの〕などである〔丸数字は訳者〕。これは特に、誘導爆弾を搭載した航空機に有益な方法であり、１発の大型爆弾が高い確率で目標に命中し、壊滅的な効果をもたらす可能性があった。とはいえ、五月雨戦術の欠点は、結局のところ迷惑な襲撃にしかならない可能性が高いことである。

大戦末期、日本軍は鹵獲《ろかく》したＩＦＦトランスポンダを複製し、アメリカ軍のＩＦＦシステム〔４つの周波数しかなかった〕を欺くことに成功した。そこでアメリカ軍は、飛行機があらかじめ決められた動作をすることで、友軍であることを示すという手段に出た。この動作は日々更新された。

もっと大胆なやり方は、多数の航空機で攻撃する方法で、〔具体的には〕たくさんの小グループに分かれ、別々の方向から侵入し、継続的に方位と高度を変えながら攻撃する方法である。これはＣＩＣチームにとって、解像度の面でも輝点の数の面でも、きわめて難しい状況をもたらしただろう。システムは過負荷になり、ラグは増大し、迎撃は失敗し、敵機に艦隊上空への到達を許してしまう。

「戦闘機の誘導指揮」の代替手段

以上、イギリス軍やアメリカ軍で実践されていたレーダーや無線を活用した「戦闘機の誘導指揮」について説明した。日本の機動部隊には、効果的な「戦闘機の誘導指揮」は存在しなかった。日本軍は無線封止を基本とし、まったく異なるアプローチを採用していた。日本軍の戦闘機パイロットは敵位置のプロットを管理せず、ナビゲーションも行わないという制約があった。その結果、日本の戦闘機は自己位置や高度を誤ることが多かったという。一方、零戦は上昇力に優れていたため、比較的早く必要な場所に到達することができた。そこで行われたのが、視覚信号による戦闘機の行き先指示である。その際、敵の方向に向かって大砲を撃つという方法がとられた。戦闘機のパイロットは、砲弾が着弾した飛沫や空中での炸裂音に気づき、そのヒントを得ることができた。しかし、この方法は機動部隊を中心とした近距離でのみ有効であった。来襲する攻撃隊の規模についての情報は得られず、目標の優先順位や戦術的な位置関係についての参考にはならなかった。

第9章　兵　站

燃料油

左の数字は、軍艦が経済的な巡航速度〔18ノット〕で航行した場合、1日当たり何（メートル）トンの燃料油を消費するかを示したものである。

空　母　250トン／1日18ノットで航行〔時速約32キロメートル。1ノットは時速約1・9キロメートル〕
戦　艦　250
巡洋艦　140
駆逐艦　50

ここで航続距離が問題となる。大型艦の場合、さほど問題とはならないかもしれないが、駆逐艦は常に燃料補給を必要としていた。フライト・オペレーションで忙しい空母に追いつくため、1日や2日間、高速力で航行を続けた場合、駆逐艦の燃料タンクはすぐに枯渇してしまう。経験上、駆逐艦は3日ごとに燃料を補給する必要があるとされていた。

	18ノット	28〜30ノット
空　母	30日	10日
戦　艦	30日	8日
巡洋艦	15日	4日
駆逐艦	9日	2日

上の表は、18ノットと28〜30ノットで航行した場合の、再補給までの日数を表したものである。数字は艦種ごとの代表的クラスから取ったものである。〔空母は〕〈エセ

ックス〉級、〔戦艦は〕〈サウスダコタ（South Dakota）〉級、〔巡洋艦は〕〈ノーザンプトン（Northampton）〉級、〔駆逐艦は〕〈フレッチャー〉級であるが、この数字は他のクラスとの間で大きな差はなかった。古い戦艦は機関効率が悪かったが小型でもあったため、結局18ノットでの航行でほぼ同じ使用量であった。他国の海軍でも、これらの数字に近かった。アメリカ側の大きな例外は〈レキシントン〉級の空母であった。この艦は燃料を大量に消費し、大型で効率が悪く、航続距離も他の空母の約半分だった。

ほとんどの軍艦に搭載されていた減速式蒸気タービン機関は、非常にコンパクトで強力な出力をもっていたが、効率は決して高くなく、たとえばディーゼル・エンジンとは効率面で競合することができなかった。戦間期、蒸気タービンは急速に発展し、高温・高圧化により、船体容積に見合うだけの強力な出力が得られるようになった。こうして戦艦の高速化が達成されるようになり、巡洋戦艦《バトルクルーザー》は姿を消すことになる。空母もまた、コンパクトで強力な機関の恩恵を受けた。

戦闘中、駆逐艦は大型船舶に寄り添って給油し、燃料タンクを満タンにする。通常はフライト・オペレーションが実施されない夜間に行われる。戦闘が終わると、どの艦艇も一番近くにいる油槽船《タンカー》に急行し、燃料を補給する。油槽船がなければ、空母艦隊は最寄りの基地に退却するしかない。珊瑚海海戦で油槽船〈ネオショー（Neosho）〉が沈没すると、アメリカの任務部隊《タスクフォース》全体が当初の作戦計画よりも早く撤退することになった。

アメリカ海軍の石油問題

開戦当時、アメリカの石油生産量は月間約２０００万トンで、世界の石油生産量の約３分の２を占めており、他国の追随を許さない圧倒的立場にあった。またアメリカは約５００隻のタンカーを保有していた。そのうち約５分の１が１９４２年に失われたが、戦時中、さらに約５００隻が建造された。当時はロッキー山脈を横断するパイプラインがなかったため、太平洋での戦争を支えたのはカリフォルニア油田からの供給であった。欧州の戦いにはテキサス州、オクラホマ州、ルイジアナ州の油田から供給された。戦争中「ビッグ・インチ」と呼ばれたパイプラインが建設され、ニュージャージー州のリンデンまで石油が運ばれるようになった。ベネズエラやメキシコも石油の供給源であったが、アメリカ国内の油田に比べれば、ほんのわずかな役割を果たしたにすぎなかった。

もし１９４１年12月7日〔日本時間では8日〕に真珠湾の石油備蓄施設が攻撃されていたら……。これは、よく知られる〔日本軍による〕第3次攻撃のシナリオであるが、おそらく部分的破壊に終わった公算が高いと思われる。海軍特殊燃料油（ＮＳＦＯ）は重く、シロップや蜂蜜のような粘着性（または「液体濃度」）をもつ。業界では重油燃料5号と呼ばれているものと基本的には同じである。ポンプで圧送するためには加熱が必要だが、実は発火させることは相当困難であった。日本のある戦闘機パイロットが燃料タンクを機銃掃射したところ、まったく何も起こらなかったので驚いたという。本来であれば、まずＨＥ爆弾〔高性能火薬爆弾〕でタンクを破裂させ、次に焼夷弾で火をつけるのが常套手段であろう。燃え上がるタンクから出る煙で、残りのタンクは見えなくなり、少なくとも日本の機動部隊の限られた火力では、完全破壊はほとんど不可能であった。かりに１０００機ほどの重爆撃機が来襲すれば、まったく違った話になるだろうが……。

真珠湾にあった石油備蓄施設は、主に戦略的予備だった。カリフォルニアからの石油の安定供給が保証されている限り、これは必要量をはるかに超える規模であった。そして実際にそうだったのである。真珠湾の基地機能を維持するという優先的任務を果たすうえで、少なくとも民間タンカーが不足していたわけではなかったのである。

戦略的備蓄の緊急性がないということであれば、石油タンクは、タンカーが滞りなく荷揚げできるようにするための一時的な貯蔵庫《バッファー》の役目を果たすだけでよく、貯蔵施設のサイズをもっと控え目にしてもよかったくらいだ。これは実際、艦隊がウルシー泊地〔ウルシー環礁は西太平洋カロリン諸島東北端、ヤップ島の東北東約１００キロメートルに位置〕に移動したときに起こったことである。ウルシー泊地には石油備蓄施設がなかった。つまり戦略的備蓄のない状態で、約１万５０００トン以上の流動備蓄だけで運営されていた。そして、艦隊の燃料は、40隻の民間タンカーがカリフォルニアから石油を運び込むという安定供給によって維持されていた。これと同じことが、太平洋における日本の主要な海軍基地であったトラック諸島にも言える。トラックには小さな石油備蓄施設があったが、停泊中のタンカーが貯蔵のために使われていた。真珠湾に対する第３次攻撃のシナリオは、効果的な潜水艦による海上封鎖、あるいはカリフォルニアの石油生産施設に対する何らかの攻撃と組み合わせなければ、真珠湾基地に深刻な脅威を与えることはできなかったであろう。

さらに言えば、破壊された石油タンクは数ヵ月以内に修理され、補充されたはずである。60万トンという石油備蓄施設の貯蔵力は、たしかに莫大な量であったが、アメリカの石油生産量からすればその１日分にも満たない量である。〔オアフ島の〕レッドヒルにあった地下石油貯蔵施設は、敵の攻撃から石油タンクを防護するために建設されたものであり、こうした戦略備蓄の必要性が認識されていたことは数ヵ月という時間枠の中で脅威が現実のものとして認識されていたことの証である。とはいえ、レッドヒルが完成したのは１９４３年9月であり、１９４１年には何の役目も果たしていなかった。また地下に設置されていたため、日本軍の攻撃による影響を受けなかった。

ニミッツ（Chester W. Nimitz）が「もし日本軍が7日に真珠湾の石油備蓄施設を破壊していたら、戦争は2年長引いていただろう」と発言した内容は、単に正しくなかったということである。この発言や他の人物による同様の証言は、レッドヒル施設の存在が秘密であり、戦後も長い間そうであったという文脈の中で理解されるべきものである。「第３次攻撃を命じなかったのは大きな誤りだった」と山本長官が語ったとされる逸話は、おそらく作り話である。真の問題は、石油備蓄施設や民間タンカーにあったのではなく、南太平洋の奥深くに築かれていた長大な兵站《ロジスティクス》の鎖にあったのだ。このシナリオは、十分な計画も事前準備もなされていなかった。

この問題を長期的な軍事作戦の観点から見ると、空母2隻、戦艦1隻、巡洋艦6隻、駆逐艦12隻から成る任務部隊《タスクフォース》は18ノットの巡航速力で航行した場合、毎日約2300トンの燃料を消費する。アメリカ海軍の〈ネオショー〉のような〈シマロン〉（Cimarron）級の油槽船は、積荷にもよるが、最大で約1万6500トンの燃料油を輸送することができた。艦隊用の油槽船は、真珠湾からニューカレドニアのヌメア——南太平洋のアメリカ海軍の主要基地である——まで、約3000海里〔約5700キロメートル。1海里は約1・9キロメートル〕を約18日かけて往復していた。当時、アメリカ海軍は太平洋に7隻の油槽船しか保有していなかったため、前記の数字から判断すると明らかに不十分であった。真珠湾で沈んだ旧式戦艦の数隻はすぐに引き揚げられて修理されたが、それでもガダルカナル作戦中に使われなかったのは、艦隊用油槽船が不足していたこともその一因であった。戦時中に築かれた巨大な輸送船団は、1942年当時は存在していなかったことを念頭に置かなければならない。大戦初期のアメリカ海軍は、あらゆるものが不足していたのである。

イギリス海軍の石油問題

イギリス海軍の石油問題は比較的限られていた。その背景には、イギリス本土と海軍が必要とする石油をアメリカが供給できたことがある。地中海が封鎖され、中東の石油がアフリカを遠回りして運ばなければならなくなると、イギリスにとって石油をアメリカに依存する方が簡単で安上がりとなった。とはいえ、中東の石油はいまだ、アレキサンドリアを拠点とする艦船や極東艦隊を維持するために必要とされていた。

輸入された石油のほぼすべてがリヴァプールに到着した。ここは主要な精製工場がある地域でもあった。

イギリス本土が空襲を受けるようになると、リヴァプールからイギリス南部や東部に航空燃料を供給するための地下パイプライン・システムが建設された。このシステムはのちに、ノルマンディー上陸作戦を支えたPLUTOパイプラインに接続された。このシステムは当初、政府パイプライン貯油システム（GPSS）と呼ばれていたが、現在はCLHパイプライン・システムとして知られている〔2021年3月にExolumパイプライン・システムに改称〕。現在も使用され続け、国家機密となっている。

スペインはアメリカの石油に依存し、海外貿易はイギリス海軍の恩恵を受けていたため、ジブラルタルには手を出さずにいた。もし枢軸国がスエズ運河と中東の油田を占領し、さらにインドまで攻略できたとしても、実際にはほとんど意味がなかっただろう。地図上では見栄えが良く、写真写りも良いだろうが、それ以上の意味はない。本当の戦いは別の場所で行われていたのだ。

日本海軍の石油問題

戦前、日本は石油の輸入をほとんど全面的にアメリカに依存していた。しかし1941年7月、ローズヴェルト（Franklin D. Roosevelt）は日本に中国からの撤退を強制するため、この供給源を断ち切った。日本に残された唯一の石油供給源はオランダ領東インドだった。オランダ本国はドイツの占領下に置かれていたため、この地域は事実上イギリスが支配していた。

日本は石油を敵に依存することの戦略的脆弱性を痛感していた。そのため日本海軍は、戦前から約650万トンという膨大な石油を備蓄していた。これは約2年分と計算され、それは日本が戦略的に自立するための手段となった。しかし、それでは不十分であったことが明らかとなった。日本海軍だけで1942年に1ヵ月あたり約30万トンの石油を消費した（その一部は日本で精製した石油から、一部はオランダ領東インドで接収した製油所や油田からだった）。

戦前、日本は原油や石油精製品を必要な場所に運ぶために約１００隻のタンカーを保有していたが、戦時中の消耗が予想以上に激しく、輸送力不足が深刻な障害となった。これらのタンカーがアメリカの潜水艦によって大量に撃沈されるようになると、燃料油の不足は日本の戦争遂行能力の大きな制約となる。ミッドウェー作戦に参加した艦艇は巡航速度で月に約20万トンを消費し、戦闘のための余裕はなかった。この作戦だけで割り当て分の石油（およびタンカー）をすべて使い果たし、数週間を超えて作戦を持続するのは不可能だった。日本海軍は兵站面で非常に現実的な問題を抱えており、戦時中、どのような作戦を行い、何をし何をしなかったかは、石油をめぐる数字から理解することができる。

これらの数字は、アメリカの石油生産量と比較されるべきである。日本海軍は戦時中に１２００万トン以上を消費したが、これはアメリカがおよそ２週間で生産した石油量に相当する。

航空燃料

日本の空母〈加賀〉は航空機用ガソリン《アヴガス》を15万４０００ガロン（約58万５２００リットル。１ガロンは約３・８リットル）、〈赤城〉は15万ガロン、〈飛龍〉と〈蒼龍〉はそれぞれ13万４０００ガロン、〈瑞鶴〉は15万ガロン携行していた。のちの〈雲龍〉型は４万８０００ガロンまで大幅に減らされたが、その背景には、空母や航空機が携行した燃料を使用し尽くすまで長くは生き残れないだろうという判断があったからだ。

アメリカの空母〈レキシントン〉は13万２０００ガロンのアヴガスを積んでいたが、〈エンタープライズ〉は17万８０００ガロンを積載していた。新型の〈エセックス〉はもっと多く、約24万ガロンを積載し、〈インディペンデンス〉は12万２０００ガロンを積載していた。

イギリスの空母〈イラストリアス〉は５万５４０ガロン、〈インドミタブル〉はそれより多い７万５０００ガロン、〈インプラカブル〉は９万４６５０ガロンのアヴガスを積載していた。イギリス海軍の空母が比較的控え目な量のアヴガスしか積載しなかった理由は、運用する艦載機の機数が少なかったことに加え、陸上基地へのアクセスが容易だった点があげられる。とはいえ戦争の後半、ガソリン消費量の多い航空機が運用されるようになると、明らかに不都合が生じるようになった。

空母艦載機の燃料搭載量は150〜300ガロンだった。そのため再補給が必要になるまでに、1機あたり約10回の出撃が可能だった（大戦後半期におけるイギリス海軍空母では、通常5〜7回の出撃であった）。

航空機用スペア

戦時中に命を落とした航空機乗組員のおおよそ3分の1〔の死因〕が訓練で、3分の1が作戦中の事故で、3分の1が戦闘損失によるものだった。空母の作戦中の事故率は、1つの任務につき1〜3％だった。この数字はきわめて大雑把な見積りであり、多くの要因が関係していた。小型空母ほど事故率が高く、〔航空機では〕訓練不足のパイロットが、最新鋭の高出力機を操縦した場合の事故率が高かった。

当時の航空機は、現在の私たちが目にするような精密で洗練されたものではなかった。コンピュータは存在せず、機械操作はすべて手作業だった。許容誤差もさほど厳しくなく、計算もすべて計算尺で行っていた。実行のほとんどが試行錯誤の連続だった。メッサーシュミット社の手法は強度を少し落として設計し、壊れたパーツを補強するという方法で、多くのテスト飛行パイロットを犠牲にしながらも、最適な設計を実現した。戦闘機は、当時の実現可能な限界に挑戦し、故障は現在では考えられないほど多かった。グラマン社はワイルドキャット、アヴェンジャー、ヘルキャット、ベアキャットの製造元であり、その品質管理の高さで有名だったが、実際にできたことと言えば所詮、限られたものだった。あらゆるタイプの航空機が被った運用損失率は、それを反映している。

そうした損失を補うため、すべての空母に予備機《スペア》が積まれていた。積載数はまちまちであったが、通常は十数機程度であった。1日50回の出撃で、1回の任務の事故率が1％と仮定すると、12機の予備機で24日間賄えることになる。またパイロットや搭乗員も予備が用意されていた。

魚雷と爆弾

どの国の海軍の空母も、雷撃機1機につき2～3本の魚雷を携行していた。アメリカは珊瑚海海戦で魚雷をほとんど使い果たした。ツラギでの船舶攻撃、〈祥鳳〉への攻撃、〈翔鶴〉〈瑞鶴〉への攻撃の後、〈ヨークタウン〉に残されていた魚雷は7本だけだった。

正規空母は魚雷のほか、200～400トン程度のさまざまなタイプの爆弾を運搬する弾薬庫をもっていた。標準的な戦艦は主砲1門あたり80～130発の砲弾をもち――砲弾1発あたりの重量は600～1300キログラム――、空母の約3倍の破壊力があった。これは、たとえば地上支援任務や沿岸部への艦砲射撃の効果を比較する際に参考になるかもしれない。

洋上補給

海上を航行中に、ある船から別の船へ補給物資を移転することを、アメリカでは洋上補給と呼んでいる。洋上補給には、あらゆる種類の補給物資が含まれるが、圧倒的に重要なのは燃料油であった。

最も手っ取り早く簡単な方法は、アスターン方式であった。この方式は2隻の船を縦列に並べて航行させ、前方の船が海面にホースを投げ入れ、後方の船がそれを拾って接続するというものだ。そのため、かなりの長さのある軽量のホースが必要となり、その分、給油量も限られていた。

これより難しいサイド・バイ・サイド方式では、短いが容量の太いホースが使用されたため、より迅速な給油が可能であった。この方式では、双方の船をワイヤーでつなぎ、そのワイヤーがホースの自重を支

アメリカ海軍の油槽船〈グアダルーペ〉（AO-32）から洋上給油を受ける〈レキシントン〉（CV-16）。サイド・バイ・サイド方式による洋上給油には相当な訓練を必要とした。

えている。給油のほかにもサイド・バイ・サイド方式では、生鮮食料品、郵便物、人員など、他の補充物資の受け渡しも可能だった。また2隻の艦船に同時に燃料補給することも可能であった。しかし、危険なのは船首波が原因で起こる吸引《サクション》効果で、船と船が互いに引き寄せられる恐れがあった。この船首波が重なり合うと、艦船と艦船との間に非常に大きな波が発生する。油槽船や駆逐艦のように乾舷（喫水線から甲板までの垂直距離）が低い船が横並びで航行することは、操舵する乗組員にとって非常に危険な体験となる。船首波を最小限に抑えるため、速度を落とさざるをえなくなったこともあるが、操舵に支障をきたすほどではなかった。速度を落とすと、駆逐艦は大きく横揺れする傾向があった。大戦の後半になると、艦船と艦船との間隔を広げる装置やテクニックが開発され、吸引や波の問題が少なくなり、洋上給油中の高速航行が可能になった。

アメリカ海軍とイギリス海軍はサイド・バイ・サイド方式を採用した。日本海軍は当初、アスターン方式のみを採用していたが、のちにサイド・バイ・サイド方式を習得し、採用するにいたる。

停泊中の補給はもっと簡単だった。この場合、海軍の油槽船や訓練された要員は必要なく、民間のタンカーでも十分可能であった。タンカーが横付けされ、ホースが渡され、ポンプが起動される。商船では、これが標準的な燃料給油法であり「バンカーリング」とも呼ばれる。通常、貨物の積み下ろしのためにドックに係留されている間に行われるが、停泊中に行われることもある。

第2部　第二次世界大戦の空母戦

第10章　大戦初期の偵察と急襲

ノルウェー作戦

ドイツ軍はノルウェー南部周辺では航空優勢を握っていたが、北部では争奪戦が繰り広げられていた。イギリス海軍の空母は偵察や急襲を行い、上陸地点や避難地点の上空を掩護することもあった。視界が限られていることもあり、空母の作戦に支障をきたした。

ポール作戦（Operation Paul）はあまり知られていない。それはバルト海に面したスウェーデンのルレオ港に対する大規模かつ計画的な攻撃である。ターゲットはドイツへ輸出される鉄鉱石であった。攻撃は、ルレオから約３００マイル〔約４８０キロメートル〕離れたロフォーテン諸島周辺で活動するイギリス海軍の空母から行われるはずだった。この攻撃をめぐっては１９４０年5月下旬から6月上旬にかけて、いくつかの案が計画されていた。なかでも最大規模の攻撃では〈アーク・ロイヤル〉〈グローリアス〉〈フューリアス〉の各空母から発艦する78機以上のソードフィッシュ雷撃機が使用される予定であった。それは長距離燃料タンクを搭載したソードフィッシュの最大航続距離であり、甚大な損失が予想された。また航空機の一部あるいは全部がロシアまで飛び、そこに着陸する必要があっただろう。さらにシー・グラディエーター（Sea Gladiator）とスクアが空母の上空掩護に使われただろうが、ルレオに到達する航続距離はない。艦隊に攻撃命令が下されたものの、フランスで起きた事態〔5月10日のドイツ軍の侵攻〕の急激な展開により、中止せざるをえなくなった。

もしこの攻撃が実行されていれば、間違いなく海軍の歴史に名を刻むことになっていただろう。従来の偵察や急襲とは一線を画し、高速空母が総動員されての戦略的攻撃となるはずであった。これは日本が機動部隊を結成する1年前であり、真珠湾攻撃よりもずっと前のことである。また、この攻撃は少なくともスウェーデンにとって屈辱的な、卑劣でいわれのない攻撃となったであろう。当時、スウェーデンはイギリスを友と見なし、ドイツを敵と見なしていたのだが、ドイツはスウェーデンを友と見なしていた。中立国の外交は複雑である。

6月8日、〈グローリアス〉は単独で行動しており、母艦上空にＣＡＰ配置を怠るという不注意を犯した。艦長は搭乗員たちに休息を与えたかったのだろう。視界は良好だったにもかかわらず、空母はドイツ巡洋戦艦に奇襲され、速力を上げて逃げる間もなく、艦砲射撃で撃沈された。戦争期間中、このような敵の水上部隊との遭遇は、空母にとって絶え間ない不安の種であった。

タラント急襲

これは、戦前に想定されていた空母による急襲の典型例である。20機のソードフィッシュ雷撃機が、イタリア戦艦艦隊の主要拠点であるタラントから約１５０マイルの地点から夜間に発艦した。12機が魚雷を搭載し、そのうちの5発が命中した。この空襲は、史上唯一、夜間に行われた空母を中心とした大規模な海戦として残っている。

ビスマルク、プリンス・オブ・ウェールズ、レパルスの沈没

ドイツの戦艦〈ビスマルク〉は、大西洋の通商破壊戦に乗り出していた。イギリス海軍は空母を使って捜索し、〔海洋は〕視界が変わりやすいにもかかわらず、２度にわたってビスマルクの位置を特定することに成功した。

〔海上を〕２００マイル進むと、全方位探索で約13万平方マイルをカバーできる計算になる。ビスマルクの行動範囲の概算は、最大で１００万平方マイルに及ぶ。しかし、そのエリアの多くは陸上基地から発信した航空機で捜索され、残りのエリアの多くは、種々の理由から発見の可能性が低いと判断される。つまり、空母１隻では戦艦を発見できる可能性はわずかであったが、２隻以上の空母があれば、敵艦隊を発見できる可能性はそれなりに高くなるということだ。イギリス海軍は〈アーク・ロイヤル〉と〈ビクトリアス〉の２隻を用意し、実際に〈ビスマルク〉を発見することができた。さらに空母から出撃した雷撃機が〈ビスマルク〉を航行不能にすることに成功した。その後〈ビスマルク〉は水上部隊に捕捉され、沈没した。

急降下爆撃機は〈ビスマルク〉に対して有効ではなかった。雲の中を急降下するのに手間取り、爆弾は甲板装甲を貫通できなかった。

〈ビスマルク〉の対空火器は不十分であった。合計16門の37ミリ機関砲を備えていたが、これらは半自動式で、砲弾の装填は手作業だった。発射速度は１分間に30発にすぎなかった。これはボフォースの40ミリ対空機関砲〔１９３０年代初めにスウェーデンのボフォース社が開発し、第二次世界大戦で連合国が使用した〕の４分の１程度であり、〈ビスマルク〉はボフォース40ミリ４連装機関砲の１門分しかもっていなかったことになる〔アメリカ海軍は主要艦艇にこの40ミリ４連装機関砲を20門程度搭載していた〕。また〈ビスマルク〉は12門の20ミリ単装機銃を搭載していたが、射程が短く、発射速度も比較的低かったため、これも有効ではなかった。さらに、それらを補う大口径の高角砲も搭載していたが、やはり発射速度が遅すぎて、小編隊の雷撃機からも防御することができなかった。さらに〈ビスマルク〉は、雷撃機の攻撃に対して有効だったはずの直衛機やＣＡＰ用戦闘機も有していなかった。

数ヵ月後、日本の上陸部隊と上陸地点を攻撃するため、〔イギリスの〕戦艦〈レパルス〉と〈プリンス・

オブ・ウェールズ〉が同じような状況に立たされた。航空掩護がなく、貧弱な対空火器と少数の護衛艦しかもたなければ、いかに近代的で高速な戦艦であってもかなり脆弱である。

護衛の軽空母がいれば、〈ビスマルク〉は敵の偵察機をうまく回避し、逆に自ら索敵することで航空攻撃から身を守ることができたかもしれない。とはいえ、その多くはレーダーと無線通信の使用に依存しており、そのいずれも自分の位置を相手に教えてしまうことになっただろう。敵地への打撃部隊として派遣される戦艦は、非常に強力な対空火器を搭載する必要があったのだが、〈ビスマルク〉はそれをもち合わせていなかった。

キルケネスとペツァモへの急襲

１９４１年7月、スカンディナビア半島の最北端にあるキルケネスとペツァモの港にいる艦船を空母が空襲した。極北のこの時期は1日24時間中、ずっと昼間のように明るい。攻撃型空母〈ビクトリアス〉と〈フューリアス〉は、発艦時刻にパトロール中の敵航空機に発見されるという不運に見舞われた。防御側のドイツ軍には、航空機を発進させ、高度を上げる十分な時間があった。鈍重なフルマーとアルバコアは、待ち構えるＢｆ　１０９とＢｆ　１１０を相手に大苦戦を強いられた。さらに追い打ちをかけるように、港湾にはほとんど艦船が入っていなかった。

真珠湾攻撃

これは言うまでもなく戦史上、最大規模で最も有名な空母による急襲であり、タラント急襲から着想をえた攻撃であった。

真珠湾への接近について考えることは、捜索方法における興味深い例を提示している。接近する機動部隊は目標から約３００マイル離れた地点で航空機を発進させることができた。夜間、艦隊は２００～３００マイルを航行することができる。つまり〔早朝の〕発進前に有意義な警告を得るためには、空母は約６００マイル先で発見される必要があった。

６００マイルの距離だと、艦船によるピケット・ラインは約１０００マイルの長さを必要とし、20マイル間隔で50隻の船を配置する必要がある。当時はまだ、レーダーは実用的な選択肢ではなかった。駆逐艦搭載型の最初のレーダーであったSC対空警戒装置は、１９４１年後半に設置され始めていたが、その覆域は大型艦に対してわずか10マイル程度だった。当時、レーダーは信頼性のある道具とは見なされていなかったが、それには理由があった。航空レーダーは１９４２年６月まで利用できなかった。目視による捜索では、視界はかなり変化する。晴れた日には30マイル先まで見通せることもあるが、まったく見えないこともあった。

長距離哨戒機は基地から遠く離れた地域を捜索することができたが、１機あたり・単位時間あたりの捜索範囲は、他の機種に比べて決して広くはなかった。長距離であるほどサイズとコストを必要とし、使える機種は少なかった。したがって、継続的に捜索範囲をカバーし続けるには、非常に多くの飛行機が必要になる。哨戒機も水上艦と同じように視界制限があったのである。

当時はレーダーが使えなかったので、艦隊を見つけるには目視に頼っていた。日本軍の攻撃部隊は寒冷前線に乗って接近したため、目視による警戒から比較的安全でいられた。つまり、この攻撃が成功したのはアメリカ軍の捜索に欠陥があったためではなく、攻撃隊を発見できる可能性の高い捜索手段が実用化されていなかったからである。

基地防空を任務とする対空警戒レーダーはオパナ岬に設置されていた。レーダーはSCR－２７０という陸軍の移動式ユニットで、覆域範囲は公称１５０マイルだった。低高度の目標に対しては覆域範囲が短くなるが、レーダーサイトが海抜５３２フィート〔約３８０メートル〕の高地に設置されていたため、低空飛行する航空機に対しても有効だった。

早朝06時10分、日本の空母はオアフ島の北２３０マイルの位置から攻撃隊を発進させた。日の出はハワイ現地時間06時26分（ＵＴＣ－10・５〔協定世界時（ＵＴＣ）から10・５時間の遅れを表す〕）だった。07時02分、ハワイから１３６マイルの距離に非常に大きな輝点《ブリップ》が出現した。レーダーはたしかに長距離だが解像度が低く、敵味方識別装置（ＩＦＦ）もない。しかし、その輝点は航空機と判断されるのに十分な大きさだった。実はちょうど同じ時期、その方向から６機のＢ－17が飛来することが予定されていた。当然、輝点はＢ－17の編隊であると解釈された。その約50分後、攻撃が開始されたのであった。

もし輝点に即座に本格的な反応があったとしても、そしてパイロットや機体の出撃準備ができていたとしても、航空機のエンジンを暖めるのに少なくとも15～20分、高度を上げるのにさらに数分かかっただろう。防御側の戦闘機は、攻撃側の戦闘態勢が最高潮に達しているときに初めて遭遇することになり、防御態勢を組織する時間はあまりなかっただろう。効果的な防衛を行うには、レーダーに輝点が現れたとき、防衛側はすでに１００機以上の戦闘機が空中で待機し、敵機に向けて無線誘導《ベクタリング》できる状態にあるべきだった。実際は数的にも質的にも不利だったため、攻撃を阻止するためにできることはほとんどなかった。アメリカ海軍が高解像度の測高レーダーやＩＦＦ、「戦闘機の誘導指揮」のテクニックを上達させたのは１９４４年になってからであり、優れた戦闘機を操縦する大勢の訓練されたパイロットももちろん、敵の主力空母の攻撃から効果的に防御するためには必要だった。

使用できた対空火器は、果敢な〔日本軍の〕攻撃を阻止することはできなかった。できることといえば、攻撃側の注意をそらしたり、主力からはぐれた航空機を撃墜することだけだった。対空火力が大幅に改善された１９４４年になっても、多くの攻撃機がそこを通り抜けることができたのである。

12月7日は攻撃側に有利な状況であった。空母による急襲は、防御するのが非常に難しかった。どこからともなく、強力な攻撃隊が時速150マイルで接近してくるのだ。タラント、パールハーバー、ドーリットル空襲、そして1943年と1944年の日本領の島々への急襲がすべて成功したのには、それなりの理由があったのだ。最良の防御法は機動的に行動し、ただちに反撃することであった。

主な攻撃目標は主力艦であり、公式の攻撃目標優先順位表では、実際は空母よりも戦艦の方が重要目標に設定されていた。主力艦の修理には何ヵ月もかかり、入れ替えには何年もかかった。戦艦に対しては魚雷や、水平爆撃機から高度1万フィートで投下する徹甲爆弾が用いられた。空母がいない場合は急降下爆撃機の出番はほとんどなかったが、〔攻撃する場合には〕何層もの雲の中を急降下しなければならないという問題もあった。直掩戦闘機は主に地上の航空機を機銃掃射するために使用され、対空火力の制圧に使われることはあまりなかった。石油貯蔵施設や造船所、修理施設のような標的も攻撃目標になりえたが、これらの目標は破壊するのがはるかに難しい反面、破壊しても容易に修復された。

時が経つにつれ、あらゆる主要なターゲットが攻撃にさらされた。一方、防御は次第に組織化され、損失が出始めた。この時期の日照時間は限られており、さらなる攻撃を続行するには、17時19分の日没後に空母への着艦を行わなければならなかったが、夜間着艦に必要な月光もなかった。日本軍は撤退した。西太平洋全域を征服する必要があり、ぐずぐずしている暇はなかった。

真珠湾に対する脅威はまだ残っていた。ソロモン方面に配備できるはずの多くの飛行機が、真珠湾に留め置かれた。

第11章　珊瑚海海戦

はじめに

珊瑚海海戦は、大戦前の偵察や急襲という役割を超えて、空母が活躍した最初の戦いである。この戦いで、空母は海上優勢を確立するあるいはそれを阻むために運用された。水上艦艇は戦局を左右する重要な役割を果たすことはなく、互いを視認することすらなかった。

1942年5月、日本はニューギニア南部のポートモレスビーを占領するため、侵攻部隊を派遣した。同地を占領後、ソロモン諸島の制圧を完了し、オーストラリアとの連絡線を遮断するという意図を有していた。アメリカは、この試みを阻止しようとした。

投入戦力と兵站

日本の空母機動部隊は、空母〈翔鶴〉および〈瑞鶴〉、重巡洋艦2隻、駆逐艦6隻で編成されていた。各空母は戦闘機18機、急降下爆撃機18機、雷撃機18機〔を基準とし、実際には〕これより、やや多めに搭載していた。ポートモレスビー攻略の任務にあたる上陸部隊には、12機の戦闘機と6機の雷撃機を搭載した軽空母〈祥鳳〉が護衛についた。

アメリカの第17任務部隊は空母〈ヨークタウン〉と〈レキシントン〉を中心に編成されていた。各空母はそれぞれ戦闘機18機、急降下爆撃機36機、雷撃機13機を搭載し、戦闘に臨んだ。それを護衛するのは巡洋艦5隻と駆逐艦7隻であった。そのほか空母部隊とは別に、巡洋艦3隻と駆逐艦2隻から成る部隊も運用された。

当時のアメリカ海軍は油槽船不足が深刻であり、空母と戦艦の両方を戦力維持《サスティン》することができなかった。石油の供給は民間タンカーが担い、真珠湾から石油を調達していたが、艦隊所属の油槽船は航行中に給油を行うことができた。真珠湾で沈没した戦艦のほとんどは、この時までには修理を終えていたが、石油不足のため活動を制限されていた。日本側も兵站面で同様の問題を抱えていた。こうして見ると、両陣営とも補給路の限界点で作戦を行っていたのである。

指揮・統制

日本の空母は、原忠一《ちゅういち》少将が戦術部隊の指揮を執ったが、重巡洋艦〈妙高〉に座乗する高木武雄中将が空母機動部隊の指揮を執った。ポートモレスビー作戦の全般は、ラバウルの司令部にいる井上成美中将が指揮した。〈翔鶴〉と〈瑞鶴〉は、やや離隔した陣形で行動を共にした。

第17任務部隊は〈ヨークタウン〉を旗艦とし、フランク・フレッチャー（Frank Fletcher）少将が指揮を執った。〈ヨークタウン〉と〈レキシントン〉は比較的接近して進み、両艦を取り囲むように対空掩護《スクリーン》が準備されていた。

日米の空母はいずれも短距離無線を使って、艦隊内の他の空母と通話した。いちど出港したあとは電波封止が敷かれ、一般的に空母は上空の航空機と通話できなくなる。日本側は重巡洋艦〈妙高〉にいる高木中将に艦隊の指揮を執らせていたが、同艦は空母と一緒に航行していなかった。彼は敵空母の位置を明らかにすることなく、攻撃命令を与えた。

アメリカの空母は対空警戒レーダーを搭載していた。無線による「戦闘機の誘導指揮」はまだ未熟な段階にあり、無線規律がひどく、経験の浅いチームに悩まされていた。実験的なＩＦＦは、４機のワイルドキャット戦闘機に搭載されていた。日本軍にはレーダーも「戦闘機の誘導指揮」も、少なくとも無線通信に基づくものはなかった。しかし彼らは、ある種の「戦闘機の誘導指揮」とも言える視覚的方法を採用していた。

視界と風

１９４２年５月７日、南緯13度、東経１５７度、ＵＴＣ＋11タイムゾーンでは、日の出は06時41分、日の入りは18時16分だった。航海薄明は05時53分に始まり、19時04分に終わった。月の出は23時39分（６日）、月の入りは12時37分であった。06時00分、月はほぼ真上にあり、下弦の月より少し大きかった。夜間の着艦に月明かりは助けにならなかったが、早朝明け方の発艦には役に立つだろう。

天候は、ほぼ東西に延びる前線に支配され、その南側は晴天、北側には雲が散在していた。風は前線内では〔ビューフォート風力階級でいう〕「雄風《ストロング・ブリーズ》」〔秒速10・８〜13・８メートル〕から「疾強風《ゲイル》」〔秒速17・２〜20・７メートル〕といった強風が吹き荒れ、前線の外では「和風《モデレート・ブリーズ》」〔秒速５・５〜７・９メートル〕であった。

航空作戦

フレッチャーは、日本軍がポートモレスビーを攻略するつもりであることを知っていた。彼の戦闘計画は、ツラギ、ヌメア、ポートモレスビー、オーストラリア北東部を拠点とする索敵機が攻略部隊を発見することを前提とし、その間、自分たちは、ラバウルを拠点とする日本軍の索敵機からの索敵圏外にとどまるというものだった。そのため、ガダルカナルの南方約３００〜４００マイル〔約４８０〜７２０キロメートル〕にとどまり、敵が姿を現すのを待ち構えながら、駆逐艦に燃料を補給し、日本軍によってその位置を明らかにされたときに戦闘に突入できるようにしておこうとした。

5月3日、日本軍は最近〔連合軍が〕放棄したツラギ島を占領し、偵察活動に任ずる飛行艇の基地を設置した。

4日未明、〈ヨークタウン〉からの攻撃隊は、ツラギ島沖の輸送船舶を攻撃するために出撃した。この攻撃隊は全作戦機をもって編成され、まず12機のデバステーター雷撃機から成る飛行中隊が1つのデッキロード攻撃隊となり、次に、計28機のドーントレス急降下爆撃機から成る2個飛行中隊が、第2陣のデッキロード攻撃隊となった。ドクトリンにしたがって、各中隊はそれぞれ独自に編成され、おのおのが目標に向かった。雷撃隊は急降下爆撃隊より速度が遅いため、最初に発艦し、ほぼ同時に目標地点に到達することが期待された。ワイルドキャット戦闘機は防御のために保持され、攻撃開始前の06時31分に6機がCAP隊として発進していた。攻撃隊は08時15分に到着し、ツラギ沖の艦船を攻撃し、小型駆逐艦を撃沈した。この攻撃が行われている間、〈ヨークタウン〉はCAPをローテーションした。09時31分から始められた帰還機の収容はすべて終了した。

10時36分、〈ヨークタウン〉は14機のドーントレスを〈ツラギ攻撃に向かわせる前に〉北上させ、同地域を捜索させた。約30分後、13機の急降下爆撃機と11機の雷撃機による第2次デッキロード攻撃隊はツラギを攻撃した。この攻撃隊を送り出した後、CAP隊が入れ替えられた。13時11分、4機のワイルドキャットが、日本の戦闘機から妨害を受けている爆撃機を掩護するために急派された。飛行甲板上の他の戦闘機は、帰艦する攻撃隊に飛行甲板を開けておくため、格納庫に送られた。数隻の輸送船を撃沈または損傷させた後、爆撃隊は13時19分に着艦を開始した。14時00分、第3次攻撃として21機の急降下爆撃機が発進した。その後、第2次攻撃の残りの攻撃機が収容され、CAP隊が入れ替えられた。第3次攻撃は15時00分にツラギ上空に到着したが、まだその海域にいた艦船に対する命中弾はなく、16時00分頃までに収容された。４機のワイルドキャットのうち２機が行方不明になるか、不時着していた。デバステーター１機も同じ運命をたどった。16時28分、６機の戦闘機が夕暮れ時のＣＡＰ任務のために発進した。

５日朝07時50分、日本の長距離偵察飛行艇が約30マイル離れた〈ヨークタウン〉のＣＸＡＭレーダーで発見された。４機のワイルドキャットが緊急発進し、飛行艇を発見して撃墜した。飛行艇からの報告がなく帰還しなかったため、日本側はアメリカの空母艦載機によって撃墜されたものと正しく推測した。

５日08時16分、〈レキシントン〉が第17任務部隊の〈ヨークタウン〉と合流するために到着し、護衛艦は全部で巡洋艦５隻、駆逐艦７隻になった。この日は給油に費やされた。

６日未明、フレッチャー少将は北方２７５マイルの地点まで索敵機を飛ばしたが、何も発見できなかった。フレッチャー少将も高木中将も６日は給油に費やした。午後、フレッチャー少将は再び索敵機を送ったが、何も見つからなかった。

６日10時00分、ツラギから発進した偵察飛行艇が第17任務部隊を発見し、高木中将は10時50分にその報告を受けた。この時、高木の機動部隊は第17任務部隊の北方約３５０マイルにいた。飛行艇からの報告によると、空母は南に向かっており、現地は低い雲に覆われているとのことであった。これは攻撃可能な範囲を超え、また悪天候にも阻まれていることから、高木は攻撃を開始せず、空母を分派して南下させ、翌朝に適切な位置につくようにした。しかし皮肉なことに、そのときアメリカの空母艦隊は攻撃圏内を航行中であり、その地域の天候は晴天であった。もし攻撃を開始していたらアメリカの空母に到達し、発見していた可能性が高い。とはいえ、少なくとも高木中将は敵の居場所を知っていた。それに対し、フレッチャー少将は偵察機に目撃されたことは知っていたが、日本の空母がどこにいるのかをまだ知らなかった。

夕方になって、フレッチャーは油槽船〈ネオショー〉と駆逐艦〈シムズ（Sims）〉を、より安全な海域と思われるところまで南下させた。いよいよ戦闘が開始されようとしていた。このように敵どうしが空母戦で顔を合わせることは、初めてであった。しかし、両者とも相手に関する十分な情報をもち合わせていなかった。

高木中将は7日06時00分に12機の97式艦攻を発艦させ、南方および南東250マイルの範囲を索敵した。両空母の飛行甲板には攻撃隊が準備された。07時22分、索敵機の1機から敵空母発見の報告があった。08時00分、両空母から急降下爆撃機36機、雷撃機24機、戦闘機18機から成る攻撃隊が発艦を開始し、08時15分には全機が目標に向かった。日本の空母はサイズの割には運用機数が少ないため、飛行甲板からの発艦回数は2回に分ける必要はなく、1回で済んだ。攻撃隊の発艦を終えると、甲板上に攻撃機は残っていなかったが、18機の戦闘機がCAP任務にあたっていた。

08時20分、重巡洋艦〈古鷹《ふるたか》〉から発進した水上偵察機がアメリカの空母を発見し、報告してきた。続く08時30分、重巡洋艦〈衣笠〉の水上偵察機がそれを確認した。しかし、アメリカの空母は攻撃されることはなかった。なぜなら日本の攻撃隊は〔別の目標に向かって〕すでに送り出されていたからである。

攻撃隊が発見したのは駆逐艦〈シムズ〉に護衛された油槽船〈ネオショー〉であった。07時22分の索敵報告では、この2隻をアメリカの空母と誤認していたのである。攻撃隊は09時15分に到着したが、攻撃すべき空母を探し続けていたため、10時51分まで攻撃しなかった。10時51分、攻撃隊は誤認に気づき、高木中将からとにかく攻撃せよとの命令を受けたので、急降下爆撃機が攻撃し、2隻とも沈めた。この命令で無線封止は解除されたが、高木中将が座乗していたのは空母ではなく重巡洋艦〈妙高〉だった。15時30分頃、急降下爆撃機隊が〈ネオショー〉と〈シムズ〉への攻撃から戻り、雷撃隊はすでに着艦していた。

15時15分、日本の空母から8機の97式艦攻から成る新たな索敵隊が発進した。攻撃目標を誤るという重大なミスを犯してしまった高木中将は、日暮れまでに何とかして攻撃したいと強く願っていた。16時15分、彼は12機の急降下爆撃機と15機の雷撃機から成る第2次攻撃隊を発進させ、方位277度を飛行するよう命令した。これは敵空母の所在を知ることなく、ただ勘を頼りに索敵機が見つけてくれることを願ったからである。曇天の中、索敵隊はアメリカ空母を見逃していたが、アメリカ側のレーダーで探知されていた。11機のアメリカ戦闘機がその位置に誘導され、奇襲をかけた。日本の索敵編隊は分断され、9機の97式艦攻が撃墜された。作戦は中止され、生存機は空母に帰投した。18時30分に夜になり、空には月も出ていなかったが、高木中将は空母にサーチライトを点灯させ、着艦を補助した。22時00分までに残りの飛行機はすべて収容されたが、さらに3機が帰投中に行方不明となった。

アメリカ軍は7日、いつものように明け方の索敵を開始した。06時19分、〈ヨークタウン〉は10機のドーントレス偵察機を発進させ、北および北東を250マイルの範囲まで捜索した。敵軍がいる中でも、通常は単機で索敵を行うものだ。一方、比較的狭い区画を索敵するのに10機を飛行させるというのは非常に密度の高い索敵パターンであったが、おそらくこれは索敵対象地域の気象の影響により視界が不良だったためだと考えられる。さらに雲の中を飛行するため、索敵機は発見されにくく、撃墜もされにくいため、予備手段の必要性が低くなる。空母の上空は晴れていたが、索敵機はすぐに厚い雲とスコールが降る前線の中に突入した。

〈レキシントン〉は07時03分から、4機の戦闘機と6機のドーントレスから成るCAPを開始した。両空母の飛行甲板では視認報告を待ち受け、速やかに発艦できるよう準備が整っていた。

08時15分、〈ヨークタウン〉から発進した1機が日本艦隊を発見した。戦力は空母2隻、重巡洋艦4隻と報告され、すぐさま、これは長い間探し求めていた日本の主力空母部隊であると判断された。2回のデッキロードにより、急降下爆撃機53機、雷撃機22機、戦闘機18機による攻撃隊が発進した。〈レキシントン〉からは09時26分に発艦し、全機が発艦を終えるまで空母周辺を旋回し、09時47分、第1次攻撃隊として目標に向かった。〈ヨークタウン〉からは09時44分に発艦し、すべての急降下爆撃機がゆっくりと上昇し、空母の上空を旋回するよう指示された。次に発進したのは雷撃機で、ただちに目標に向けて発進した。約15分後、8機の護衛戦闘機が飛び立ち、上空の急降下爆撃機と合流し、10時13分に出発した。戦闘機と急降下爆撃機は低速の雷撃機よりも速いため、おおむね同時期に目標上空に到着すると予想された。第2次攻撃のために待機していた爆撃機はなかった。一方、甲板上には燃料を満載し、爆弾を積んだ爆撃機がいなくなったため、空母の脆弱性は軽減された。日本軍の攻撃はいつ来てもおかしくなかったが、アメリカ側は、このとき日本が「誤認した」目標に向けて主力を送っていたことをまだ理解できずにいた。

10時19分、CAP隊は入れ替えられ、帰還した索敵機は収容された。索敵機が着艦したあと、視認報告のコードを間違って送信していたことが判明した。目撃していたのは空母2隻ではなく、実は巡洋艦2隻だったのだ。攻撃隊は間違った目標に向けて送り出されてしまったのだった！　攻撃隊を呼び戻すことは、敵がいつ来襲するかわからない状況ではあまりに危険に思われた。10時13分、フレッチャー少将は陸軍の爆撃機から、空母1隻に護衛されたポートモレスビー攻略部隊発見の報告を受けた。これは先に報告された位置からわずか30マイルしか離れておらず、10時53分、フレッチャーは無線封止を破って攻撃目標の修正を指示した。11時00分から11時30分にかけて、CAP隊が入れ替えられた。第17任務部隊は、敵の急降下爆撃に備えるCAP隊として、中高度に17機の戦闘機を空中待機させるとともに、雷撃機に対するCAP隊として低高度に10機のドーントレスを配備した。しかし、予想された攻撃は起きなかった。高木も同じ失敗をしていた。

アメリカの攻撃隊が発見したのは小型空母〈祥鳳〉であった。攻撃は10時40分に開始され、13発の爆弾と7本の魚雷の命中により〈祥鳳〉は瞬く間に沈没した。アメリカ軍機が哀れな〈祥鳳〉を食い荒らすなか、他の艦船に被害や沈没はなかった。このことから、攻撃調整と目標配分が今後の教訓となった。13時38分までに航空機は帰還し、14時20分までに燃料補給と再兵装を行った。フレッチャー少将は第2次攻撃には時間的に遅すぎ、天候が悪化し、敵を見つけるのも、空母への帰還経路を見つけるのも難しくなったと判断し、新たな索敵を行わないことにした。第17任務部隊は雲の下に隠れながら、翌日の攻撃準備に移った。

〈祥鳳〉が提供するはずだった近接支援が受けられなくなったため、攻略部隊は進路を変えた。この時点では、数日後にまた同じ地点に戻ってくる予定だった。

昼間の実際の状況は、日本の空母部隊はアメリカの空母部隊の東にいたのであるが、両者とも日本の空母はアメリカ側の北方に、アメリカの空母は南方にいると考えていたのである。アメリカの索敵では日本の空母を見つけることができず、〈祥鳳〉に護衛された攻略部隊だけが見つかった。日本側の索敵ではアメリカの空母を見つけることができず、駆逐艦〈シムズ〉が護衛する油槽船〈ネオショー〉が見つかっただけだった。陸上と空母の双方から綿密な索敵が行われたにもかかわらず、日米両軍は互いに主力とは別のものを発見した。雲とスコールが7日の一連の騒ぎを助長したと考えても差し支えないだろう。

高木中将は夜間の第2次攻撃を試みたが、航空機を喪失するという大きな代償を払った。フレッチャー少将は夜間攻撃は控えたが、今にして思えば、それは正しい判断だったのだろう。

8日の夜明けが近づき、高木中将は戦闘機37機、急降下爆撃機33機、雷撃機25機をいつでも運用できる状態にした。対するフレッチャー少将の攻撃隊は戦闘機31機、急降下爆撃機65機、雷撃機21機であった。

8日06時15分、日本の空母から97式艦攻7機による索敵隊が発進した。日本側は、アメリカ側がほぼ確実に南方にいることを知っていたので、その方向にのみ索敵を実施した。索敵は250マイルの範囲まで行われ、巡洋艦からの水上偵察機と陸上基地から発進した飛行艇が支援した。08時22分、空母から発進した索敵機の1機が第17任務部隊を発見した。

06時15分、アメリカ側では18機の急降下爆撃機による偵察隊が出撃し、200マイル先まで360度の索敵を行った。前日の失敗から学んだのか、フレッチャー少将は敵の所在地を推測せず、全飛行隊を投入して包括的な索敵を行った。これが功を奏した。08時20分、〈レキシントン〉から発進した偵察隊の1機が日本の空母を発見し、報告した。

こうして日米両軍は互いに、約210マイル先に相手を発見した。第1撃をめぐるレースが開始されたのである。もはや捜しまわることはない。両軍とも長射程で攻撃し、攻撃隊の帰路の飛行時間を短縮しようと互いに直進した。この日、レーダーはあまり必要なかった。双方とも相手からの攻撃隊が来ること、そしてゲストが到着すると予想される時間帯をおおよそ知ることができたからである。

09時15分、日本軍は2隻の空母から急降下爆撃機33機、雷撃機18機、戦闘機18機から成る攻撃隊を発進させた。これは保有するすべての爆撃機と戦闘機の半数に相当し、残りの戦闘機はCAPの任務に就いた。

08時47分、アメリカの攻撃隊が発艦を開始した。09時15分までに〈ヨークタウン〉は急降下爆撃機24機、雷撃機9機、戦闘機6機を発艦させた。続く09時25分、〈レキシントン〉は急降下爆撃機15機、雷撃機12機、戦闘機9機を発進させた。爆撃機は残らなかったが、高木艦隊と同様、戦闘機の半数はCAPのために残された。

〈ヨークタウン〉の急降下爆撃隊は10時32分に〔日本艦隊の上空に〕到着したが、雷爆連携攻撃を行うため、低速の雷撃機の到着を待たなければならなかった。10時57分、急降下爆撃隊が攻撃を開始し、〈翔鶴〉に1000ポンド爆弾2発を命中させた。魚雷はすべて外れた。〈レキシントン〉の攻撃隊は11時30分に到着した。急降下爆撃機2機が〈翔鶴〉を襲い、1000ポンド爆弾1発を命中させた。他の2機の急降下爆撃機は〈瑞鶴〉を攻撃したが、命中弾はなかった。〈レキシントン〉の雷撃隊の攻撃はすべて失敗した。雲に覆われ、断続的に降るスコールは、特に〈瑞鶴〉への攻撃を困難にした。

10時55分、〈レキシントン〉のCXAMレーダーは、78マイル先を飛来する攻撃隊を探知した。アメリカの空母の上空は晴れていたため、雲による防護を受けることができなかった。わずか9機の〈ワイルドキャット〉が艦隊上空を掩護していたが、燃料が残り少なくなったため、すぐに別の9機を発進させた。偵察機として運用されていたドーントレスが帰還し、そのうちの12機が日本の雷撃機に備える低空域のCAP隊として運用された。

来襲した敵機の攻撃は調整され、幾重にも重ねられていた。中高度では急降下爆撃機が、上空に直掩戦闘機を従えていた。低空では雷撃隊が、同じく上空に直掩の戦闘機を従えてやってきた。

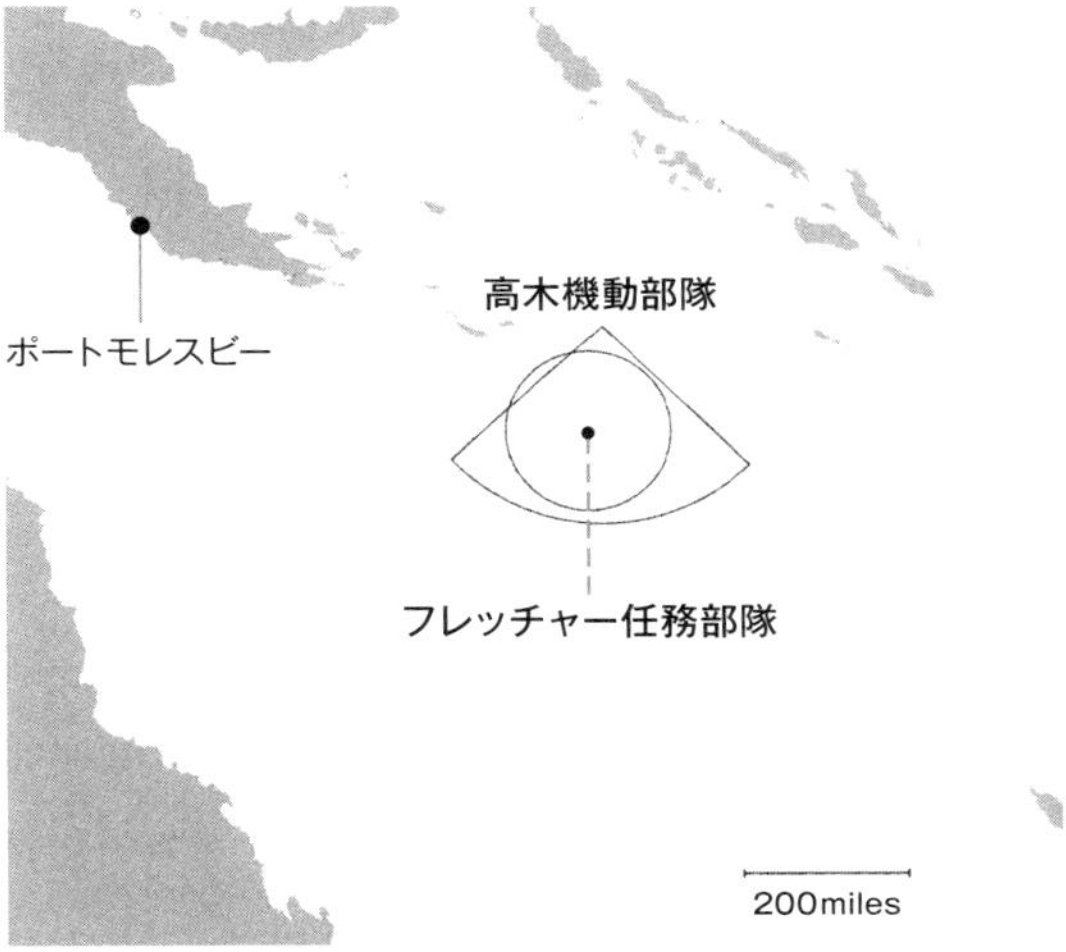

珊瑚海海戦の概要図。5月8日朝07時00分時点の早朝索敵が開始された頃の両軍の位置を表したもので、両軍の偵察機による索敵範囲を示している。夜は空母戦をリセットする効果があり、夜が明けると、両軍とも戦闘を再開した。空母戦の本質は隠れたまま敵を見つけ、攻撃することである。望ましくは、索敵に割り当てる航空機の数を最小限にし、これを達成することである。索敵パターンは範囲を狭く絞り、できるだけ長い距離を行うのがよい。

フレッチャー少将は空母を果敢に前方に配置し、慎重だがリスクの高い索敵パターンを採用した。高木中将は一歩引いたところから焦点を絞って索敵を行い、航続距離の優位性を活かした。

攻撃してきた爆撃機のうち、雷撃機4機と急降下爆撃機6機が、この急ごしらえのCAPで撃墜され、直掩の零戦によりドーントレス5機とワイルドキャット3機が撃墜された。レーダーでは敵味方の区別がつきにくく、無線機セットは傍受した通信で帯域がいっぱいになっていたため、「戦闘機の誘導指揮」は多くの戦闘機を間違った高度へと誘導してしまった。訓練ではうまく機能していたシステムも、いざ戦闘になると正常に働かなくなる。

攻撃は11時13分に開始された。生き残った14機の雷撃機のうち、10機が〈レキシントン〉を攻撃し、4機が〈ヨークタウン〉を攻撃した。挟撃に成功し、2本の魚雷が〈レキシントン〉に命中したが、〈ヨークタウン〉には1本も命中しなかった。攻撃を敢行した14機の雷撃機のうち、4機が対空砲火で撃墜された。雷撃機による攻撃の数分後、急降下爆撃機が攻撃を開始した。〈翔鶴〉からの攻撃隊は〈レキシントン〉を、〈瑞鶴〉の攻撃隊は〈ヨークタウン〉を攻撃した。〈レキシントン〉には小型爆弾2発が命中し、〈ヨークタウン〉は250キログラムの小型徹甲爆弾（semi-AP bomb）1発が飛行甲板中央部に命中した。この爆弾は4つのデッキを貫通し、かなりの損害を与えたが、飛行甲板は運用可能であった。

両軍の空母部隊は、CAP機をできるだけ多く上空待機させながら、ほとんどの航空機を攻撃隊に送り込んでいたため、艦内に多くの航空機は残っていなかった。このため爆弾が落ちたとき、火災にはどうにか対処できた。

12時50分から14時30分にかけて、両軍はそれぞれの攻撃隊を収容した。日本機は〈瑞鶴〉に着艦するよう指示されていたが、運用上の不備や損傷により、多くの機体が失われた。収容が完了した時点で、日本軍は戦闘機24機、急降下爆撃機8機、雷撃機4機に減少していた。予備機用の部品は積んでいたが、組み立てに1～2日かかった。

〈ヨークタウン〉は戦闘機7機、急降下爆撃機11機、雷撃機8機を収容した。〈レキシントン〉は戦闘機5機、急降下爆撃機12機、雷撃機11機を収容した。

両軍とも雷・爆撃機を中心に大きな損害を被っていた。また駆逐艦への給油も必要であったため、撤退を選択した。

15時25分、〈レキシントン〉は漏出したガソリンのガスにより内部爆発を起こした。火災は広がり、さらなる爆発が続いた。17時07分、艦艇廃棄の命令が出され、駆逐艦〈フェルプス（Phelps）〉から魚雷が発射された後、19時52分にようやく沈没した。

分　析

珊瑚海海戦は海戦史における最初の真の空母どうしの戦いだった。そこでは両陣営に数多くの誤りがあったことがわかる。

両海軍とも陸上索敵機を多用していたが、視界が狭いこともあり、ほとんど役に立たなかった。これらの索敵機は陸上基地から発進するため、長い航続距離を有していたが、そのため機体が大型となり、その分、数が少なかった。索敵範囲の終端部で何かを発見するチャンスは、視界の良し悪しに左右された。有用な目標情報のほとんどは空母から発進する索敵機によってもたらされ、他の水上艦艇に搭載されている水上機による場合も少なくなかった。とはいえ、両陣営とも誤認情報や不明瞭な報告という深刻な問題を抱えていた。

日本軍は索敵でも攻撃でも、航続距離の優位性を十分に活かすことができなかった。そのような作戦の細部にわたって緻密な調整を行うには、混乱と不確実性が多すぎたのである。

ワイルドキャットの航続距離の短さは珊瑚海海戦以前から知られていた問題で、ウィリアム・ハルゼー（William Halsey）提督はすでに増槽の装着を要求していた。この戦いで、ワイルドキャットは爆撃機が攻撃目標に到達するまでそれらを掩護することができ、敵のＣＡＰ機からある程度、友軍機を掩護することができた。

急降下爆撃機を防空戦闘機として運用するというアメリカ海軍の試みはうまくいかず、その後、繰り返されることはなかった。

両軍とも、敵からの反撃を受けずに第一撃を加えることはできず、ほぼ同時期に艦載機を発進させ、攻撃した。両軍とも戦闘機の数があまりにも少なく、爆撃機の損失が大きかった。特に日本側は甚大だった。アメリカ側も「戦闘機の誘導指揮」はうまくいかなかった。

攻撃を受けたとき、両軍とも飛行甲板は空っぽだった。火災は発生せず、双方とも何度か命中弾を受けたが生き残った。アメリカ軍の1000ポンド爆弾は、少なくとも飛行甲板の破壊力という点から見れば、日本の250キログラム小型徹甲爆弾よりも効果があるようだった。操舵性のよくない〈レキシントン〉は2本の魚雷を受けた。アヴガス漏れと未熟なダメージ・コントロールが、〈レキシントン〉喪失の重大要因であった。結局、両軍とも1つの飛行甲板〔日本側は〈翔鶴〉、アメリカ側は〈レキシントン〉〕が使用不能になった。残存機を着艦させ、被弾した友軍の防空掩護をするには2番目の甲板が必要だった。

両軍とも2隻の空母を比較的接近させた状態で、CAPを行いながら航行した。アメリカ側は優れた対空火器を装備した護衛艦を多数保有していたが、これはあまり重要でなかったようだ。撃墜された航空機の大半は、艦隊を掩護する直衛戦闘機によって撃墜されたからである。

戦いの間、アメリカ軍の急降下爆撃機は、1万7000～1万9000フィート〔約5100～5700メートル〕の極寒の冷気から低高度の湿った空気に降下する際に、爆撃照準器と風防ガラスが曇ってしまうという深刻な問題を抱えていた。ある飛行隊指揮官は、この曇りによって爆撃効率が75%も低下したと語っているが、たしかにこうした現象は戦闘の結果に重大な影響を与えたに違いなかった。実際、いくつかの攻撃場面で生起したが、〈祥鳳〉に対する攻撃では生じなかった。この時の急降下では、空気が乾燥しており、曇りが発生するようなことはなかった。当面の解決策は、より低い高度――約1万2000フィート――から降下を開始することだった。戦闘終了後、エンジンの熱気を風防ガラスと爆撃照準器に送風するように設計変更された。これはミッドウェー海戦には間に合わなかったが、中部太平洋の気象条件は高温多湿の南太平洋よりも温和であり、そこでは問題にならなかった。後期のドーントレス（ＳＢＤ－５）に採用された反射望遠鏡タイプの爆撃照準器にはヒーターが内蔵されており、曇りの影響を受けにくくなった。

第12章　ミッドウェー海戦

はじめに

１９４２年春の終わりまでに、日本海軍は彼らが意図したほとんどすべての領土を征服した。唯一の問題は、アメリカの空母が真珠湾でも、それ以降の戦いでも無力化されていないことだった。日本軍はアメリカの空母を撃破するため、彼らを戦場に誘い出す必要があった。アメリカ人に戦闘を強いるような標的が必要だったのだ。

ミッドウェーはこの目的に適っていた。ミッドウェーは真珠湾から程よい近さに位置し、〔日本軍の手に落ちたならば、アメリカにとって〕無視できない脅威となりえた。と同時に、真珠湾を基地とする航空部隊が直接飛来できないほどの距離にあった。ミッドウェーは日本軍の補給路の最遠端に位置していたが、そうした補給面の問題は、この島が非常に小さく、わずかな守備隊を維持するだけでよいという事情から許容された。

日本軍の計画は、まずミッドウェーに侵攻し、かならず起こりうる〔アメリカ軍の〕反撃に対処するというものだった。日本がこの地域で唯一の陸上基地〔ミッドウェー島〕を〔奪取して〕所有するというアドバンテージを活かした情勢のもとで、アメリカ空母艦隊との一連の戦闘に発展することが見込まれた。この発想は、のちにアメリカ軍がガダルカナル島でヘンダーソン飛行場を攻略したのと同じ考え方であった。

この計画の唯一の問題は、敵が日本軍の計画にしたがわなかったことである。日本軍の暗号を解読していたアメリカ軍は、代わりに日本軍によるミッドウェー攻撃と同時に待ち伏せ攻撃を仕掛ける計画を立てた。

投入戦力と兵站

日本の空母は〈加賀〉〈赤城〉〈蒼龍〉〈飛龍〉で、戦艦2隻、重巡2隻（それぞれ5機の水上機を搭載）、軽巡1隻、駆逐艦11隻が護衛した。各空母は戦闘機約18機、急降下爆撃機18機、雷撃機18機を搭載していた。

アメリカの第16任務部隊は、空母〈エンタープライズ〉と〈ホーネット〉、巡洋艦6隻、駆逐艦9隻で編成されていた。第17任務部隊は、空母〈ヨークタウン〉、巡洋艦2隻、駆逐艦6隻で編成されていた。各空母は戦闘機約27機、急降下爆撃機36機、雷撃機14機を搭載していた。ワイルドキャットの新型であるF4F－4モデルは、珊瑚海で使用された旧型のF4F－3タイプが固定翼であったのに対し、主翼が折り畳み式になっていた。これにより戦闘機の搭載数は、珊瑚海海戦で運用された18機から27機に増やすことができた。珊瑚海海戦での爆撃機の損失があまりにも大きかったことから、CAPと同様に、爆撃機の護衛の面でも多くの戦闘機が必要であることが証明された。

日本軍のミッドウェー攻略部隊の燃料消費量は、経済的な巡航速度で航行した場合、1日あたり約7000トンであった。攻略部隊は油槽船15隻を帯同し、それぞれが平均1万トンの油を積んでいたが、それは作戦遂行のための3週間か4週間分の燃料でしかなかった。

指揮・統制

日本の機動部隊は〈赤城〉に座乗する南雲忠一《ちゅういち》中将が指揮を執った。機動部隊は1つの大きな隊形で航行したが、それはやや緩やかな陣形だった。戦艦〈大和〉に座乗する山本五十六《いそろく》大将は全艦隊の総指揮を執り、ミッドウェー攻略艦隊を支援する本隊とともに出撃した。

アメリカ第16任務部隊はレイモンド・スプルーアンス（Raymond Spruance）少将、第17任務部隊はフランク・フレッチャー少将が指揮を執った。総指揮官は〈エンタープライズ〉に座乗するスプルーアンスであった。フレッチャーは、実際にはスプルーアンスの先輩であり、両任務部隊の戦術的指揮を執っていた。

第16任務部隊と第17任務部隊は約20〜40マイル〔約32〜64キロメートル〕離隔し、別々に行動していた。第16任務部隊内では２隻の空母が一緒に行動していたが、別々の輪形陣を敷き、数マイル離れていた。第17任務部隊は空母１隻のみだった。

日米の空母はいずれも短距離無線を用いて同一艦隊内の他の空母と通話できたが、いざ攻撃が開始されると、電波封止のため空母と航空機との通話はできなかった。

アメリカの空母は対空警戒レーダーをもち、基本的な「戦闘機の誘導指揮」を行うことができたが、無線規律は依然として低い水準にあった。ＩＦＦは２〜３機の戦闘機に搭載されていた。日本側はレーダーをもたず、基本的に「戦闘機の誘導指揮」も行われず、ＩＦＦもなかった。

視界と風

１９４２年６月４日、北緯30度、西経１７８度、ＵＴＣ−《マイナス》11タイムゾーンでは日の出は05時50分、日の入りは19時50分であった。航海薄明は04時50分に始まり、20時50分に終わる。

月の出は00時21分、月の入りは11時52分であった。05時00分、月は地平線から45度の位置にあり、南東にあった。月は下弦の月より少し大きかった。月は早朝からの航空機運用には役立つかもしれないが、深夜の着艦には向かなかった。

気象は南東から吹いてくる「軽風《ライト・ブリース》」〔秒速１・６〜３・３メートル〕の貿易風が支配的だった。

航空作戦

6月4日04時30分、急降下爆撃機36機、爆装した艦上攻撃機36機、戦闘機36機による日本軍の攻撃隊がミッドウェー島に向けて発進し、06時20分に攻撃を開始した。これは運用可能な航空機の約半分の機数であり、残りの半分は第2次攻撃のために待機していた。攻撃準備が整った爆撃機は格納庫に置かれ、飛行甲板はCAPローテーションに使用された。

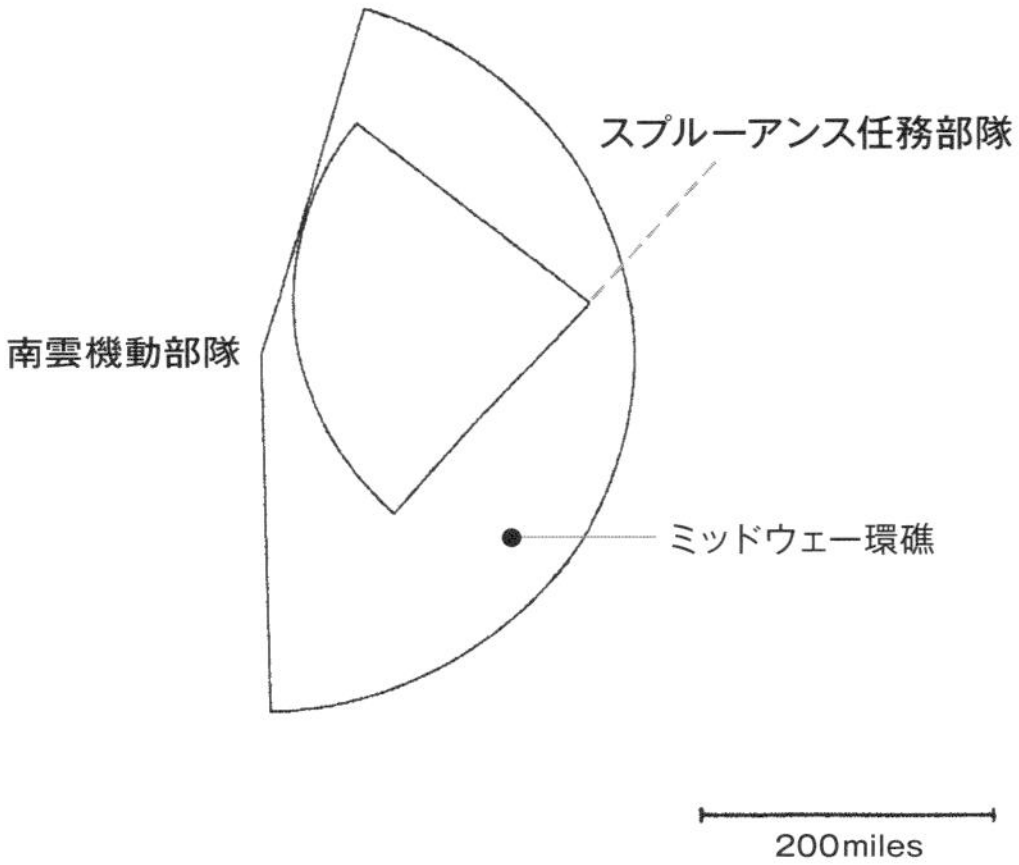

ミッドウェー海戦の概要図。6月4日朝04時30分時点の早朝索敵が開始された頃の両軍の位置を表したもので、両軍の偵察機による索敵範囲を示している。南雲は敵情についてほとんど知らず、防御的なパターンを採用していた。スプルーアンスは南雲の位置をおおよそ知っており、より焦点を絞った索敵パターンを採用していた。

ミッドウェー海戦における〈エンタープライズ〉艦上のデバステーター。14機が出撃したが、帰還したのは4機だけだった。後方には、防空掩護にあたる護衛の駆逐艦が写っている。

04時30分、〈ヨークタウン〉から10機の索敵機が発進し、05時34分、日本空母を発見した。

07時50分、〈エンタープライズ〉と〈ホーネット〉の両艦から急降下爆撃機67機、雷撃機29機、戦闘機20機から成る攻撃隊が発進した。これは搭載する爆撃機全機と半数弱の戦闘機であった。その後、護衛の戦闘隊は燃料不足で早々に帰還することになり、実際の攻撃で爆撃機を掩護できなかった。

08時00分、〈ヨークタウン〉は急降下爆撃機17機、雷撃機12機、戦闘機6機で攻撃を開始した。この攻撃では、索敵機を送り出した後に残った急降下爆撃機のほとんどが投入されたが、戦闘機のほとんどはCAPのために残った。爆撃機の護衛として派遣された6機の戦闘機も、燃料不足のため早々に帰還することになった。

07時40分、〈利根〉の水上偵察機がアメリカ艦艇を視認したが、空母の存在については言及しなかった。南雲は目撃された艦艇に対して何らかの手を打つ前に、ミッドウェー攻撃隊の収容を急ぐことを決定した。ミッドウェー攻撃隊の収容は09時17分に完了し、全機が格納庫で攻撃を受けた。格納庫で待機していた第2次攻撃のための予備の攻撃隊は、結局発艦することはなかった。航空機の約半数が格納庫甲板で対艦攻撃の準備をしている間、飛行甲板上は防空掩護のCAPを維持するのに忙しかった。日本の空母は今、きわめて脆弱な状態にあった。すべては、CAP隊で空母への攻撃を防げるかどうかにかかっていた。

09時25分、〈ホーネット〉から発進した雷撃機15機が到着したが、すぐに撃退された。〈エンタープライズ〉からの雷撃機14機は09時30分に到着し、そのうち10機が撃墜された。〈ヨークタウン〉の雷撃機12機は10時00分に到着したが、こちらも撃退された。雷撃機による一連の攻撃で命中弾はなかったが、CAPを忙しくさせ、直衛機のほとんどは低空域に吸い寄せられていた。

〈エンタープライズ〉から発進した急降下爆撃機の2個飛行中隊は10時25分に到着した。両飛行中隊は〈加賀〉を攻撃し、4〜5発の爆弾を命中させた。〈加賀〉への攻撃を開始した急降下爆撃機のパイロットだったリカード・ベスト（Rickard Best）は、〈赤城〉が攻撃されていないことに気づいた。彼は同じ編隊の僚機2機と一緒に〈赤城〉を狙い、1発を命中させた。その1発で十分だった。〈加賀〉も〈赤城〉もたちまち大火災に包まれた。両艦とものちに、味方の魚雷により沈められた。〈ホーネット〉から発進した2つの急降下爆撃機中隊は、別の方向に行ってしまい、何も見つけられなかった。

〈ヨークタウン〉からの急降下爆撃機隊も10時25分に偶然到着したが、それは全く別の方向からであった。〔この爆撃機隊は〕〈蒼龍〉を攻撃し、3発の命中弾を放ち、大火災を引き起こした。〈蒼龍〉はのちに沈没した。〈飛龍〉はどの急降下爆撃機からも狙われず、雷撃機からの攻撃を受けたものの、命中弾はなかった。

〈飛龍〉は11時00分に急降下爆撃機18機と戦闘機6機で反撃に出た。攻撃隊は12時05分に〈ヨークタウン〉を攻撃し、3発の命中弾を見舞った。攻撃した爆撃機のうち5機と戦闘機のうち3機が撃墜された。13時31分、〈飛龍〉は雷撃機10機と戦闘機6機で第2次攻撃を開始した。他の機種と比べて脆弱な雷撃機は、この2回目の反撃のために取って置き、傷ついた〈ヨークタウン〉を仕留めるために使用するつもりであった。14時30分、〈ヨークタウン〉は攻撃を受け、2本の魚雷が命中した。同艦はその後、放棄された。

〈飛龍〉は15時40分に第2次攻撃隊を収容し、18時00分に開始予定の攻撃準備にとりかかった。13時30分、〈エンタープライズ〉は〈ヨークタウン〉の艦載機10機を含む24機の急降下爆撃機隊を〈飛龍〉に向け発進させた。17時00分、攻撃隊は〈飛龍〉の上空に殺到し、爆弾4～5発を命中させた。ここでも日本の空母は、格納庫内で全機を再兵装し、燃料を補給している最中に攻撃を受けた。この日、2度目のことだった。再び、空母は爆発して炎上し、後に沈没した。

分析

南雲はアメリカ空母との決戦を求め、戦場に到着したときに奇襲された。優れたインテリジェンスと絶妙なタイミングを利用し、アメリカの空母部隊は先制攻撃を仕掛けることができた。それは日本の空母が最も脆弱な状態にある好機を捉えた攻撃となった。そこで戦闘は事実上終了した。

南雲の側から公平を期して言えば、敵が空母部隊による空襲の時間と場所を正確に知っているという状況は、きわめて珍しいケースである。特に、敵が自分たちの計画をかなり事前に把握し、準備のための貴重な時間を与えられているような状況など滅多に起きることではなく、苦々しい思いであっただろう。可能性の低い脅威に対し、十分な警戒を怠ったと南雲を非難する人は、他の同等に可能性の低かったあらゆる脅威に対する警戒に必要な資源配分についても考慮せねばなるまい。いわゆる「計算されたリスク」という原則を思い起こさせる。

南雲には「ミッドウェーとアメリカの空母という2つの敵と対峙している」という本質的な問題があった。1つを攻めれば、もう一方に自分の正体をさらしてしまうということだ。アメリカ人が彼の計画のすべてを知っていたわけではないという前提に立てば、南雲はこの地域を掃討することもできたが、ミッドウェー島を空襲した時点で、奇襲の効果が失われてしまう可能性があった。

では実際の状況はどうだったかといえば、南雲はミッドウェーの無力化に奔走する前に、周辺海域を十分に哨戒していなかった。彼は第2次攻撃隊に燃料を補給し、攻撃準備を万全に整えていたが、結局、ミッドウェー島に対しても、発見された艦隊に対しても、〔第2次攻撃隊を〕一度も使用することができなかった。高高度爆撃機は脅威ではなく、雷撃機隊も護衛戦闘機なしで細切《こまぎ》れに飛来するものであり、十分に対応できる脅威であった。真の危険をはらんだ急降下爆撃機は、〔南雲の攻撃隊が〕格納庫で完全兵装し、燃料を補給している最中に来襲し、悲惨な結果を招くことになる。

再兵装や燃料補給の最中に被弾しないようにするためには、敵の攻撃と同期《シンク》して攻撃する必要があった。つまり、双方が同時期に再兵装と燃料補給を行うということである。これが珊瑚海海戦で起きたことだった。夜が明けると、双方が索敵を開始し、多少のずれはあっても、ほぼ同時にお互いを発見し、攻撃した。このように、夜間は双方〔の運用サイクル〕を同期させる効果があった。

相手空母との〔運用サイクルを〕同期させるためには、南雲はもっと早い段階で索敵を行い、しかるのちにミッドウェー島に対する攻撃を行うべきだった。そして目撃報告があった時点で、その空母に対する第2次攻撃を行うべきだった。とすれば、〔敵艦隊に関する〕目撃情報がなかった場合に限り、ミッドウェー島への第2次攻撃を行うことが許されるということになる。

それでもなお、攻撃隊の兵装を対艦攻撃用とするか、対陸上攻撃用とするかの問題が残った。この問題を回避する一つの方法は、99式艦爆をすべて陸上攻撃用に兵装し、97式艦攻をミッドウェー攻撃に使用することだった。陸上目標に使用される標準的なHE爆弾は、空母の甲板のように装甲化されていない目標に対しては、それなりに有効なはずだった。珊瑚海海戦において〈ヨークタウン〉に命中した小型徹甲爆弾による比較的限定的な損害と、〈翔鶴〉の飛行甲板にHE爆弾が与えた大規模な損害とは真摯に比較されるべきである。

攻撃サイクルを同期させることで、南雲はいかなるアドバンテージも相手に与えずに済んだはずである。言い換えれば、アメリカ軍は南雲が最も脆弱な状態にあるタイミングで攻撃することができなかったことになる。一方、同時にそれは、南雲にいかなるアドバンテージも与えないことも意味した。南雲は、1944年にアメリカの空母〈フランクリン〉を襲ったように――ミッドウェーでの日本空母と同じような壮絶な結果になった――アメリカ空母が脆弱な状態にあるタイミングで攻撃することを欲していた。

したがって、求めるべきアプローチは、待ち伏せを予期し、「待ち伏せする相手を待ち伏せる」ことであった。もちろん、これは後知恵だから簡単に言えることなのだが。

これは、ミッドウェーに対する黎明索敵と攻撃、そして攻撃開始直後に本隊を西へ移動させることによって可能となったはずだ。最もシンプルな形は、この西方移動がミッドウェー島攻撃と事前に綿密に連携して計画され、ミッドウェー攻撃隊は発進地点よりも西側の位置にいる母艦に帰還するというものだった。この「索敵と西進の組み合わせ」が実現していれば、アメリカの空母からのいかなる攻撃隊も〔南雲部隊に〕到達できなかっただろう。そして発見されたアメリカ軍の攻撃隊は、いかなるものであれアメリカの空母部隊が存在する証となり、航続距離の優位性を活かした南雲の第2次攻撃隊によって捕捉されたであろう。

アメリカ軍は、のちに小沢〔治三郎〕がフィリピン海海戦で使ったのと同じシャトル戦術によって、南雲に対してアウトレンジ攻撃〔敵の攻撃圏外から攻撃を加えること〕を仕掛けようとはしなかった。ここでいうシャトル戦術とは、空母から飛び立ち、南雲を攻撃し、ミッドウェー島に着陸して燃料補給と再兵装を行い、再び南雲を攻撃してから空母に帰還するというものであった。南雲もまたミッドウェー島からある程度離れた場所にいた。まだ上陸作戦が行われていなかったので、地上支援のために近づく必要はなかった。もし南雲が海岸近くに張り付いていたなら、シャトル戦術は可能だったかもしれない。しかし、アメリカ軍の航空機全般に言える航続距離の不利を考えると、どのようなアウトレンジ戦術も実行するのは困難だったにちがいない。

これも、やや推測的な話になるが、日本軍はのちの戦いで使用したような「囮《おとり》」または「哨戒艦《ピケット》」となる空母をミッドウェーでは使用しなかった。小型空母「瑞鳳」をこのような形で運用し、真珠湾方向である南と東からの側面防御の役割を与えることができたかもしれない。さらに別の方法として考えられるのは、索敵に水上機を使える〈利根〉や〈筑摩〉を含む水上部隊を、その役割に使うことであった。この部隊はまた哨戒線《ピケット・ライン》として機能し、のちの海戦で行われたように、夜間の水上作戦によりアメリカ任務部隊を脅かすことができただろう。

〈瑞鶴〉は日本海軍内部のさまざまな理由から、ミッドウェー作戦には参加していなかった。珊瑚海海戦では無傷であり、その気になれば全航空隊を編成することは可能であった。その一方で、ミッドウェー攻略が完了し、主力部隊が立ち去った後で新しい占領地の守備に利用できる戦力も必要であった。そのため〈瑞鶴〉は姉妹艦の〈翔鶴〉の修復が終わるまでの間、新しいパイロットの訓練に使用された。

日本軍は空母を一つの大きく緩やかな隊形で運用し、CAP面で相互支援を行っていた。これはCAP隊がカバーエリアにとどまり続ける限り、非常にうまく機能したが、その後、4隻の空母すべてが同時に攻撃される可能性があった。まさにオール・オア・ナッシングの防御スタイルと言えた。すべての飛行甲板がCAPか航空攻撃のために使われた。一部はCAP用に、そのほかは航空攻撃用にといったような任務区分はなかった。日本軍は空母を2隻1組《ペア》で運用し、ペアで連携攻撃を行うことが好まれていた。ミッドウェー海戦ではペアが2組あったが、かならずしも同じように運用する必要はなかった。

ミッチャー（Marc A. Mitscher）は〈ホーネット〉の艦長だった。彼は、数マイル離れた〈エンタープライズ〉を旗艦とするスプルーアンス――飛行士出身ではなかった――の指揮のもとで活動していた。ミッチャーは攻撃目標の位置をめぐりスプルーアンスと意見が合わなかったようで、〈ホーネット〉の攻撃隊は〈エンタープライズ〉とは異なる攻撃軸で送り出された。この攻撃はあまりうまくいかず、〈ホーネット〉の攻撃隊はいかなる敵とも接触できなかった。

この海戦の後、戦闘機隊が爆撃機隊を目標まで護衛する航続距離をもたないことに着目したフレッチャーとハルゼーは、以前から要望されていたF4F－4ワイルドキャットへの増槽搭載を緊急提言した。ミッドウェー海戦の前に〈ヨークタウン〉のパイロットであるジミー・フラットレー（Jimmy Flatley）によって試作品の増槽がテストされていたが、これはのちに正式採用された増槽とは異なるものであった。ワイルドキャットはサンタ・クルーズ諸島沖海戦〔日本側の呼称は「南太平洋海戦」〕までに増槽を装備されることになるが、次の空母決戦である東部ソロモン海戦には間に合わなかった。

アメリカのパイロットは、ワイルドキャットの性能に不満を抱いていた。軽快で機敏な零戦に比べれば、重量オーバーでパワー不足の「イヌ」だと考えられていたのだ。さらに折り畳み翼の導入により重量が増し、事態は悪化した。重量が増えた分、急降下性能は格段に良くなったものの、増槽が追加装備されたサンタ・クルーズ諸島沖海戦では、〔重量の問題が〕さらに状況を悪化させた。しかし〈ヨークタウン〉の第3戦闘飛行隊（VF－3）所属のジミー・サッチが「サッチ・ウィーブ」〔80頁参照〕を初めて実証したのはミッドウェー海戦においてであった。この戦闘機の戦術は、ワイルドキャットが抱える旋回性能や、上昇性能の問題を相殺するのに大いに役立つことになる。

〈ヨークタウン〉は爆弾の直撃を受け、それは装甲化されていない飛行甲板を貫通し、機関の一部を破壊した。速力が低下し、魚雷攻撃に脆弱となり、最終的に雷撃で沈没してしまった。つまり沈没した5隻の空母は、すべて急降下爆撃機による被弾から始まった一連の出来事の中で、最終的に屈したことになる。もし飛行甲板が装甲化されていたら、どの空母も生き残れた可能性があった。

この戦いには、7隻の正規空母が参加した。戦いがすべて終了した後、海上に浮いていたのは、たった2隻だった。空母は「ハンマーで武装された卵の殻」なのか？　そのとおりである。

戦いが終わり、駆逐艦に燃料を補給し、戦死者を埋葬している間、他の場所で何が起きていたかに注目してみるのも興味深い。〔ミッドウェー海戦時には〕新型空母〈エセックス〉級《クラス》の1番艦は進水からわずか数週間しか経っていなかった。それは〈インディペンデンス〉級の1番艦も同様だった。この2つの級の12隻の空母が驚異的なテンポで建造されていた。ボフォース40ミリ4連装機関砲の生産が急ピッチで進められ、新しい空母はすべて、この最も効果的な大量の対空火器で防御されることになる。ヘルキャットは初公開と初飛行を数日前に終えたばかりだった。新型空母と新型戦闘機は、ミッドウェーの戦いから1年も経たないうちに真珠湾の艦隊に合流し始める。

〈エセックス〉級が船台から解放されたとき、装甲飛行甲板をもたないことが問題であることが判明した。しかし、それはそれで仕方がないことだった。次のクラスの最初の空母〈ミッドウェー（Midway）〉級は装甲飛行甲板が取り付けられたが、それはまだ1年以上先の話である。

日本では〈大鳳〉が1年前に起工されていたが、進水はまだ1年先であった。この艦は、ミッドウェー海戦において「もし日本の空母が利用していたら」と悔やまれる装甲飛行甲板を備えていた。〈大鳳〉は、この級の唯一の艦であった。さらに多くの建造が計画されていたが、ミッドウェー海戦の惨状を受け、より早く建造できる安価でシンプルな空母を優先せざるをえなかった。

優れた設計ではあったが、〈大鳳〉を除けば、〔日本の空母に〕さほど変更は見られなかった。戦いは終わったが、その背景には、産業力の巨大な格差が渦巻いていた。それまでの数年にわたり、日本は莫大な国家予算を費やして、堂々たる海軍を築き上げてきた。しかし、その海軍は一発勝負の海軍であった。その一発が今、発射されたのである。日本は痛手から立ち直るのに苦労することになる。実際、海軍の燃料を確保することさえ困難な状況であった。

コラム　指揮官たち

山本五十六

1905年の対馬沖海戦で2本の指を失う大怪我を負った。日本の空母戦力である機動部隊の父である。1942年、日本が物資とドクトリンの両面でアメリカより明らかに優位に立ち、大きな成功を収めたのは、山本のおかげである。しかし山本は、ミッドウェー海戦の打撃から立ち直ることができず、ガダルカナル作戦でさらに打ちのめされた。1943年、ソロモン諸島での視察中にP-38戦闘機の待ち伏せ攻撃を受け、死亡した。この時にはすでに、彼の髪は真っ白になっていた。

南雲忠一

南雲はミッドウェーで大打撃を受けたが、東部ソロモン海戦とサンタ・クルーズ諸島沖海戦の指揮官として続投させられ、両戦闘ともうまく処理した。いずれの海戦も、消耗戦を意図した相手との戦いであり、ありがたくない仕事だった。サイパンが侵攻された当時、同島に駐留しており、地上戦闘が終息に向かうと、自決した。

小沢治三郎

小沢はおそらく日本の機動部隊指揮官の中で最も有能であった。彼はフィリピン海海戦でもエンガノ岬でも大敗を喫したが、それは彼のせいではない。

特にフィリピン海では戦術的にうまく対処したのだが、彼の戦力はひたすら劣勢であり、スプルーアンスは自分の役割をそつなくこなした。彼は、日本人〔男性〕の平均身長が5フィート4インチ〔約162・6センチ〕（山本は5フィート3インチ〔約160センチ〕であったときに、6フィート7インチ〔約200・7センチ〕という並外れて長身であったことで有名だった。彼は、ほとんどの部下よりも丸々1フィート背が高く、「ガーゴイル」〔ゴシック建築の雨水落としで、怪物が口を開いた奇妙な形の彫像〕と呼ばれていた。彼は戦争を生き延び、アメリカ軍将校の尋問を受け、尊敬されるようになった。戦後、多くの日本人がそうであったように、彼はこの戦争を大きな過ちであると捉えていた。戦争が始まり、決定的に痛烈な敗北を喫した場合、こうした態度が見られることは歴史的によくある現象である。

源田実

自らが飛行機乗りであり、空母を、偵察や小規模な強襲に使用する単なる戦艦の補助としてではなく、戦略的に重要な独立した戦力として一体的に運用した先駆者であった。真珠湾攻撃に備えた訓練の多くを担当し、〈赤城〉艦上では南雲のもとで参謀を務めた。戦闘機パイロットとして戦い、戦争を生き延び、戦後は政治家となった。

チェスター・W・ニミッツ

山本と同様、ニミッツも有能な管理者であり、戦略家であった。彼はマッカーサーと協力しながら戦力を巧みに運用し、太平洋での一連の作戦の主要計画を立案した。彼が「計算されたリスク」を指針として重視したことは、言うまでもなくオペレーションズ・リサーチの模範的な応用であった。

ウィリアム・F・ハルゼー

マスメディアに「ブル」〔猛牛〕と知られていたハルゼーは、当時、国民から絶大な人気があったが、その人気は今も色あせてはいない。歴史家たちは、彼の時折見せる異常な行動を詳細に分析し、今でもかなりの物議を醸している人物である。

目につくものすべてに突進したことを批判されることもあるが、少なくとも1942年当時は、この闘争本能が純粋に必要とされていた時期であった。平時は規則にしたがう人が多いなかで、戦場で体の一部が飛び散り始めると、情け容赦のない攻撃性が必要とされるようになる。それは平時には発揮される時間も機会もないものだ。レイテでは重大なミスを犯したが、それでも最終的には良い戦果を達成している。運が良いことも、優れた指揮官であるために必要な資質である。

ハルゼーは皮膚病を患っていた。ミッドウェーではアメリカ軍を指揮するはずであったが、皮膚病の症状がひどかったため、スプルーアンスが代役を務めた。

レイモンド・A・スプルーアンス

ミッドウェーとフィリピン海では、優れて知的なプレイを演じた。冷静で計算された思考の持ち主で有名だった。彼は間違いを犯さなかったのである。

マイルズ・R・ブローニング（Miles R. Browning）

ブローニングはあまり知られていないが、興味深い人物である。ハルゼーの参謀長を務め、スプルーアンスがハルゼーに代わってミッドウェーに赴いたとき、ブローニングはそのまま参謀長に任用されている。日本軍が艦載機に再兵装と燃料給油を行っているタイミングで、日本軍を攻撃するようスプルーアンスを説得したのはブローニングであった。

優秀な人物であったが、やや怒りっぽく、大酒飲みだった彼は、ハルゼーに擁護されていたが、さまざまな事案が重なり、１９４４年初めには〈ホーネット〉（新造型）の艦長を解任された。その後カンザス州に送られ、終戦までフォート・レヴンワースで空母戦術の教官を務めた。彼はおそらく、ハルゼーがレイテでの失敗を避けるうえで重要な役割を果たせたであろう。ミッドウェーではその技量と成功にもかかわらず、墜落した航空機搭乗員の救助に消極的であったため、飛行士たちから嫌われていた。

フランク・ジャック・フレッチャー

フレッチャーは歴史家たちから厳しい扱いを受けてきた。彼を描いた記事の多くは戦時中に失われ、彼はインタビューに応じなかった。モリソン（Samuel E. Morisonn）〔アメリカの海軍軍人。戦後、太平洋戦争の海戦史を著し、歴史家として有名〕はほとんど彼を無視し、その後の歴史家もほぼモリソンの路線にしたがった。さらに飛行士たちは、飛行士の経験をもたないフレッチャーのような人物を批判することが有益であると考えた。ソロモンの作戦では多くの者が評判を落としたが、フレッチャーもその一人であった。アーネスト・キング（Ernest J. King）〔合衆国艦隊司令長官兼海軍作戦部長〕は彼を嫌っていたが、ニミッツは彼の強力な支持者だった。

混戦で引き分けとなった珊瑚海と東部ソロモンの両海戦で空母部隊の指揮を執った。ミッドウェーではスプルーアンスの指揮下にあった。近年の歴史家、とりわけルンドストローム（John B. Lundstrom）は、彼の評判を回復するために多くのことを行っている。彼の決断は基本的に正しかったし、その時点で入手可能な情報に基づいていた。

マーク・A・ミッチャー

ミッチャーはミッドウェーで〈ホーネット〉を指揮し、不運な一日を過ごした。彼の攻撃隊は雷撃機を虐殺された以外、戦闘にまったく寄与しなかったからである。しかし1943年後半に再び機会が与えられると、彼は非常に有能なリーダーであることを証明した。

第13章　ペデスタル作戦

はじめに

ペデスタル作戦とは1942年8月、飢えに見舞われ、枢軸陣営に降伏寸前のマルタ島に対する補給の確保を目的とした輸送船団による活動である。マルタ島〔当時はイギリス領〕は、北アフリカに向かう枢軸国の輸送船団を阻止するための拠点として重要であった。その頃、エルヴィン・ロンメル（Erwin Rommel）はエジプトとスエズ運河に向かって進撃していた。

輸送船団は必要な食糧、燃料、弾薬を積んで編成された。少しでも成功の可能性を高めようと、高速の貨物船のみを使用した。そして、船団には強力な護衛がついた。この戦いは「マルタまでどれだけ多くの貨物船を送り届けることができるか」をめぐる戦いだった。

輸送船団は激しい空襲を受け、潜水艦や小型水上艦からの攻撃も受けた。枢軸側に空母はおらず、陸上機のみであったため、真の空母戦ではなかった。とはいえ、この作戦は、複数の空母を擁するイギリス軍が強靭な敵との戦闘において、どのように行動したかを知るうえで有益である。

投入戦力と兵站

イギリスはこの作戦に4隻の空母を投入していた。〈フューリアス〉はマルタ島に展開するための38機のスピットファイア戦闘機を搭載していた。戦闘機隊は早い段階で空母から飛び立ち、同艦はジブラルタルに戻った。〈イーグル〉は作戦の初期にU－73〔Uボート型潜水艦〕によって撃沈され、わずか4機のシー・ハリケーンのみが助かった。

〈イーグル〉　シー・ハリケーン16機〔このうち4機が残存〕
〈ビクトリアス〉　シー・ハリケーン6機、フルマー16機、アルバコア12機
〈インドミタブル〉　シー・ハリケーン24機、マートレット10機、アルバコア16機

つまり防空用ＣＡＰ機としてシー・ハリケーン34機、マートレット10機、フルマー16機を運用できた。イタリアの水上部隊による攻撃がなかったため、アルバコア〔雷撃機〕は使用されなかった。巡洋艦〈ナイジェリア（Nigeria）〉と〈カイロ（Cairo）〉には「戦闘機の誘導指揮」装置が装備されており、マルタ島から出撃する戦闘機に指示を出す予定だった。

指揮・統制

イギリス軍の空母と巡洋艦には対空警報レーダーが装備されていた。ＩＦＦは使われなかった。イギリスの空母は「戦闘機の誘導指揮」に優れ、おそらく〈ビクトリアス〉は最高のチームを擁していた。巡洋艦〈カイロ〉と〈ナイジェリア〉は、マルタ島を拠点とする戦闘機〔つまり〈フューリアス〉が送り込んだ戦闘機〕を誘導するための設備をもっていた。レーダーの報告要領と「戦闘機の誘導指揮」については、輸送船団が出港するときに予行訓練がなされていた。

輸送船団は14隻の商船で構成され、各列3～4隻の船が4つの縦列を組んで航行していた。船団の前方と両側には駆逐艦による広範な哨戒網が張りめぐらされていた。船団の後方には空母とその護衛艦が続いた。輸送船団は緊急旋回と陣形変換の予行演習を行った。船団内の通信は、信号旗と短距離無線を使って

行われた。電波管制を破ることは容認されていた。

マルタ島に到着しても石油が手に入らないため、船団が敵地に接近すると、全護衛艦は洋上給油を行った。

視界と風

1942年8月12日、北緯37度、東経10度、UTC+1時間帯を使うと日の出は05時34分、日の入りは19時16分だった。航海薄明は04時32分に始まり、20時18分に終わった。月の出は05時46分、月の入りは19時30分だった。夜間は月がなく、船団を航行させるのに最適だった。このように、作戦決行の時期は慎重に選ばれていた。

今回の作戦では、気象は大きな問題とはならなかった。風は概ね微風で、雲はまばらであり、視界は「良好」から「きわめて良好」といった状態であった。

航空作戦

輸送船団は敵の陸上偵察機によって継続的に追跡されていた。これを撃墜しようとする試みはなされなかったようだ。視界は良好で、輸送船団を追跡するだけでよく、船を識別するために接近する必要はなかった。防御側のCAP機は偵察機よりそれほど速くないので、追い払おうとしても、ほとんど意味がなかった。

飛行甲板はCAPの上空掩護を維持するために、多かれ少なかれ継続的に使用された。一方、索敵は行われず、空母から攻撃隊が出撃することもなかった。

最初の攻撃は8月11日の夕方に生じた。〔ドイツ軍の攻撃隊は〕36機のJu－88とHe－111で構成されていた。Ju－88は浅い滑空爆撃を行い、He－111は魚雷を投下した。命中弾はなく、爆撃機2機が対空砲火で撃墜された。

12日、19機のJu－88による最初の攻撃は、イギリス側の戦闘機と対空火力によって迎えられた。4機の爆撃機が戦闘機によって、2機が対空火力によって撃墜された。

12日の午後、枢軸軍の航空機が5波に分かれ攻撃してきた。第1波は〔イタリア空軍の〕サヴォイア（Savoia）爆撃機で、パラシュートで吊るされ、ジグザグに落下する特殊な爆弾を放ったが、高度があまりに高く、距離もありすぎたため、命中弾は出なかった。

第2波はイタリア軍の雷撃機40機であったが、非常に濃密な対空火網に遭遇し、魚雷を過早に投下したため命中しなかった。第3波はドイツの急降下爆撃機で、貨物船の1隻に命中し、同船は沈没した。第4波は2機の遠隔操作式水上機であったが、通信リンクが故障し、制御不能になり、アルジェリア領内で墜落した。

第5波は750キロHE爆弾を搭載した2機の〔イタリアの〕Re．2001であった。同機の外観はマルタ島に帰投するシー・ハリケーンによく似ていたため、対空火器の妨害に遭わなかった。両機とも〈ビクトリアス〉に爆弾を投下し、1発命中したが不発に終わった。

夕方になると、サヴォイア雷撃機の編隊がJu－87急降下爆撃機の編隊と連携して攻撃してきた。Ju－87は商船を攻撃するよう指示されていたが、命令を無視し、その代わり〈インドミタブル〉を攻撃し、2発の命中弾を与え、飛行甲板を大破させた。事前の計画で、空母はジブラルタルに帰投することになっていたが、これがそのタイミングとなった。18時55分、〈インドミタブル〉は戦線を離脱した。

19時55分、〈ナイジェリア〉と〈カイロ〉はイタリア潜水艦からの魚雷攻撃を受け、〈カイロ〉は沈没、〈ナイジェリア〉はジブラルタルへの帰投を命じられた。両艦はもともと「戦闘機の誘導指揮」を任されていたが、こうして今や、輸送船団は戦闘機の護衛も誘導指揮による掩護も受けられない状況になった。

20時35分、30機のJu－88と7機のHe－111の攻撃で、貨物船2隻が沈没した。13日にかけての夜間、輸送船団はイタリアの魚雷艇の攻撃を受けた。巡洋艦〈マンチェスター（Manchester）〉と4隻の商船が撃沈された。

13日の朝、輸送船団はJu－87とJu－88の度重なる攻撃を受け、さらに2隻の貨物船が沈没した。この時点で、輸送船団はマルタ島の友軍戦闘機の掩護範囲内に入っていた。当初、防衛側の戦闘機は攻撃側をあまり苦しめなかったが、輸送船団がマルタに近づくにつれて、戦闘機の防衛力は強くなった。午後になると、16機のスピットファイアが常に残存船団の上空を掩護し、〔枢軸側からの〕さらなる攻撃を妨げた。18時18分、最初の貨物船3隻がヴァレッタ港〔ヴァレッタは現在のマルタ共和国の首都〕に入港した。

14日には、貨物船〈ブリスベン・スター（Brisbane Star）〉も到着した。タンカー〈オハイオ（Ohio）〉はまだ海上におり、マルタ島に向けてゆっくりと曳航されていた。日中さらなる攻撃が続き、1発の至近弾により同艦は損傷を受けたが、直衛機のスピットファイアによって撃退された。夕方、〈オハイオ〉は歓声に包まれながら、ゆっくりとヴァレッタ港に入港した。そして積荷が降ろされるとすぐに、港の底に沈んでしまった。

こうして、はじめの14隻の商船のうち5隻がマルタ島への入港に成功した。甚大な損失はあったものの、輸送船団はその使命を果たしたのである。こうして強化されたマルタは、枢軸国の補給線に対する攻撃を再開し、数ヵ月後、ロンメルはエル・アラメインで敗退した。

分析

輸送船団に対し、650機の航空機が投入された。空母は60機の戦闘機を搭載していた。敵機を空母や輸送船団から遠ざけることは不可能だった。装甲化された飛行甲板が必要であり、輸送船は消耗品（使い捨て〕であった。

〔イギリス側は〕もっと多くの戦闘機を搭載できたはずであり――特に〈ビクトリアス〉はそうだった――のちに対日戦で使用したように、デッキパーク〔甲板駐機場〕を採用していたなら、なおさらであった。「戦闘機の誘導指揮」ではＶＨＦ〔超短波〕帯は使われず、標準的なＨＦ〔短波〕無線機が使用されていたが、それでも効果があることが確認された。ただし管制誘導の対象機数はかなり限られていた。

艦隊の正規空母は、マルタ島に向かう輸送船団を護衛させるには、あまりに高価な存在と考えられていた。したがって、マルタ島の戦闘機が〔防空任務を〕果たせるようになれば、それに護衛任務を引き継がせることになっていた。また「戦闘機の誘導指揮」はきわめて重要であると理解されていた。空母が帰投したあとに、「戦闘機の誘導指揮」を担当する予定だった〈ナイジェリア〉と〈カイロ〉を失ったことで、13日後半から14日にかけて戦闘機による掩護効果は著しく低下していたが、船団がマルタに近づくにつれ、この問題は解消されていった。

こうして輸送船団の護衛は、〔枢軸側の〕航空攻撃の撃退にかなり成功したと言える。対空射撃は苛烈で、「戦闘機の誘導指揮」は効率的であった。〔枢軸側の〕攻撃機は爆弾や魚雷を早く放つ傾向があり、攻撃量に比して命中弾は比較的少なかった。また対空射撃による損失も、参加した航空機の数の割には比較的少なかった。たとえば「日本軍であれば同じような状況でどれだけの命中弾を稼ぎ出し、どれだけの損失を許容できたか」という視点から見ると、この攻撃は徹底さを欠いていたと言える。

両軍とも予想されたとおりのゲームを展開した。イギリスは輸送船団の通過を隠蔽できなかったが、いずれにせよ、それはかなり不可能なことであった。イギリスは、輸送船団を完膚なきまでに破壊するはずだったイタリアの重装備艦隊による水上攻撃を首尾よく回避することに成功した。

第14章　東部ソロモン海戦

はじめに

1942年8月7日、アメリカ軍はガダルカナル島に上陸し、同地の飛行場を占領してヘンダーソン飛行場と改名した。戦闘機と爆撃機がすみやかに飛来し、カクタス空軍として知られるようになる。ちなみに「カクタス」とは「ガダルカナル」の連合国側のコードネームである。

日本軍は直ちに反撃に転じた。ガダルカナル島のアメリカ軍飛行場は、ソロモン諸島全域にわたる日本軍の支配を脅かした。9日夜のサボ島沖海戦〔日本側の呼称は「第一次ソロモン海戦」〕では、連合軍の巡洋艦隊が大敗した。これによりアメリカ軍は、ガダルカナル島の上陸地点から輸送船団を撤退させることになった。日本軍は明らかにヘンダーソン飛行場の奪還を望んでいたが、それを可能にするには、そこに増援部隊を送り込むことが必要だった。

ガダルカナルでは事実上、両軍ともに守るべき上陸地点を保持しているという珍しい状況が生起した。ヘンダーソン飛行場を占領していたアメリカ軍は、ほとんどの時間にわたり、航空優勢を維持し、日本軍が増援部隊を送り込むのを防いでいた。日本軍は所要の輸送船団を通過させるのに必要な、一時的な航空優勢だけでも確保しようと懸命になった。

そのような輸送船団の通過を阻止することを任務とするアメリカの空母部隊は、ある意味、ガダルカナル周辺地域に縛られていた。日本側は輸送船団を通過させるため、攻撃の時期と場所を選ぶことができた。他方、いったん作戦が開始されれば、それを待ち伏せするのはアメリカ側である。

投入戦力と兵站

日本海軍の空母機動部隊は空母〈翔鶴〉と〈瑞鶴〉から成り、駆逐艦６隻で護衛されていた。これとは別に、小型空母〈龍驤〉、水上機６機を搭載した重巡洋艦〈利根〉、さらに駆逐艦２隻から成る分遣艦隊が行動していた。日本軍はこの戦いに水上部隊を増援したが、大きな役割を果たすことはなかった。

２隻の大型空母は、それぞれ戦闘機27機、急降下爆撃機27機、雷撃機18機を搭載していた。〈龍驤〉は戦闘機24機、雷撃機６機を擁していた。

アメリカ側の第11任務部隊は、空母〈サラトガ〉および巡洋艦の〈ミネアポリス（Minneapolis）〉と〈ニューオーリンズ（New Orleans）〉、そして駆逐艦５隻から編成されていた。第16任務部隊は空母〈エンタープライズ〉を中心とし、戦艦〈ノースカロライナ（North Carolina）〉、巡洋艦〈ポートランド（Portland）〉と〈アトランタ（Atlanta）〉、さらに駆逐艦６隻が護衛していた。これらの空母はそれぞれ戦闘機27機、急降下爆撃機36機、雷撃機14機を搭載していた。

空母〈ワスプ〉と護衛の巡洋艦〈サンフランシスコ（San Francisco）〉〈ソルトレークシティ（Salt Lake City）〉〈サン・ファン（San Juan）〉、駆逐艦７隻から成る第18任務部隊は、日本軍による攻撃の見込みはないという誤った情報に基づき、給油のために南下していた。この部隊は戦闘開始の２日後、同じ地域に戻ってくることになる。〈ワスプ〉は戦闘機25機、急降下爆撃機26機、雷撃機９機を搭載していたが、機関室にトラブルが起こり、速度は22ノット〔時速約42キロメートル〕に減速していた。

本海戦への出撃前、空母〈エンタープライズ〉は１基を除くすべての１・１インチ対空機銃架を取り外し、新しく４基のボフォース40ミリ４連装対空機関砲架と交換していた。この新型の対空機関砲は９月に戦艦〈ノースカロライナ〉に装備されたが、〈エンタープライズ〉もそれが初に装備された艦艇のうちの

1隻であった。〈サラトガ〉は旧式の8インチ対空砲の代わりに、新型の5インチ38口径連装高角砲を装備し、この戦いに臨んだ。ボフォース対空機関砲を搭載したのは、同年10月のことだった。〔雷撃機として従来の〕TBDデバステーターに代わって、新型のTBFアヴェンジャーが登場した。アヴェンジャーはより高速で、急降下爆撃機と歩調を合わせることができるため、攻撃時の連携や護衛が非常に容易になり、それ自体の弱点が少なくなった。

指揮・統制

空母機動部隊は〈翔鶴〉に座乗する南雲忠一中将が指揮を執った。分遣隊は〈龍驤〉にいる原忠一少将が指揮を執った。両艦隊とも、トラック南方で行動中の〈大和〉に座乗する山本五十六大将の総指揮下にあった。いつものように空母は一つの大きな、やや緩やかな隊形で行動していた。日本軍は小型空母〈龍驤〉を囮または陽動として運用し、大型空母から成る主力部隊の100マイル〔約160キロメートル〕前方を航行させていた。その狙いは、アメリカ軍の最初の攻撃を引き出し、その攻撃隊〔囮部隊に〕吸収することであり、その後、他の方面にかかりきりになっている敵を発見し、攻撃することだった。

アメリカの2つの空母任務部隊は全体として第61任務部隊と呼ばれ、〈サラトガ〉艦上のフランク・フレッチャー中将が指揮を執っていた。第11任務部隊と第16任務部隊はそれぞれ護衛艦艇を随伴し、10～15マイル離れて航行した。第16任務部隊の中では、戦艦〈ノースカロライナ〉が〈エンタープライズ〉から約1000ヤード〔約900メートル〕の近距離を航行し、猛烈な対空射撃で〈エンタープライズ〉を全力で支援した。

日米の空母はいずれも、短距離無線機を使って〔僚艦どうしで〕互いに通話することができた。発艦後、電波封止のもとで空母は攻撃隊と交信できなくなるが、もし重要度が高かったり、敵に空母の位置がすでに知られてしまったと推測される場合は、無線メッセージを送信することもあった。

アメリカの空母は対空警戒レーダーをもち、基本的な「戦闘機の誘導指揮」能力を備えていたが、無線規律は依然としてずさんだった。IFFは数機の戦闘機に搭載されているだけだった。日本軍は初めて対空警戒レーダー〈翔鶴〉に搭載された2号1型電探）を使用したが、基本的に「戦闘機の誘導指揮」は行われなかった。

視界と風

1942年8月24日、南緯7度、東経163度、UTC＋11の時間帯で、日の出は06時13分、日の入りは18時08分だった。航海薄明は05時27分に始まり、18時54分に終わった。月の出は16時17分、月の入りは04時04分であった。20時00分の月の位置は水平線上からの高さが51度、東の方角にあった。月はほぼ満月であったため、夜の着艦に役立った。天候は晴れ、視界は良好であったが、積乱雲が散在していた。風は南東方向から吹いていた。しかし、24日の夜にかけて天候が悪化し、視界が不良になり、雲も多くなった。

航空作戦

24日の夜が明けたとき、両軍ともに相手方の部隊編成も位置も把握できていなかった。アメリカ軍は多くの兆候から、日本軍の大規模な作戦が進行中であること、その目的はガダルカナルへの増援であるに違いないと判断していた。日本軍はアメリカ軍が抵抗するつもりであることを知っていた。日本軍は暗号を変更したばかりだったので、〔アメリカの〕暗号解読者は戦闘までの間、フレッチャーに有益な情報をほとんど提供できなかった。

日本軍はトラックから南下中であり、まだ〔ソロモン諸島の〕北側にいた。そのため、夜のうちに分遣隊は機動部隊を置き去りにし、南方へ向かって疾走していた。原はガダルカナルを攻撃し、敵の注意を惹きつけることにより、〈南雲〉機動部隊にアメリカの空母部隊に関する目標情報を提供するよう命じられていた。南雲が空母に打撃を加え、その後、水上部隊が突入してアメリカ軍の残存部隊を根こそぎ沈めてくれるはずだった。少なくとも、それが計画だった。日本軍によく見られることだが、それはかなり複雑な計画であり、その成否は「敵が予想どおりに行動するかどうか」にかかっていた。

この計画の一環として、南雲は次のように攻撃隊を準備していた。第１次攻撃隊は急降下爆撃機54機と戦闘機24機から編成され、これは２回のデッキロードを必要とした。第２次攻撃隊は雷撃機36機と戦闘機12機であり、デッキロード１回分である。ここに見られる新しい方針は、雷撃機は相手の防御力が弱体化するまで控置《こうち》しておくべきだという考えだった。これまでの戦闘では、雷撃機が甚大な損害を被ったため、より慎重な使い方をしようという意図の表れであった。

両軍の機動部隊は今、敵の空母を見つけるまで「かくれんぼ《ハイド・アンド・シーク》」をすることになった。両軍ともに、空母艦載機、艦載水上偵察機、陸上基地から出撃する飛行艇および長距離偵察機を組み合わせた綿密な索敵パターンを準備していた。両軍とも戦いに勝利するため、ミッドウェーで実証されたように「相手から反撃を受けない先制攻撃」を強く望んでいた。大決戦を控えた前日の夜、各指揮官はどれだけ十分な睡眠をとれたであろうか。

24日05時55分、〈エンタープライズ〉は20機の偵察機を発進させ、北側２００マイルの距離まで半円形の範囲を索敵した。〈サラトガ〉はＣＡＰとして戦闘機８機を発進させた。その後、フレッチャーは〈エンタープライズ〉に対し、その日の索敵、ＣＡＰ、対潜哨戒を担任するよう指示し、〈サラトガ〉を敵艦隊攻撃に専念させた。〈サラトガ〉は飛行甲板が長く、より大規模な攻撃隊を収納できたからだ。他の空母より攻撃機６機分ほどのスペースがあった。

06時15分、〈翔鶴〉と〈瑞鶴〉は東方２５０マイルまでの半円形の範囲を索敵するため、19機の97式艦攻を発進させた。

09時35分、カタリナ哨戒機が護衛艦に守られた小型空母〈龍驤〉を発見した。この時点で標的とは２８１マイル離隔しており、攻撃隊の攻撃圏外であった。フレッチャーは、この海域にいる日本の空母はこれだけではないことも知っていた。彼はこの時点での攻撃を控えた。

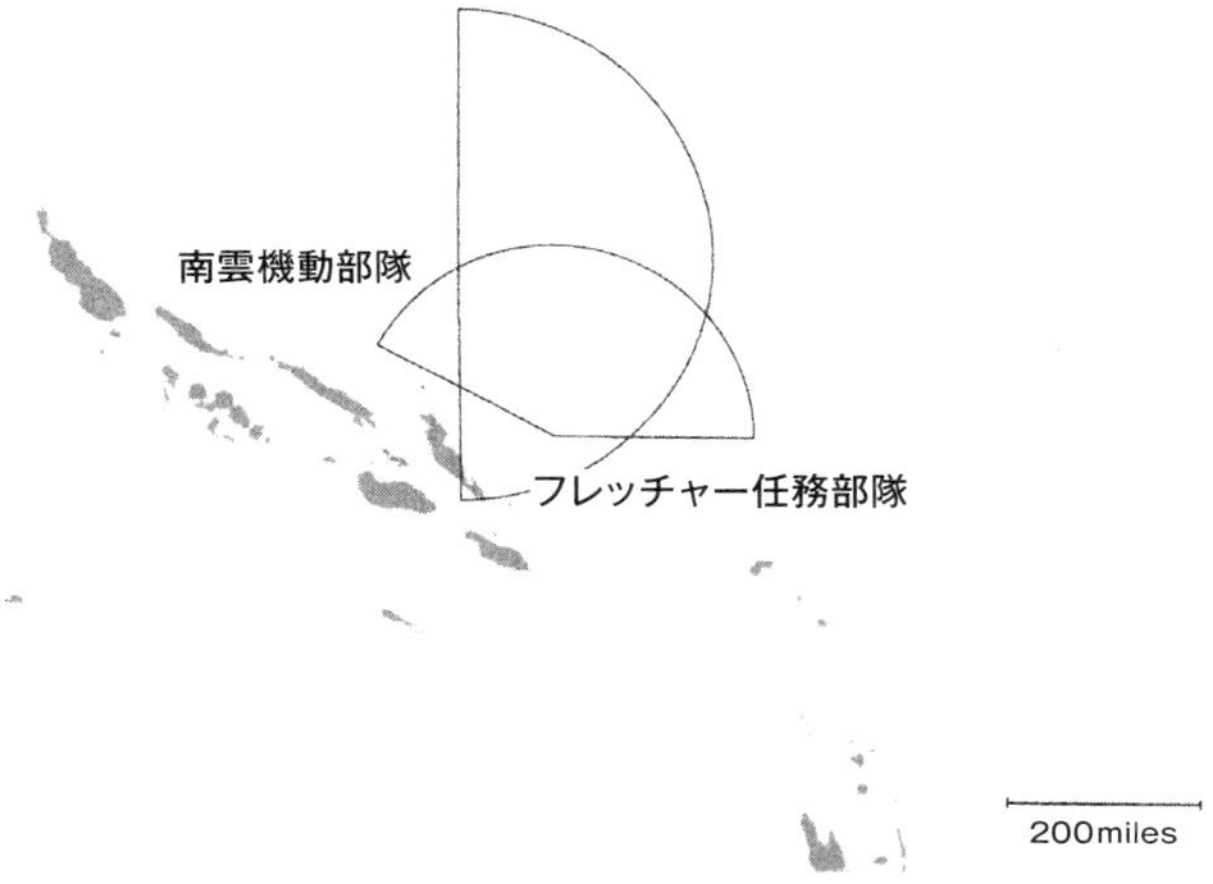

東部ソロモン海戦の概要図。８月24日朝06時00分時点の、早朝索敵が開始された頃の両軍の位置を表したもので、両軍の偵察機による索敵範囲を示している。

09時47分、〈エンタープライズ〉は黎明索敵を行った偵察隊が間もなく戻ってくることを見込んで、ＣＡＰ隊としてワイルドキャット８機とドーントレス８機を発進させた。さらに３機のアヴェンジャーが対潜哨戒のために発進した。10時10分、黎明偵察隊は収容された。

前日の〈サラトガ〉から発進した攻撃隊はヘンダーソン飛行場で一夜を明かした。11時00分までに〈サラトガ〉はドーントレス29機とアヴェンジャー７機から成る攻撃隊を収容した。収容が始まる前に、新たなＣＡＰとして12機のワイルドキャットが発進した。

11時10分、フレッチャーは２４５マイル先で〈龍驤〉を捕捉したという新たな視認報告をえた。しかし、彼はまだ攻撃命令を出すことを躊躇していた。彼は、珊瑚海海戦で〈祥鳳〉を沈めた攻撃隊を送り出した後で、攻撃圏内にいる〈瑞鶴〉と〈翔鶴〉の目撃情報を受けたことを記憶していた。11時40分、フレッチャーは〈エンタープライズ〉に対し、できるだけ早く新たな索敵を開始するよう命じた。12時35分から12時47分にかけて、〈エンタープライズ〉はCAP隊として16機のワイルドキャットを発進させ、再度、北方の半円区域を偵察させるため、ドーントレス16機とアヴェンジャー7機から成る偵察隊を発進させた。さらに6機のドーントレスが対潜哨戒任務を引き継いだ。13時07分、〈エンタープライズ〉は〈サラトガ〉所属の艦載機を含むCAP機を収容した。〈サラトガ〉は攻撃態勢を整えていたこともあり、〈サラトガ〉所属のワイルドキャットが〈エンタープライズ〉に着艦するなど、普段はあまり見られない運用面での柔軟性を発揮した。

13時40分、ついにフレッチャーは〈サラトガ〉のドーントレス30機とアヴェンジャー7機を投入し、〈龍驤〉への攻撃を開始した。この攻撃には戦闘機は同行せず、予想される敵大型空母からの攻撃に備え、CAPのために手元に置かれた。〈サラトガ〉と〈エンタープライズ〉は、攻撃隊が出撃している間、CPAのために飛行甲板を使用した。また両空母は日本の大型空母を発見したときに、ただちに攻撃隊を発艦できるよう格納庫で攻撃準備を整えていた。14時03分、〈エンタープライズ〉は、さらに8機のワイルドキャットをCAPのために発艦させた。

14時25分、〈筑摩〉の水上偵察機がアメリカの空母を発見した。水上偵察機は撃墜されたが、それは発見報告を送信した後のことだった。その結果、アメリカの空母は南方約260マイルに位置していることが判明した。南雲は直ちに準備されていた攻撃を開始するよう命じ、14時50分までに第1次攻撃隊の第1波として99式艦爆27機と零戦15機が出撃した。

15時15分、2機のアメリカ軍の偵察機が、飛行甲板に多数の航空機を並べた日本の2隻の大型空母を目撃した。しかし、通信上の理由で、その報告がフレッチャーに届くことはなかった。つまり彼はいまだに、自分たちの北２５０マイルに日本の空母がいることを知らなかった。２機の偵察機は〈翔鶴〉に接近を試み爆弾を投下したが、ぎりぎりのところで外れた。〈翔鶴〉と〈瑞鶴〉は、ただちに甲板上のＣＡＰ隊を発進させ、上空のＣＡＰ機数は27機に増加した。

16時00分、第１次攻撃隊の第２波が南雲の空母から発進した。その内訳は99式艦爆27機、零戦９機であった。２隻の空母は、第２次攻撃に備えて雷装〔魚雷を搭載〕した18機の97式艦攻を格納庫に待機させていた。

ほぼ同時刻、〈龍驤〉は〈サラトガ〉から発進した攻撃隊に発見された。〈龍驤〉の飛行甲板は空っぽで、先にヘンダーソン飛行場に攻撃を仕掛けていた攻撃隊はまだ戻ってきていなかった。ＣＡＰ隊はわずか７機の零戦で、なかには発進したばかりで高度が上がらず、効果的な迎撃ができないものもあった。艦隊の各艦艇は行動の自由を得るため、散開して航行していた。爆弾が３発、魚雷１発が命中し、〈龍驤〉は数時間後に沈没する。防御側は零戦１機が撃墜されたが、攻撃側の損害はなかった。

日本の大型空母から発進した第１次攻撃隊が〔アメリカ艦隊上空に〕到着したとき、〈龍驤〉を攻撃した航空隊はまだ帰投していなかった。〈エンタープライズ〉の飛行甲板では攻撃隊の発進が準備されていたため、〈サラトガ〉がＣＡＰローテーションを担当した。〔〈エンタープライズ〉の〕攻撃隊の機数はドーントレス11機、アヴェンジャー８機、ワイルドキャット７機であった。

16時02分、レーダーが襲来する攻撃隊を捕捉した。〈エンタープライズ〉から88マイル、〈サラトガ〉から１０３マイルの地点だったが、両方ともレーダー・スクリーンから消えた。〈エンタープライズ〉の攻撃隊は飛行甲板を開放するため発進し、北に向かうよう指示を受けた。さらにＣＡＰ隊が発進し、54機を下らない数のワイルドキャットが、３層をなして空母上空を旋回していた。16時19分、航空戦が始まった。

16時29分、急降下爆撃機が攻撃を開始した。

〈エンタープライズ〉は３発の命中弾を受け、艦尾甲板上に２５０キログラム爆弾、２発目が同じエリアの5インチ砲に、3発目が第2エレベータの前方に直撃した。攻撃は16時48分に終了した。火災はすぐに鎮火し、飛行甲板は修復された。これらの攻撃から1時間後、〈エンタープライズ〉は再び運用を開始できるようになった。

最終的な集計では、99式艦爆27機および零戦15機のうち、99式艦爆17機および零戦7機が撃墜された。機体の多くが大規模な空中戦によって失われ、対空砲による撃墜は比較的少なかった。防御側はCAPのワイルドキャット5機を失った。

〈龍驤〉を沈めた〈サラトガ〉の攻撃隊は18時05分までに収容された。その後、日本隊の攻撃を受ける直前に〔〈エンタープライズ〉から〕発進した攻撃隊も、何も見つけることができないまま帰投した。〔日本の〕第1次攻撃隊の第2波は、18時15分頃、アメリカ空母に接近していたが、〈エンタープライズ〉は通常の航路をとらず、数時間にわたって円を描くように航行していたため、位置を特定することができなかった。結局、アメリカ空母に対する第2次攻撃が実施されることはなかった。

戦闘が終了した時点でも、フレッチャーは自分が何隻の空母と対峙していたのかを知ることができていなかった。大型の正規空母が2隻いたこと、そして、自分を襲った空母がそれであることは知っていたが、そのほかにいた空母が1隻だけだったのか、それとも2隻だったのかはわからなかった。

分析

この海戦は、日本軍が意図的に「囮」空母を運用した初めての戦いだった。〈龍驤〉が2隻の主力空母のかなり前方に配置され、フレッチャーに発見されないようにしながら、自分たちは「相手から反撃を受けることのない先制攻撃」を仕掛けることができた。

敵がどこにいるのかわからないため、フレッチャーは慎重な作戦をとった。〈龍驤〉に対する彼の攻撃は限定的で、味方空母の上空には大規模なＣＡＰ隊を維持していた。彼の攻撃隊が遭遇した〔日本軍の〕ＣＡＰ機は少数であり、味方の爆撃もいささか不正確であったにもかかわらず、何の問題もなく敵空母を沈めることができた。〈龍驤〉の甲板上に航空機は駐機していなかったが、爆弾３発と魚雷１発の命中弾は、小型空母には過剰であった。攻撃隊は、ほとんど損失を受けなかった。

南雲の攻撃は本海戦で最大のイベントであったが、それでも彼が用意していた攻撃機の３分の１しか投入できなかった。また南雲は非常に重要なＣＡＰ隊を温存していた。〔一方で〕彼の攻撃隊は大規模なＣＡＰ隊による激しい抵抗に遭遇した。攻撃側の戦闘機が、防御側のＣＡＰ戦闘機と比べて完全な劣勢にあったため、急降下爆撃隊は、爆弾投下の前も後もひどく苦しめられた。とはいえ、捨て身の熟練した爆撃により、３発の爆弾が〈エンタープライズ〉に命中した。飛行甲板上に航空機が少なかったので、火はすぐに消し止められた。正規空母は大きな船であり、火災を鎮静化することができれば、数発の命中弾にも耐えることができた。

フレッチャーの索敵隊は、日本の２隻の大型空母を見つけることができた。彼の索敵活動には何の問題もなかった。しかし、せっかくの目撃情報も、通信の途絶によって伝えられなかった。もしその情報が届いていたなら、彼は中規模の攻撃隊に発進準備させることができただろう。そして、その攻撃隊は日本空母上空で待機する中規模のＣＡＰ部隊と衝突しただろう。日本の空母では発進を間近に控え、燃料と武器を満載した雷撃隊が甲板上におり、甚だ脆弱な状態にあった。より良い機会を求めて、攻撃を控えることもまた一つの賭けである。利用できることを利用しないというのも「機会費用」の問題を生む。これは空母を危険にさらすことにもなる。

この戦いは、アメリカの空母が、それぞれ異なる役割を果たした最初の戦いだった。〈サラトガ〉は〔敵艦隊への〕打撃専任空母として運用され、一方の〈エンタープライズ〉は「戦闘機の誘導指揮」を行いながら、索敵、CAPおよび対潜哨戒を担当していた。このため〈サラトガ〉所属の戦闘機が〈エンタープライズ〉を利用して給油や弾薬補充を行うこともあったが、こうした役割分担は緊急時のみならず、日常的に行われるようになった。そして2隻の空母は、戦闘期間中に役割を交替した。

レーダーは、防御側のCAP隊が迎撃に最適な高度まで上昇する時間的余裕を稼ぐうえで重要であった。特にワイルドキャットにとって、軽快で上昇速度に優れる零戦に対抗するため、有利な高度位置を占めることは重要な意味があった。レーダーは、飛来する国籍不明機《ボギー》がレーダーに映らない距離を利用して、ボギーがレーダー・ローブを通過する高さを割り出したが、算出した高度は4000フィート〔約1200メートル。1フィートは約0.3メートル〕もずれていることが判明した。飛来するボギーが1万6000フィートにいるのに、ワイルドキャットは1万2000フィートを飛ぶよう指示を受けたのである。CXAMレーダーは高度探知が苦手で、「戦闘機の誘導指揮」はうまくいかなかった。レーダーの問題点はIFFがないことだった。戦闘機は、不自然に引き返そうとする偵察機や、友軍艦艇の上空で突如遭遇した陸上偵察機など、友軍機を識別するのに余計な時間と燃料を費やさなければならなかった。

もう一つの問題は無線規律だった。無駄なおしゃべりだけでなく、「誰が、何を、いつ」についても簡潔性・明瞭性に欠けていた。「戦闘機の誘導指揮」も、100機以上の航空機と激しい戦闘を同時に展開できるよう状況に適応させる必要があった。VHF無線機と、そこで使用される追加周波数が要求された。

この戦いは、日本軍が初めてレーダーを使用した戦いでもあった。このレーダーは、日本軍を発見し、攻撃を加えようとしてきた2機の偵察機を捕捉したが、そのレーダー情報はCAP機には転送されなかった。日本軍は新しいレーダーを「戦闘機の誘導指揮」に利用しようとしなかったからである。

もっと大きな文脈で言えば、アメリカ空母は、日本空母との戦いを求めて北上したが、これは本来はそうする必要のなかった行動である。ガダルカナル島近傍にとどまり、ヘンダーソン飛行場の航空機から支援を受けることができれば、もっと活動の幅が広がったはずだ。より攻撃的な姿勢で日本軍を待ち伏せすることには利点があり、ハルゼーは彼の3隻目の空母〔〈ワスプ〉を指す〕が燃料補給しているときにその選択を行ったのだが、この〈ワスプ〉の運用面には改善の余地があった。この給油問題に関しては、給油を必要としたのが〈ワスプ〉だったのか、それとも護衛隊のうちの1隻だったのかは明らかになっていない。任務部隊で護衛艦を共有し、護衛艦と空母を分離して給油することで、〈ワスプ〉を戦闘地域にとどまらせることができたかもしれない。

〈サラトガ〉に関するノート

東部ソロモン海戦は〈サラトガ〉が参加した唯一の空母戦である。潜水艦の魚雷が命中した後、乾ドックに入っていたため、珊瑚海海戦を逃し、6月6日に真珠湾に到着したため、ミッドウェー海戦も逃した。今回の戦闘では被弾しなかったが、その後、再び潜水艦の魚雷が命中し、サンタ・クルーズ諸島沖海戦にも参加しなかった。フィリピン海海戦は改装のため、エンガノ岬沖海戦では護衛艦の1隻と衝突し、それぞれ欠場した。

〈サラトガ〉以外でも、1回の戦闘にしか参加していない空母がいくつかあるが、それは、その空母が沈められてしまったからである。〈サラトガ〉は戦争を生き延びはしたが、〔アメリカ海軍が〕最も大きい損害を受けた1942年の戦いに、ほとんど参加していない。

〈サラトガ〉は戦争を生き延びたものの、ビキニ環礁で原子爆弾によって沈められた。〈サラトガ〉は現在、レクリエーション目的でダイバーがアクセスできる2隻の第二次世界大戦期の空母のうちの1隻である（もう1隻は〈ハーミーズ〉）。同艦は、水深約180フィートのところに甲板を上にして沈んでいる。飛行甲板は水深約90フィートにあり、艦橋上部は水深約50フィートにある。

第15章　サンタ・クルーズ諸島沖海戦

はじめに

ガダルカナルをめぐる攻防戦は激化の一途をたどり、1942年10月を迎えていた。日本軍の水上部隊は夜間に優勢であり、部隊を増強することができたが、夜明け前にヘンダーソン飛行場〔から飛来する航空機〕の攻撃圏外に出なければならなかったため、夜間の高速航行に秀でた艦艇しか使えなかった。補給を行うには、これは効率的でも十分でもなかった。これに対し、アメリカ軍は昼間に航空掩護を受けることができ、正規の輸送船団により兵力を増援することができた。

日本軍はヘンダーソン飛行場を攻略するため、〔周辺海域の〕封鎖を突破し、部隊増援に必要な輸送船団を通過させようとした。このように多くの点で、来るべき戦いは東部ソロモン海戦の再現と言えた。

投入戦力と兵站

日本の打撃部隊《ストライキング・フォース》は空母部隊と前衛部隊で構成されていた。空母部隊は〈翔鶴〉〈瑞鶴〉〈瑞鳳〉、そして巡洋艦〈熊野〉と駆逐艦8隻の掩護部隊で編成されていた。前衛部隊は戦艦〈比叡〉〈霧島〉、巡洋艦〈利根〉〈筑摩〉〈鈴谷《すずや》〉、軽巡洋艦〈長良〉、駆逐艦7隻である。艦載機は次のとおりである。

〈翔鶴〉零戦20機、99式艦爆21機、97式艦攻24機、彗星1機

〈瑞鶴〉零戦20機、99式艦爆22機、97式艦攻20機

〈瑞鳳〉零戦20機、97式艦攻9機

〈翔鶴〉に搭載されていた唯一の艦上爆撃機「彗星」は索敵用の試作機だった。彗星は低速で老朽化した99式艦爆の後継機となる予定であったが、開発上のトラブルにより急降下爆撃機としては実用化にいたっていなかった。しかし、その速度と航続距離から、偵察機としての役割にきわめて有用であった。

先遣部隊は戦艦〈金剛〉〈榛名《はるな》〉、重巡洋艦〈愛宕《あたご》〉〈高雄《たかお》〉〈妙高〉〈摩耶《まや》〉、軽巡洋艦〈五十鈴《いすず》〉、駆逐艦10隻である。空母〈隼鷹《じゅんよう》〉の役目は先遣部隊の掩護であったが、実際に戦闘に参加することになる。〈隼鷹〉は定期船を改造したもので、最高速度は25ノット程度であり、微風の時には97式艦攻の運用に支障をきたした。姉妹艦の〈飛鷹《ひよう》〉は戦闘に参加する予定だったが、機関部の故障に見舞われ、トラックへ帰投した。〈隼鷹〉の搭載機は次のとおりである。

〈隼鷹〉零戦21機、99式艦爆21機、97式艦攻10機

アメリカ第16任務部隊は空母〈エンタープライズ〉、戦艦〈サウスダコタ〉、巡洋艦〈ポートランド〉〈サン・ファン〉、駆逐艦7隻で編成されていた。第17任務部隊は空母〈ホーネット〉、巡洋艦〈ノーザンプトン〉〈ペンサコーラ（Pensacola）〉〈サンディエゴ（San Diego）〉〈ジュノー（Juneau）〉と駆逐艦6隻で編成されていた。この2つの任務部隊を合わせて第61任務部隊と呼ばれた。搭載機は以下のとおりであるが、26日朝に実際に運用されていた機数を括弧内に示す。

〈エンタープライズ〉ワイルドキャット36機（30機）、ドーントレス36機（30機）、アヴェンジャー14機

（９機）
〈ホーネット〉ワイルドキャット37機（32機）、ドーントレス36（24機）、アヴェンジャー14機（15機）

両空母とも運用できる最大限の航空機を搭載し、パイロットの交代要員を含む予備機を用意していた。旧来のデバステーターに代わってアヴェンジャーが登場し、雷撃機は急降下爆撃機と行動を共にすることができるようになった。ほとんどのワイルドキャット戦闘機は容量58ガロンの増槽を２つ装備するようになり、航続距離は実質的にほぼ2倍になった。〈ホーネット〉に搭載されたワイルドキャットは、初の試みとして胴体下部に小型の増槽を取り付けていたが、これは短期間しか使用されず、さらに容量の大きな両翼に取り付ける増槽に取って代わられた。

新型戦艦〈サウスダコタ〉には新しい40ミリ４連装対空機関砲架が４基搭載され、〈エンタープライズ〉にも搭載されていたが、〈ホーネット〉にはなかった。これは本海戦で初めて投入され、空母と戦艦に優先的に配備されたが、巡洋艦や駆逐艦には40ミリ対空機関砲を搭載したものはなかった。空母の直衛護衛艦には、戦艦の対空砲とほぼ同等の能力をもつ５インチ高角砲〔５インチは約１２５ミリ。１インチは約25ミリ〕を搭載した新しい防空専用巡洋艦〈サン・ファン〉〈サンディエゴ〉〈ジュノー〉が用意された。

新しいＶＴ近接信管〔砲弾が目標に命中しなくても、その近くに至ると作動する信管〕は、まだ実用化されていなかった。ＶＴ信管の最初の実戦使用は１９４３年１月５日、巡洋艦〈ヘレナ（Helena）〉の５インチ高角砲が、攻撃してきた99式艦爆を撃墜するまで待たねばならなかった。

指揮・統制

空母部隊は〈翔鶴〉に坐乗する南雲忠一中将が指揮を執っていた。この部隊は一つの大きな、しかしやや緩い陣形で航行していた。前衛部隊は戦艦〈比叡〉に坐乗する阿部弘毅《ひろあき》少将が指揮し、空母部隊の前方約70マイル〔約112キロメートル。1マイルは約1・6キロメートル〕で行動した。その目的は空母を掩護しながら敵の攻撃を吸収することだった。もう一つの利点は〈利根〉と〈筑摩〉の水上偵察機が敵に近いところから発進し、迅速かつ効果的に索敵できるようになったことである。〈利根〉と〈筑摩〉は8インチの全砲門を艦橋の前方に配置し、後部甲板にはカタパルト射出型の零式水上偵察機〔以下「零式水偵」と表記〕6機を載せる飛行甲板のようなスペースを有する重巡洋艦だった。両艦は通常、空母に随伴して索敵を行うため、空母は艦載機のすべてを攻撃に専念させることができた。

先遣部隊は巡洋艦〈愛宕〉に坐乗する近藤信竹《のぶたけ》中将に指揮され、打撃部隊の西方海域で活動し、ガダルカナル島のヘンダーソン飛行場への攻撃を支援することになっていた。

アメリカの第61任務部隊は〈エンタープライズ〉に坐乗するトーマス・キンケイド（Thomas Kinkaid）少将が指揮を執った。〔第16と第17の〕各任務部隊は10～15マイル離れて航行した。2隻の空母には毎日交互に、索敵、ＣＡＰ、対潜哨戒、「戦闘機の誘導指揮」の任務が割り当てられた。

いずれの指揮官にとっても、無線トラフィック解析や暗号解読はあまり役に立たなかった。両軍とも相手がこの地域に空母を投入していることは知っていたが、それ以上のことはほとんど知らなかった。

日米両軍とも、近距離無線機を用いて空母どうしで通話することができた。攻撃隊が発進したあとは、通常は電波管制が敷かれるため、空母は航空機と通話できなくなる。

アメリカの空母は対空警戒レーダーを運用し、初歩的な「戦闘機の誘導指揮」を行っていたが、無線規律は依然として不十分であった。ＩＦＦは数機の戦闘機に搭載されていた。〈翔鶴〉には対空警戒レーダが装備されていたが、それを「戦闘機の誘導指揮」に利用することはなかった。というのも、そのようなドクトリンが存在しなかったことに加え、零戦の無線機に問題があったためである。

視界と風

1942年10月26日、南緯8度、東経165度、UTC+11の時間帯で、日の出は05時34分、日の入りは17時55分であった。航海薄明は04時47分に始まり、18時41分に終わる。

月の出は19時39分、月の入りは06時58分だった。月の高度は、夕暮れ時および夜明け時ともに水平線上の低い位置にあり、遅い時間の着艦にわずかに役立った。月は満月より少し欠けた程度で、昇ってからの月光は明るかった。天気は晴れ、積乱雲が散在し、なかには大きなものもあった。視界は良好で、南東の風は穏やかだった。

航空作戦

10月25日の午後、キンケイドは興味深い行動に出た。13時36分、彼は6組のドーントレスの偵察隊を発進させ、280度から010度の範囲を捜索させた。ここまでは標準的だった。しかし、偵察隊の発進の直後、彼はワイルドキャット16機、ドーントレス12機、アヴェンジャー7機から成る攻撃隊も送り出した。この攻撃隊は索敵範囲の中央線を前進し、偵察隊が発見した目標を即座に攻撃する予定だった。ただし150マイルまでしか飛行せず、それまでに何も見つからなければ帰投することになっていた。これは、きわめて珍しい賭けで、偵察と攻撃を組み合わせた「威力偵察（reconnaissance in force）」とも言えた。とはいえ、全機を送り出すようなことはせず、むしろ小規模な攻撃であり、ニミッツ提督が命じた「計算されたリスク」の原則を具体化した好例であった。

14時25分、〔威力偵察部隊の〕最後の航空機が発艦した。キンケイドはこの攻撃隊を見送った直後、南雲が反転北上していることを知った。このため彼は、この攻撃隊は何も見つけられないとわかっていたが、

150マイルまでしか前進しないように命じていたので、無線封止を破ってまで彼らに帰投を命じることはしなかった。

偵察隊は17時02分から18時02分までの間に収容されたが、攻撃隊はどこにも見当たらなかった。〔攻撃隊〕指揮官は150マイルを超えて捜索することを決断した。それは暗闇の中での着艦を意味した。また〔偵察飛行時間の延長は〕収容予定地点から空母がさらに移動することを意味するため、威力偵察隊が空母を見つけることを困難にした。空母は偵察隊を収容するため南東の風に向かって航行した。混乱の結果、ワイルドキャット1機、ドーントレス4機、アヴェンジャー3機が不時着したり、修理不能な損傷を被り、使用できなくなった。パイロットたちはみな怒っていたが、彼らは命令どおりの行動を取らなかったのだ。しかし、その命令はパイロットたちには知らされていない情報に基づいて発せられたものだったのである。パイロットは敵に捕まって拷問を受ける可能性があるため、一般的には必要なことしか教えてもらえなかった。大戦の後半になると、アメリカのパイロットたちに伝わる情報はさらに少なくなり、捕虜になったときには、知っていることをすべて話すように言われていた。これは、どうせ耐えられるはずのない拷問を逃れるための計らいだった。

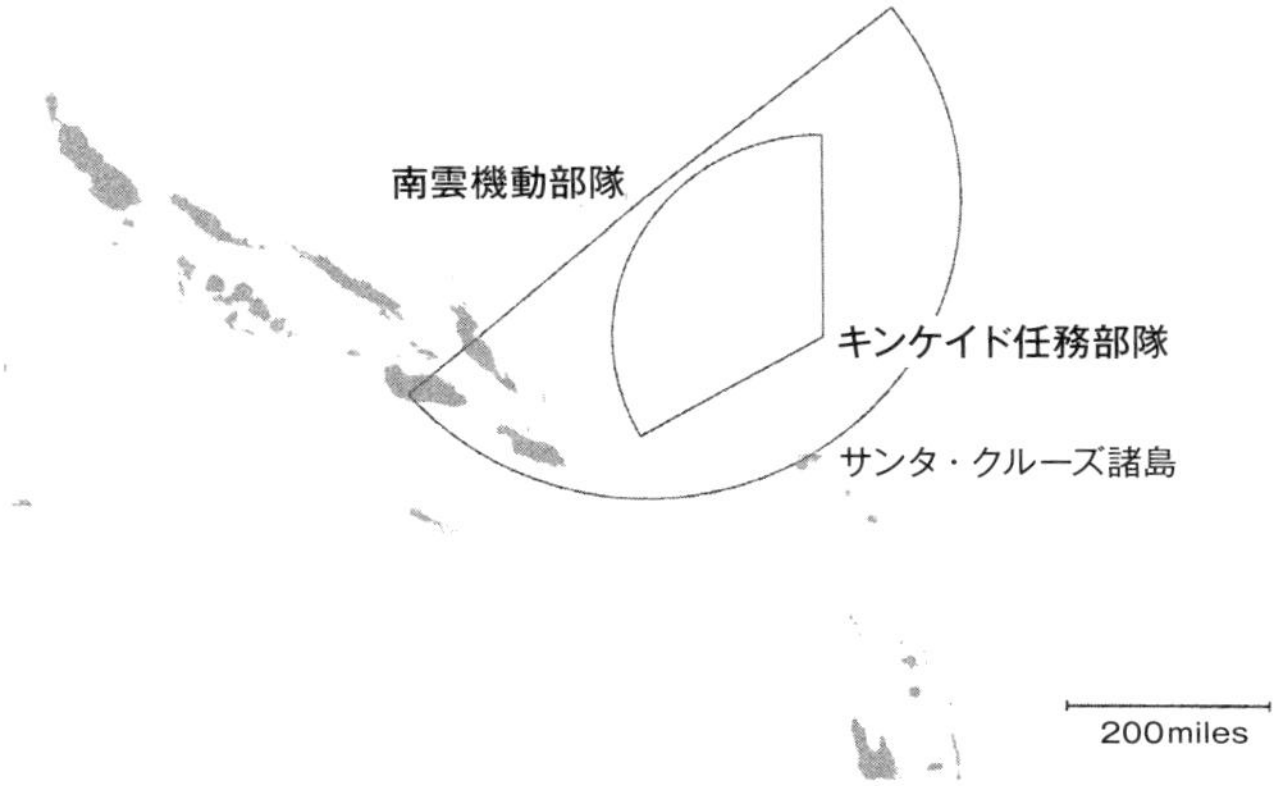

サンタ・クルーズ諸島沖海戦の概要図。10月26日朝05時00分時点、早朝索敵を開始した頃の両軍の位置を表したもので、両軍の偵察機による索敵範囲を示している。

月が昇ると、月光が明るく輝いた。まるで昼間のような美しい夜だった。月明かりを利用した攻撃を仕掛けたくなる誘惑に駆られた。敵空母攻撃の準備命令とともにワイルドキャット８機、ドーントレス15機、アヴェンジャー６機の攻撃隊が〈ホーネット〉艦上に並べられ、早朝には、発艦準備を整えた航空機で飛行甲板が満杯になるはずだった。しかし土壇場で、この攻撃は中止された。というのも00時01分、レーダーを搭載したカタリナ偵察機からの報告で、南雲は北西に約３００マイル離れたところで、明るい月明かりに照らされ発見されたが、それは攻撃圏外であることがわかったからだ。パイロットたちは安堵した。彼らは夜間の任務を経ち望んでいたわけではなく、攻撃の最中に天候が変化し、雲が発生した場合は、暗闇の中で不時着する恐れがあることを十分に理解していた。02時50分、別のカタリナ偵察機が〈瑞鶴〉のすぐ脇に５００ポンド爆弾４発の至近弾を投下し、敵の対空砲手の目をくらますために照明弾も投下し、その場から急ぎ足で離脱した。このカタリナは規定どおりに触接報告《コンタクト・レポート》をしたが、またしても通信が途絶したため、〔その報告が〕キンケイドに届くことはなかった。

その夜の間に、南雲はアメリカ軍がいる方向へと進路を戻した。空母の飛行甲板には、索敵機、ＣＡＰ機、第１波の攻撃隊が整列していた。第２波は格納庫で準備中だった。一方、アメリカ軍は北上して敵を捜索した。両軍は今、高速で互いに向かい合って前進していた。夜中じゅう、接近していたため、26日朝５時、互いの空母部隊の距離はわずか２００マイルになった。本格的な攻撃が間近に迫っていた。

日の出の１時間前、ちょうど航海薄明が始まる04時45分、南雲は東方海域と、南方０５０度から２３０度までの３００マイルに及ぶ区域の索敵を開始した。索敵に使用したのは97式艦攻13機で、３隻の空母からそれぞれ３分の１ずつが差し出された。05時20分には〈瑞鳳〉から、その日最初のＣＡＰ機として零戦３機が発進した。

05時12分、その日の任務空母《デューティ・キャリア》であった〈エンタープライズ〉からＣＡＰ機としてワイルドキャット７

機、対潜哨戒機としてドーントレス4機、さらに8組の索敵隊としてドーントレス16機がそれぞれ発進した。索敵機は235度から000度までの範囲を縦深200マイルまで捜索することになっていた。数時間前にキンケイドがカタリナからの触接報告を受けていれば、おそらく、これほど多くの急降下爆撃機を索敵に投入する必要はなかっただろう。05時51分には〈ホーネット〉から8機のワイルドキャットがCAP隊に追加投入された。

06時45分、アメリカの偵察機1機が日本の空母を発見、報告し、06時58分には、索敵任務を帯びた97式艦攻1機が〈ホーネット〉が所属する第17任務部隊を発見、報告した。

こうして両軍は攻撃態勢に入った。先制攻撃を加えることが戦いに勝利するうえで決定的に重要である。結果的に両軍はほぼ同時に攻撃を開始し、それぞれの目標に向かう攻撃隊を互いに視認することができた。

〈エンタープライズ〉艦上の発艦直前のアヴェンジャーに対し、目標までの方位と目標の航行速度が伝えられている。また〈ホーネット〉から発進した攻撃隊と合流することなく前進するよう指示されている。このようなプラカードは、発進直前に指示を与えるために使用されていた。アメリカ海軍の空母は、攻撃隊どうしの連携が悪いことで有名だった。

07時32分から07時43分にかけて、〈ホーネット〉はもともと月明かりを利用した夜間攻撃に備えていたデッキロード攻撃隊を発進させた。この攻撃にはワイルドキャット8機、ドーントレス15機、アヴェンジャー6機が投入された。第2波のワイルドキャット8機、ドーントレス9機、アヴェンジャー10機は格納庫で待機していた。そこでエンジンの暖機運転を行い、急ぎ飛行甲板で配列を整え、07

時55分に発艦した。この日の攻撃空母に割り振られていた〈ホーネット〉は、これで艦載機が空になった。なお、これは航空機のエンジンが格納庫内で暖機運転された数少ない事例の一つとして注目すべきである。

07時47分、〈エンタープライズ〉はCAPを強化するため、さらに11機のワイルドキャットを発艦させた。そして07時50分、ワイルドキャット8機、ドーントレス3機、アヴェンジャー9機を発進させ、ささやかながらも攻撃隊を増援した。彼らは〈ホーネット〉から発艦した攻撃隊と合流することなく前進する旨の指示をプラカードで見せられた。

07時40分、零戦21機、99式艦爆21機、97式艦攻20機の第1波が、南雲〔機動部隊〕の空母の飛行甲板から発艦し、アメリカ空母に向かっていった。CAP隊は交替を必要とし、帰還する索敵機は着艦する必要があった。そして第2波が飛行甲板上に引き上げられた。

07時40分、日本の空母がCAP機の交代と第2波の発艦準備に忙殺されているとき、1組のアメリカ軍偵察隊が、日本の空母が味方の空母から約100マイル離れたところを航行しているのを発見した。この2機の偵察機は、日本軍から発見されることも、敵機であると識別されることもなかったため、日本軍のCAP機による迎撃を受けなかった。両機は〈瑞鳳〉を急襲し、それぞれ500ポンド爆弾を命中させた。〈瑞鳳〉は艦載機のほとんどが任務で出払っていたため、火は消し止められたが、飛行甲板は戦闘の間、使用不能になった。この突然の攻撃を受け、あらゆるフライト・オペレーションに大きな混乱がもたらされたが、08時18分には、さらに19機の99式艦爆と5機の零戦がアメリカ空母に向けて出撃した。索敵に使われた97式艦攻は収容され、09時00分には97式艦攻16機と零戦4機がアメリカ空母に向け出撃した。空母には航空機がほとんど空っぽになり、上空にはCAP隊の零戦23機が、敵の急降下爆撃機と雷撃機の両方から空母を防御するのに適した高度に配置されていた。

08時40分、〈翔鶴〉に搭載された新型の2号1型電波探信儀〔対空見張り用レーダー〕は、距離78マイルで敵の襲来を探知した。09時27分、〈ホーネット〉第1波の急降下爆撃隊は針路を北西方向から北方向に切り替えた結果、すぐに南雲機動部隊を発見した。彼らは低空にいるアヴェンジャー隊に同一行動を取るよう無線で呼びかけてみたが、その呼び出しは通じなかった。アヴェンジャー隊はそのままの飛行コースを進み、何も発見できず、結局引き返した。急降下爆撃隊とその護衛戦闘機隊は、敵ＣＡＰの間隙を縫って急襲をかけた。〈翔鶴〉は最も近くにいた空母で、１０００ポンド爆弾３発を被弾した。飛行甲板が破壊され、火災が発生し、その鎮火に5時間を要した。３隻の空母のうち２隻が作戦不能となり、残ったのは〈瑞鶴〉だけとなった。

次は〈エンタープライズ〉から発進した攻撃隊の出番となるはずであった。この攻撃隊は〈瑞鳳〉から発進した零戦隊によって大損害を受けたが、〈ホーネット〉の急降下爆撃隊からの、北に転進するようにとの連絡は届かなかった。その中のアヴェンジャーの1機はＡＳＢ－1型レーダーを搭載し、敵艦位置の標定に有効なはずだったが、その機体は〈瑞鳳〉戦闘機隊に撃墜されてしまった。

この日のアメリカ軍攻撃隊の３つ目のグループである〈ホーネット〉の第2波もまた、〈ホーネット〉の急降下爆撃隊からの無線連絡が届かなかった。空母を発見できなかったため、同隊は巡洋艦〈利根〉と〈筑摩〉に向けて降下し、１０００ポンド爆弾を2発命中させ、2発の至近弾を浴びせ、〈筑摩〉に大損害を与えた。〈利根〉は魚雷攻撃を受けたが、すべて外れた。アヴェンジャー1機が不運な〈筑摩〉に追加の５００ポンド爆弾1発をお見舞いした。

こうして午前中のアメリカ空母部隊による攻撃は終了した。10時00分には全機が帰途についた。この攻撃でワイルドキャット5機、ドーントレス２機、アヴェンジャー２機が失われた。ＣＡＰでは零戦５機が撃墜された。

「戦闘機の誘導指揮」は〈エンタープライズ〉が担当し、ＣＡＰ隊は37機のワイルドキャットで編成されていた。だが、この任務を〈エンタープライズ〉に割り当てたことは、おそらく誤りだった。というのも〈ホーネット〉の戦闘機パイロットたちは、自艦の戦闘機誘導指揮官（ＦＤＯ）のほうが実戦経験が豊富だと考えていたからだ。

08時55分、日本軍の攻撃隊がレーダーによって40マイル地点で探知された。この探知距離は期待されていた通常の70～80マイルより、はるかに短かった。この意味で、日米双方とも同じ問題を抱えていた。巡洋艦〈ノーザンプトン〉搭載のレーダーは正常に機能し、70マイルで探知できた。戦闘機隊は高度1万フィートに配置されていたが、これは戦闘機隊が酸素が必要とされる高度まで上昇する余裕をもてるよう（ワイルドキャットは酸素装置に問題があった）、レーダーが前もって警告を発してくれることを期待してのことだった。ところが日本軍は1万４０００～1万７０００フィートで接近しており、迎撃に十分な警告を発することができず、上昇が得意でないワイルドキャットは非常に不利な状況に立たされた。ＣＸＡＭレーダーは高度の分解能が低く、戦闘機誘導指揮官が高度を上げるよう戦闘機を誘導するのが遅れてしまった。ワイルドキャットが零戦に勝利するには、高度面で優位に立つ必要があったのに、低速で上昇中といった状況であった。これは零戦に有利な戦闘パターンであった。直掩の零戦隊は急降下爆撃隊に追いつきアメリカのＣＡＰ隊を突破しようと激しく襲いかかり、その多くは目的を果たしたが、数の上ではワイルドキャットの方が勝っていた。

攻撃が開始されると、〈エンタープライズ〉は突如発生したスコールの中に隠れてしまい、〈ホーネット〉を標的に見事な連携攻撃が始まった。このとき〈ホーネット〉の唯一の防御手段は対空砲であった。しかし、〈ホーネット〉の対空砲は〈エンタープライズ〉と同様の改装を受けていなかったため、旧式の1・1インチ機銃と短距離の20ミリ機銃に頼らざるをえず、いずれも決然たる日本軍の攻撃を阻止するのに有効ではなかった。

２５０キロ爆弾１発が飛行甲板の前方に命中した。もう１つの爆弾は艦尾右舷の砲座脇に着弾した。その後、３発目の爆弾が艦尾飛行甲板の中央を直撃した。爆撃機２機が飛行甲板前方と煙突付近にそれぞれ体当たりした。雷撃隊も勇猛果敢に攻撃した。激しい回避運動と猛烈な対空火器にもかかわらず、雷撃隊は空母の至近距離まで接近し、多大な損失を被りながらも魚雷２本を命中させることに成功した。魚雷はきわめて破壊力があることを証明した。〈ホーネット〉は動力を失い、洋上に浮かんでいるだけとなった。爆弾の命中による火災は最終的に鎮火した。

攻撃隊は零戦３機、99式艦爆11機、97式艦攻10機を失った。帰還の途についた零戦２機、99式艦爆６機、97式艦攻６機はその後、戦闘損耗や燃料不足が理由で不時着した。空母に帰還できたのは零戦７機、99式艦爆４機、97式艦攻４機のみであった。防御側はワイルドキャット６機を失った。

攻撃を終了した09時30分から、〈エンタープライズ〉は索敵機と対潜哨戒機の収容を始めた。この頃には、どの機体も燃料が非常に少なくなっていた。計画上は、急降下爆撃隊に給油と再兵装を迅速に行い、攻撃のため発艦させたあとは、ヘンダーソン飛行場に着陸させる予定であった。ＣＡＰ隊も交替が必要であったが、このときは８機が高空を、13機が低空を旋回していた。

10時08分、日本軍攻撃隊の第２波が来襲した。これは第２波の第１陣として出撃した19機の急降下爆撃隊で、５機の零戦によって護衛されていた。〔アメリカ側の〕ＣＡＰ機のほとんどは、戦闘機誘導指揮官によって間違った場所あるいは間違った高度に誘導されていた。99式艦爆は、ほとんど妨害されずに急降下を開始した。

この頃には〈エンタープライズ〉がスコールから脱し、攻撃の的となった。〈エンタープライズ〉も〈サウスダコタ〉も多数の対空砲を備え、特に新型のボフォース対空機関砲は効果があった。１発の２５０キロ爆弾が艦首に命中し、飛行甲板の最前部を貫通したのだが、これは艦首付近の船体外で爆発したため、最小限の被害で済んだ。２発目の爆弾は前方エレベータのすぐ後ろに命中し、甲板がめくれ上がった。戦闘機誘導指揮官はＣＡＰ隊を再編成し、このとき11機を高高度に配置し、14機を〈エンタープライズ〉上空で旋回させた。10時35分、レーダーが新たに接近する航空機を探知し、10時40分には日本軍攻撃隊の一群を正確に捉えた。今度こそ、ＣＡＰ隊は正しい位置と高度に誘導された。

このとき飛来した97式艦攻16機と零戦４機は停止した〈ホーネット〉を視認したものの、それにかまわず、唯一残っていた空母〈エンタープライズ〉に突撃した。これは「防御力が低下するまで待ち、損傷した空母を仕留める」という〔雷撃の〕鉄則にそぐわない行動であった。このとき日本の攻撃隊は大破した空母を迂回し、健在で防御力の高い〈エンタープライズ〉を攻撃目標に選んだのだった。

10時45分、両舷から８機ずつに分かれた金床攻撃が展開された。９本の魚雷が発射されたが、〈エンタープライズ〉はすべてを回避することに成功した。19機の99式艦爆のうち10機が撃墜され、16機の97式艦攻のうち８機が撃墜された。護衛の零戦はいずれも撃墜されなかった。

11時15分には〈エンタープライズ〉の飛行甲板が再び運用可能になっていた。97式艦攻の攻撃を受けていたとき、第１次攻撃隊が帰投を始めていた。多くが燃料不足で損傷しており、ただちに着艦が必要な機体もあった。ＣＡＰ任務機の交替も早急に行わねばならず、全機が〈エンタープライズ〉上空に集結した。余裕のある航空機はすべて脇に押しやられた。

近藤中将が指揮する先遣部隊に随行していたのは空母〈隼鷹〉だった。発見されたアメリカ空母に関する無線交信をすべて傍受していた。09時04分、２８０マイルの距離から零戦12機と99式艦爆17機から成る攻撃隊を発進させた。このとき97式艦攻７機による第２次攻撃が準備された。

〈エンタープライズ〉に搭載されたＣＸＡＭレーダーは、この時点で完全に停止していた。〈サウスダコタ〉のＳＣレーダーは45マイル地点で機影を探知したが、この情報は〈エンタープライズ〉の戦闘機誘導指揮所には届いていなかった。〈ノーザンプトン〉のCXAMレーダーは25マイル地点の機影を捉えていたが、キンケイド少将はそれを友軍のものと考えた。11時15分、ようやく〈エンタープライズ〉のレーダーが復旧し、20マイル地点で機影を探知した。しかしこのとき、アンテナの設置状態に不具合があった。おそらく爆弾が命中した時の衝撃でずれてしまったのだろう。アンテナを修理するため、ある整備士がアンテナによじ登ってみると、避けられないことが起きていた。レーダーは作動しておらず、アンテナが回転していないことに気づいたのだ。彼は優れた推理力を発揮して、再びアンテナのスイッチを入れた。周囲で熾烈な戦いが繰り広げられる中、その整備士はレーダーに必死にしがみつきながら自分がメリーゴーランドに乗っていることに気づいた。ただ、戦場全体の景観はよく見えた。やがて気の利いた乗組員たちがアンテナの回転を止めてくれたので、修理を続けられるようになった。

11時21分、17機の99式艦爆が〈エンタープライズ〉を攻撃した。飛行甲板は混乱し、レーダーアンテナの整備士たちは、まだそこにいた。使える全対空砲が火を噴き、99式艦爆3機を撃墜することに成功した。低い雲の中にいた残りの艦爆隊の多くは〈サウスダコタ〉や、ほかの巡洋艦を攻撃したため、〈エンタープライズ〉には至近弾1発を浴びせることに成功しただけだった。低空域には多数のワイルドキャットが待ち受けており、弾薬も燃料も不足していたが、さらに99式艦爆5機を撃墜することに成功した。彼我双方のさまざまな種類の航空機が雲の中から現れたり、その中に隠れたりしたため、対空射撃は困難をきわめた。やがて攻撃は一段落し、砲手や射撃指揮官たちはしばし緊張を和らげ、航空機の収容を再開することができた。

99式艦爆17機のうち8機が撃墜され、3機がのちに不時着した。つまり17機のうち、わずか6機だけが空母に着艦することができた。護衛の零戦は撃墜されず、ワイルドキャットも1機も撃墜されなかった。

11時39分の時点で、73機以上の航空機が〈エンタープライズ〉への着艦のため待機していたが、前部エレベータが使用不能になり、前方の飛行甲板には、すでに15~20機の航空機が駐機した状態であった。〈エンタープライズ〉は風に向かって舵を切り、南東方向に戦場を離脱した。このとき43分の間に47機が着艦をはたした。

着艦作業は第2エレベータをフル稼働させて進められた。これは航空機が着艦制動索をつかみ損なった場合、エレベータ上に存在する物体に突っ込んでしまうことを意味した。最後の数機は着艦制動索をつかんだ後、もはや空きスペースがなかったため、甲板上を自力走行することはなかった。いちばん最後に着艦した航空機は、1本目の制動索に引っかかったまま、その場に輪止めで固定された。このため何機かを格納庫に降ろすまで、フライト・オペレーションを一時中断せざるをえなかった。

爆弾の命中によって格納庫は、多くの戦死者、瀕死者、負傷者が至る所に横たわっているという凄惨な状況になっていた。最後に着艦したのは大型のアヴェンジャーだった。着艦を待つ間、彼らはCAP機として行動し、たとえば探知した機影の捜索に向かい、それがPBYカタリナであることが判明したこともあった。

12時51分から13時05分にかけて、25機のワイルドキャットで編成された新しいCAP隊が上空に送られた。13時22分、航空機の収容作業は完了したこの間、14機が燃料切れで不時着していた。〔甲板上の〕航空機の過密状態を緩和するため、14機のドーントレスが給油された後、ヘンダーソン飛行場に向かうよう指示された。この頃になると、〈エンタープライズ〉は敵空母からの攻撃圏から外れていた。これだけ激しい戦闘があったにもかかわらず、〈エンタープライズ〉が搭載していた航空機は以下のとおりである。

〈エンタープライズ〉ワイルドキャット41機、ドーントレス33機、アヴェンジャー10機

同様に日本側でも11時40分から14時00分の間に、無傷の2隻の空母〈瑞鶴〉と〈隼鷹〉が午前中の攻撃から帰還してきた数機を収容していた。

13時07分、〈隼鷹〉は零戦8機と97式艦攻7機から成る第2次攻撃を開始した。これとほぼ同時に、〈瑞鶴〉からは零戦5機、99式艦爆2機、97式艦攻7機（このうちの6機は魚雷ではなく、800キロ爆弾を搭載）による第3次攻撃を開始した。

その後15時35分、〈隼鷹〉は零戦6機と99式艦爆4機から成る第3次攻撃を開始した。〈隼鷹〉の第2次攻撃隊は、航行不能となった〈ホーネット〉を発見し、攻撃した。〈ホーネット〉上空にCAP機はいなかった。15時23分、1本の魚雷が命中して艦内に大浸水を引き起こし、ついに総員退避命令が下った。それでも防御側の対空火器は99式艦爆2機を撃墜し、代償を払わせた。また護衛の零戦のうち5機は、さまざまな理由でのちに不時着している。

〈瑞鶴〉と〈隼鷹〉から出撃した第3次攻撃隊もまた〈ホーネット〉に攻撃を加え、250キロ爆弾を命中させ、さらに97式艦攻の1機から投下された800キロ爆弾を命中させた。こうして〈ホーネット〉は廃棄処分とすることが決定された。護衛の駆逐艦が数本の魚雷を打ち込んだが、〈ホーネット〉は沈まなかった。夜になり、廃艦を捜索中の日本の水上部隊が現地に到着すると、さらに数本の魚雷を打ち込んだ。27日01時35分、〈ホーネット〉はついに横転して沈没した。

帰還した航空機の収容をすべて完了した後、日本軍が使える残存航空機は次のとおりであった。

〈翔鶴〉なし
〈瑞鶴〉零戦38機、99式艦爆10機、97式艦攻19機
〈瑞鳳〉なし

〈隼鷹〉零戦12機、99式艦爆12機、97式艦攻6機

〈翔鶴〉は修理のため本土に戻らなければならなかった。〈瑞鶴〉は壊滅的な航空部隊を立て直すための訓練に使われた。ガダルカナル島を脅かす存在として残ったのは〈隼鷹〉だけであった。封鎖は続けられたが、やがて日本軍はガダルカナル島から兵力を撤退させる決定を下した。戦いは終わったのだ。その後、アメリカ軍が攻勢に転じるために十分な空母部隊を再建するまで、空母戦は起こらなかった。それが起こるのは1944年まで待たねばならない。

分析

日本の水上部隊の配置は興味深い。空母機動部隊の前方で行動する前衛部隊は、一種の囮としての役割を果たした。これはリスクが大きかった。これらの艦艇には航空掩護がなく、日本の対空装備は弱かったからだ。航空攻撃を受けた場合、彼らができることは回避行動だけだった。とはいえ、それなりにうまくいった。前衛部隊は巡洋艦〈筑摩〉を大破させられながらも、アメリカ軍の小規模な攻撃隊を吸収した。

通信と連携行動の観点から言えば、この戦闘でアメリカ軍は実際に混乱をきわめた。第1次攻撃隊の半分しか目標にたどり着けなかった。索敵機との連絡は絶たれ、通信は維持されなかった。有用だったはずのレーダー搭載機は撃墜された。

日本軍がアメリカの通信網を傍受していたことが知られており、周波数を妨害したり、なりすましメッセージを注入していた公算も高い。特に妨害装置が必要だったというわけではなかった。同一周波数で何かを送信すればよかったのであり、有能な無線士であれば誰でもできた。しかし、これだけではアメリカ軍の失敗のすべてを説明することはできない。

レーダーも「戦闘機の誘導指揮」も期待に応えられず、それを補完する措置も失敗に終わっている。戦闘が終わった後、多くのワイルドキャットのパイロットたちが「戦闘機の誘導指揮」の杜撰《ずさん》さに苦言を呈した。攻撃目標までの距離が短いので、攻撃隊の連携をもっとうまく調整する時間があった。しかし両軍の指揮官はミッドウェーで起きたように、燃料や爆弾を満載した艦載機が甲板上に整列した状態で攻撃を受けることがないように常に神経を尖らせていた。航空機は敵の空母を吹き飛ばすために使われるべきであり、自軍の空母を吹き飛ばすために使われるべきではない。それがミッドウェーの教訓であった。

護衛任務に就いていたワイルドキャットは、零戦の襲撃から自軍の爆撃機を防護するのに苦心した。また日本の攻撃隊が高高度から接近した方法はまったく正しかった。彼らはワイルドキャットが上昇に時間を要することを知り抜いており、その弱点を突いたのである。

日本軍はこの戦いで初めて対空警戒レーダーを使用した。これは「戦闘機の誘導指揮」のためではなく、単に敵機の襲来を警告するためのものであった。この警告により〈翔鶴〉は燃料管を空にし、代わりに二酸化炭素を充填する時間を得ることができた。これが、その後の戦闘で航空機燃料貯蔵庫付近に爆弾が命中したとき、艦を救うことになった要因であったと思われる。

この時期に見られたアメリカ海軍艦艇の対空能力の向上、主に新型のボフォース40ミリ4連装対空機砲、戦艦や新型の〈アトランタ〉級防空巡洋艦の存在により、対空火器によって撃墜される航空機の数が現実的脅威となり始めていた。これまで対空砲の役割と言えば、航空機の攻撃機動を妨害したり、照準を狂わせたりすることだったが、今では実際に航空機が一定の割合で撃墜されるようになった。日本海軍のパイロットが空母に帰還したとき、あまりの恐怖に動揺し、言葉がしどろもどろになったという話もある。

日本の空母艦載機は甚大な損失を被り、この損失が日本の海軍航空戦力を壊滅に追い込んだとよく言われる。これは事実であるが、おそらくは搭乗員の訓練と補充の面で、日本側に明らかな失策があったためである。パイロットも航空機も消耗品であり、そう扱われ、ただちに補充されるべきものであった。重要なことは敵空母を撃沈することである。〔この戦いで〕日本はそれを果たし、アメリカはできなかった。

日本軍による最初の最強の攻撃は〈ホーネット〉という一つの目標に焦点を置いた。かりに両方の空母を攻撃していたら、両方とも行動不能になっていたかもしれない。1隻に集中することは局地防御を過剰負担に追い込む効果を生み出し、おそらく正しい行動だった。少なくとも、明らかな不利に陥らずに済んだ。

ミッドウェーと同様、この戦いは長時間の海戦において空母を運用することがいかに難しいものであるかをよく物語っている。敵の攻撃にさらされながら、いかにして防御用CAP隊を常続的に配備し、偵察隊とデッキロード攻撃隊の両方を離発着させるかという問題には完全な解決策は存在しない。フライト・オペレーションでは、風上に向かって安定したコースを航行する必要があるが、攻撃を受けている間、それを行うことは問題外である。また航空機が甲板上で給油や再兵装を行っているとき、空母は最も脆弱な状態となる。飛行甲板の各機能をどのように分担させるか、また全般的な攻撃作戦をどのように実施するかは、この段階では、いまだ未解決の問題であった。

この戦いで〈翔鶴〉は相当な痛手を被った。少なくとも3発、ひょっとすると6発もの命中弾を受けたが、それでも生き残った。〈翔鶴〉より多くの命中弾を受けてもなお生き延びた空母は、1941年1月にマルタ島周辺海域でドイツ空軍のJu－87の編隊によって大打撃を受けたイギリスの〈イラストリアス〉のみであった。

海戦の影響

日米双方とも事実上、空母を使い果たしてしまった。また非常に長い兵站線の限界点で作戦を遂行していた。空母と護衛艦隊が存在しなくなった今、戦艦の展開が可能になった。

日本の戦艦は昼間はヘンダーソン飛行場から出撃する爆撃機の攻撃圏外にとどまり、夜のうちにガダルカナルに到達することを余儀なくされた。そこで日本側は2隻の高速戦艦〈比叡〉と〈霧島〉を投入した。アメリカ側は最新鋭の〈ワシントン（Washington）〉と〈サウスダコタ〉を配備した。アメリカ海軍は少し前に、〈ノースカロライナ〉級と〈サウスダコタ〉級の6隻以上の新鋭高速戦艦を実戦配備したばかりだった。〈アイオワ〉級の4隻の新鋭戦艦も進水あるいは船台で建造中であった。このように、当時のアメリカ海軍は近代型戦艦の供給が非常に充実していた。つまり最新鋭の戦艦群を戦場に送り込む余裕ができたおかげで、戦艦を喪失するリスク許容度も高まった。

2度の夜戦を繰り広げた結果、〈比叡〉はアメリカ巡洋艦との戦闘で損傷を受け、最終的にヘンダーソン飛行場から飛来した爆撃機の攻撃を受け、撃沈された。〈霧島〉はアメリカ戦艦の砲撃により撃沈された。ヘンダーソン飛行場をめぐる戦いは、日本が是が非でも避けたかった消耗戦へと転化し、日本軍に不利な兵站状況により、情勢は悪化した。最終的に日本軍は甚大な損耗に耐えきれず、撤退を決意した。こうしてガダルカナル奪回作戦は終了した。

太平洋にはアメリカ軍の空母は〈サラトガ〉と〈エンタープライズ〉しか残されていなかったため、アメリカはイギリスに空母の貸与を要請した。イギリスはこれを承諾し、〈ビクトリアス〉が太平洋に回航された。途中、アメリカ航空作戦に見合った改造がなされ、〈ロビン（Robin）〉と呼ばれるようになった。〈ビクトリアス〉は南西太平洋で数ヵ月就役した後、１９４３年秋に大西洋に戻り、イギリス海軍の装備を運用するための再訓練を受けた。興味深いのは、これと同じ時期にトーチ作戦〔１９４２年11月、連合軍が行ったフランス領北アフリカ（現在のモロッコ、アルジェリア）への上陸作戦〕を終えたばかりの空母〈レンジャー〉をアメリカ海軍は運用可能であったことだ。〈レンジャー〉を〈サラトガ〉や〈エンタープライズ〉とともに運用することは、さほど問題なかったはずである。わざわざイギリス空母を代用することのほうが問題が多かった。〈レンジャー〉は高速空母と行動を共にするには速力が遅すぎるという議論があるが、実際、これは妥当な見方とは言えない。〈ワスプ〉〔速力は〈レンジャー〉と同じ29・5ノットで、設計段階から〈レンジャー〉とペアで行動することが想定されていた〕は高速空母に随伴して行動する戦艦と同じくらいの速力を出せた。日本海軍でもたとえば〈加賀〉のように、28ノットを出せれば十分だと考えられていた。

また〈レンジャー〉の耐航性も疑問視されていた。〈レンジャー〉は、長いうねりでは縦揺れしやすい巡洋艦のような細長い船体を有していた。しかし、かりに本当に耐航性が問題なら、北大西洋では出番がなかったはずだし、南西太平洋ではもっと穏やかな海域での活動に従事させられたはずである。〈レンジャー〉に対する批判のもう一つの論拠は、太平洋戦域における作戦には脆弱すぎるという主張である。しかし、それに対しては、日本軍が運用していた非常によく似たタイプの空母を引き合いに出せる。〈レンジャー〉は元来、大規模な航空群を運用するために建造された。従来、〈エセックス〉級空母と、イギリス海軍の装甲空母の優劣を比較する議論が繰り返されてきたが、太平洋戦域では防御性能よりも、大規模な航空群を運用することのほうが重要であるという事情があった。もしそうなら、これは〈レンジャー〉にも当てはまるはずだ。たしかに、微かな風の下で雷撃機を運用するには、いささか低速で小型かもしれないが、その一方で、索敵、ＣＡＰ、対潜哨戒をこなす「任務空母《デューティ・キャリア》」としては有能だったはずだ。「遅い」「耐航性がない」「脆弱である」という議論をいったん脇に置くとして、残された問題は、１９４３年当時のアメリカ海軍が、空母の防御に大規模航空隊を頼りにせず、小規模の航空隊と装甲飛行甲板を好んだという事実である。当時の「戦闘機の誘導指揮」の限界を考えれば、おそらく正しい判断だったのだろう。つまり１９４３年当時、〈エセックス〉級空母の設計の妥当性をめぐっては重大な疑問があったということである。

第16章　フィリピン海海戦

はじめに

日本もアメリカも1943年を空母部隊の再建に費やした。当時、日本軍は守勢に立たされていた。アメリカ軍は新しい空母が十分に揃うまで、日本周辺への本格的な攻勢を開始するのを待っていた。その後、一連の上陸作戦が実施されたが、マーシャル諸島は日本海軍との戦闘が行われることなくアメリカに占領された。いまや両軍にとって、問題は次の一手をどう打つかということだった。

1944年6月15日、アメリカ軍はマリアナ諸島のサイパン島に上陸した。日本軍はマリアナ諸島よりも南のカロリン諸島への攻撃を想定していたため、この上陸は日本軍にとって不意打ちとなった。マリアナ諸島を直接攻撃するということは、南東に約600マイル〔約960キロメートル〕離れたカロリン諸島の主要な海軍基地であるトラック島は迂回されることを意味した。

日本側は、マリアナ諸島の基地からB‐29が日本本土に到達できることを知っていた。もしこの侵攻を許してしまうと、日本本土がドイツに対して行われているのと同じような激しい空爆にさらされるのは、ほんの数ヵ月後ということになる。連合艦隊は全軍を挙げて大規模な決定的勝利を期し、出撃した。日本海軍では、この戦いが対馬沖海戦〔日本側の呼称は「日本海海戦」〕に匹敵するものと位置づけられた。

アメリカ艦隊の優先任務は上陸部隊を守ることだった。日本の空母部隊に勝利することは二次的な考慮事項にすぎなかった。高速空母群は主に水陸両用部隊への航空掩護のために運用され、「浜辺に縛られていた」ために海軍の一部には不満があった。しかし、実際に上陸部隊を掩護したのは水陸両用部隊であり、空母部隊ではなかったというのが実態だった。

日本側の作戦計画は、アメリカ空母の攻撃圏外にとどまり、基地のある島嶼群の飛行場を使って反復攻撃を仕掛けるというものだった。空母から飛行機を発進させ、敵を攻撃し、島に着陸して燃料補給と再武装を行い、再び敵空母を攻撃し、母艦に戻るのである。アメリカの計画担当者は――ガダルカナルで同様の戦術がとられたこともあり――これを予測していたが、全体としては、やはり上陸作戦の掩護を優先するべきと考えていた。

サイパン島の飛行場は、海上戦闘の2日前である6月18日にアメリカ軍に占領されていた。7月9日にはサイパンの占領が宣言された。近隣するグアム島とテニアン島への上陸は、それぞれ7月21日と24日に始まった。ロタ島は手つかずで、そこの小規模の守備隊は終戦時に降伏した。今度の戦闘では、サイパンはまだアメリカ軍基地として運用が開始されておらず、グアム島、テニアン島、ロタ島には日本軍が確保している飛行場があった。

投入戦力と兵站

アメリカ第58任務部隊は4つの任務群から成り、正規空母7隻、軽空母8隻の計15隻の空母と、多数の護衛艦で編成されていた。

第58・1任務群

〈ヨークタウン〉　ヘルキャット46機、ヘルダイバー40機、アヴェンジャー17機、ドーントレス4機

〈ホーネット〉　ヘルキャット41機、ヘルダイバー33機、アヴェンジャー18機

〈ベロー・ウッド（Belleau Wood）〉ヘルキャット26機、アヴェンジャー9機

〈バターン（Bataan）〉ヘルキャット24機、アヴェンジャー9機

第58・1任務群は巡洋艦〈ボストン〉〈ボルチモア（Baltimore）〉〈キャンベラ（Canberra）〉〈オークランド（Oakland）〉と駆逐艦14隻で護衛されていた。

第58・2任務群

〈バンカー・ヒル〉　ヘルキャット42機、ヘルダイバー33機、アヴェンジャー18機
〈ワスプ〉　ヘルキャット39機、ヘルダイバー32機、アヴェンジャー18機
〈カボット（Cabot）〉ヘルキャット26機、アヴェンジャー9機
〈モントレー（Monterey）〉ヘルキャット21機、アヴェンジャー8機

第58・2任務群は巡洋艦〈サンタフェ（Santa Fe）〉〈モービル（Mobile）〉〈ビロキシ（Biloxi）〉〈サン・ファン〉と駆逐艦9隻で護衛されていた。

第58・3任務群

〈エンタープライズ〉ヘルキャット31機、コルセア3機、ドーントレス21機、アヴェンジャー14機
〈レキシントン〉（旗艦）ヘルキャット41機、ドーントレス34機、アヴェンジャー18機
〈サン・ジャシント（San Jacinto）〉ヘルキャット24機、アヴェンジャー8機
〈プリンストン〉　ヘルキャット24機、アヴェンジャー9機

第58・3任務群は巡洋艦〈インディアナポリス（Indianapolis）〉〈リノ（Reno）〉〈モントペリア（Montpelier）〉〈クリーブランド（Cleveland）〉と駆逐艦13隻で護衛されていた。

第58・4任務群

〈エセックス〉　　　　　ヘルキャット42機、ヘルダイバー36機、アヴェンジャー20機
〈ラングレー〉　　　　　ヘルキャット23機、アヴェンジャー9機
〈カウペンス（Cowpens）〉ヘルキャット23機、アヴェンジャー9機

第58・4任務群は巡洋艦〈ヴァンセンヌ（Vincennes）〉〈ヒューストン（Houston）〉〈マイアミ（Miami）〉〈サンディエゴ〉と駆逐艦14隻で護衛されていた。

第58・7任務群は、戦艦〈アイオワ〉〈ニュージャージー（New Jersey）〉〈ワシントン〉〈ノースカロライナ〉〈サウスダコタ〉〈インディアナ（Indiana）〉〈アラバマ（Alabama）〉と巡洋艦〈ミネアポリス〉〈ニューオーリンズ〉〈サンフランシスコ〉〈ウィチタ（Wichita）〉、それに駆逐艦13隻で編成されていた。

この壮大な艦隊の陣容を見ると、開戦時に就役していた艦艇はそれほど多くないことがわかる。ほとんどがガダルカナル作戦以降に就役したもので、アメリカが取り組んできた大規模な建艦事業の結果であった。この大事業の問題点は、乗組員のほとんどが経験が浅く、求められるすべてを訓練する時間がなかったことである（1939年から1945年にかけて、アメリカ海軍の人員は28倍に拡大した）。これに対して日本側では、主要な新造艦は〈大鳳〉だけであった。

アメリカの艦艇では、5インチ高角砲が新型のVT近接信管を使用できるようになり、対空戦闘効率が約3倍になった。また全艦艇に大量の40ミリ対空機関砲と20ミリ対空機銃が装備された。

アメリカの空母艦載機では、ワイルドキャットはより強力なヘルキャットに替えられた。SBDドーントレスも概ねSB2Cヘルダイバーに替えられ、搭載可能な爆弾のサイズと量が増加し、翼が折り畳める

ようになった。これによりスペースが増えたことで、戦闘機の搭載機数を増やすことが可能になった。〈エンタープライズ〉は夜間作戦専門の空母となった。アヴェンジャーには40マイル先の水上目標を探知できるAN/APS-3（ASD）レーダーが搭載された。ヘルキャットの多くは25マイル先の艦艇を探知できるAN/APS-6レーダーを搭載したばかりだったが、これは主に夜間迎撃用としての使用〔着艦する自軍空母を捜索するため〕が想定されていた。

日本軍は9隻の空母を投入した。新鋭の〈大鳳〉は日本海軍の空母としては初めて装甲飛行甲板を備えていた。〈隼鷹〉と〈飛鷹〉は貨客船から改造された空母で、大型空母とほぼ同等の能力をもちながら、25ノット〔時速約47・5キロメートル〕という比較的遅い設計速力に制限されていた。エレベータは2基しかなく、フライト・オペレーションに若干の遅れが生じた。小型の〈千歳〉と〈千代田〉は水上機母艦を改造したもので、設計速度は28ノットであった。日本軍の空母部隊は次のようなグループに分けられていた。

甲部隊（第一航空戦隊）

〈大鳳〉（旗艦）零戦26機、彗星艦爆23機、天山艦攻17機、99式艦爆2機
〈翔鶴〉　零戦26機、彗星艦爆24機、天山艦攻17機、99式艦爆2機
〈瑞鶴〉　零戦27機、彗星艦爆23機、天山艦攻17機、99式艦爆3機
甲部隊は巡洋艦〈妙高〉〈羽黒〉〈矢矧〉と駆逐艦7隻に護衛されていた。

乙部隊（第二航空戦隊）

〈隼鷹〉　零戦27機、99式艦爆9機、彗星艦爆9機、天山艦攻6機
〈飛鷹〉　零戦26機、99式艦爆18機、天山艦攻6機

〈龍鳳〉　　零戦27機、天山艦攻6機

乙部隊は戦艦〈長門〉、巡洋艦〈最上〉と駆逐艦8隻により護衛されていた。〈最上〉はミッドウェーで大破した後、〈利根〉や〈筑摩〉と同じスタイルに改造され、艦尾の砲塔は取り外され、後部甲板は水上偵察機（通常6機程度の零式水偵）の離発着に使われた。

前衛部隊

〈千歳〉　　零戦21機、天山艦攻3機、97式艦攻3機

〈千代田〉　零戦21機、天山艦攻3機、97式艦攻6機

〈瑞鳳〉　　零戦21機、天山艦攻3機、97式艦攻6機

前衛部隊は戦艦〈大和〉〈武蔵〉〈金剛〉〈榛名〉と巡洋艦〈利根〉〈筑摩〉〈鈴谷〉〈熊野〉〈愛宕〉〈鳥海〉〈摩耶〉〈高雄〉〈能代〉、それに駆逐艦8隻で護衛されていた。

日本海軍は空母を2隻1組で運用し、それに小型空母1隻を追加で投入してきた実績があった。ここでも、第一航空戦隊を除けば、同じパターンを見いだすことができる。〈大鳳〉は同クラスでは単艦として建造され、改良型を多数建造することが計画されていた。

空母に搭載された零戦の約半数は、機体中央ラインに330リットルの増槽の代わりに250キロ爆弾を携行させ、戦闘爆撃機として運用された。この爆弾は1942年から99式艦爆が携行していた爆弾と同じものであった。しかし、零戦には急降下ブレーキがないため、急降下爆撃機として運用することはできなかった。その狙いは、降下角の浅い滑空アプローチによる爆撃であったが、それほど精度が高いとは言えなかった。

指揮・統制

第五艦隊司令官はレイモンド・スプルーアンス大将で、巡洋艦〈インディアナポリス〉（第58・3任務群として航行）を旗艦とした。空母の指揮は空母〈レキシントン〉に坐乗するマーク・ミッチャー中将、戦艦の指揮はウィリス・リー（Willis Lee）中将が執った。

各任務群は1隻の空母を中心に配置し、他の空母を半径約2000ヤード（約1・8キロメートル）の内輪に配置し、護衛艦艇を半径約4000ヤードの外輪に配置する隊形で航行した。各空母の後方には、不時着した航空機の乗組員を救助するため、航空機救難用の駆逐艦が間近に控えていた。

第58・7任務群はこのバリエーションで、戦艦〈インディアナ〉を中心に、他の戦艦と護衛艦が4000ヤードの円周上に配置されていた。

戦闘中、第58・1任務群は駆逐艦の燃料を節約するため、通常とは異なる方式を採用した。フライト・オペレーション準備のため、空母は西（風下）に向かって速度を上げ、護衛艦は通常どおり航行する。そして空母は風上に向き直り、フライト・オペレーションを開始する。それが終わると、空母群は針路を変え、再び護衛艦群に追いついてくる。これにより駆逐艦は高速で往復運動することが少なくなり、燃料を大幅に節約することができた。しかし、その代償として、わずかな時間とはいえ、高速で航行しながら護衛なしで空母を運用するリスクを負うことになった。

おのおのの任務群は相互に10～15マイルほど離隔して航行し、戦艦群を敵に最も近い前方に配置した。これにより、どうにかCAPを突破した日本軍の航空隊は、空母ではなく戦艦を攻撃する可能性が高まるようにした。戦艦の前方にはピケット艦として2隻の駆逐艦〈ヤーナル（Yarnall）〉と〈ストックハム（Stockham）〉が配置され、両艦とも標準的なSC対空捜索レーダーを装備していたが、特殊な測高探知レーダーは備えていなかった。

小沢治三郎中将は甲部隊の〈大鳳〉に坐乗し、日本艦隊を指揮した。空母部隊は3つのグループに分かれていた。前衛部隊はピケットないし囮として空母部隊から敵方約100マイルに位置し、敵の攻撃を吸収するため、警戒線に沿って広域に展開していた。戦艦と巡洋艦は前衛部隊に配属され、索敵のために水上偵察機を効果的に運用することができた。前衛部隊の後方には、大型空母を擁する2つの部隊が約10マイル離隔して配置されていた。

日本軍は空母を「大きく、やや緩やかな隊形で運用する」という伝統を継承していたが、今では空母の近傍に、従来よりも多くの護衛艦を配置していた。空襲を受けると、隊形を閉じ、護衛艦が対空火器で効果的に空母を防護できるようになったが、それでも機動性に重点が置かれていたことに変わりなく、相互の防空支援の比重は低かった。

この戦いでは、零戦が戦闘爆撃機として使用され、増槽の代わりに250キロ爆弾を搭載していた。零戦のパイロットは十分な航法設備を利用できなかったため、97式艦攻が先導役として随伴した。しかし、97式艦攻には水上捜索レーダーがなかった。

日米双方とも、相手の攻撃隊を50~100マイルの距離から探知できる対空警戒レーダーを備えていた。アメリカ海軍は全機に4つのチャンネルをもつVHF無線を装備し、無線規律は徹底されていた。VHFのうち1つのチャンネルは、任務部隊間の「戦闘機の誘導指揮」の通信用に確保されていた。「戦闘機の誘導指揮」は、全艦に備わった戦闘情報センター(CIC)を通じて効率的に実施された。

視界と風

1944年6月20日、北緯13度、東経138度、UTC+10の時間帯で、日の出は06時22分、日の入りは19時16分であった。航海薄明は05時31分に始まり、20時07分に終わった。月の出は05時45分、月の入りは18時51分だった。夜には月が水平線より下にあり、しかも新月だったため、夜間の着艦を助ける月明かりはほとんどなかった。

天候は晴れ、積乱雲が散見された。視界は良好で、攻撃隊とＣＡＰ隊ともに目標の位置確認が容易であった。風は東から吹いており、9～12ノット〔秒速約4・5～6メートル〕の安定した貿易風であった。東風のもとでフライト・オペレーションを行うためには、〔艦載機の離発着の際に〕東に向かって航行することが求められた。したがって、日中は西に向かって大きく移動することは困難であった。つまり西へ大きく移動するには、夜間を最大限に活用する必要があった。

航空作戦

マリアナ侵攻から3日後の6月18日の朝、アメリカ軍はサイパンの西方約50～１００マイルに位置していた。サイパン島自体は旧型戦艦と多くの護衛空母（ＣＶＥ）によって守られていた。日本軍は西南西から接近しており、アメリカの空母部隊から約６５０マイル離れていた。

05時35分、アメリカ軍は朝から西方３２５マイルの地点まで定時の索敵活動を開始した。アヴェンジャーが使用され、特に危険な索敵区域ではヘルキャットが護衛についた。

06時00分、日本軍は97式艦攻と巡洋艦の零式水偵を使用し、東方４２５マイルの地点まで索敵を開始した。12時00分には、彗星と零式水偵を使って西方４２０マイルまでの索敵を行った。日本艦隊は午前のうちに東進しており、この索敵で最初のアメリカ艦艇の目撃情報が得られた。結局、15時25分から16時40分の間に4件の目撃報告がなされた。こうして日本軍は、アメリカの空母の位置を把握した。

13時30分、アメリカ空母任務群は西方３２５マイルまでの索敵を開始した。この索敵は日本艦隊まであと約60マイル届かなかった。とはいえ、アメリカ潜水艦〈カヴァラ（Cavalla）〉が前日、日本艦隊を目撃していたため、アメリカ側は日本艦隊が同海域に接近していること、それが何時頃に現れるかを概ね把握していた。18日から19日にかけての夜は、夜間水上戦が起こる可能性があった。スプルーアンスはリーに夜戦に興味があるかと尋ねたが、リーは「戦艦は夜戦の訓練が不足している」と断ったため、スプルーアンスは夜間に西へ移動することを断念した。ミッチャーはこれに不満だった。彼は敵の空母との戦いを望んでいたからなのだが、今は上陸地点を掩護する海域におり、小沢艦隊への攻撃位置から外れていることにすぐに気づいた。

小沢のほうは、アメリカ空母群から約400マイルの離隔距離を維持するため、針路を反転させた。彼は敵の索敵範囲にも攻撃圏内にも入らないつもりだった。そのため日本は定期的に敵の位置を確認し、アメリカ軍の動きを把握していた。

このように小沢が攻撃圏外にとどまり続けたため、アメリカ軍の索敵隊は何も見つけられなかった。地上の無線方向探知施設によって、日本空母の予想エリアから発せられた通信を傍受したという報告があったり、潜水艦からの（不明瞭な）報告もあったが、どちらも信頼できるものではなかった。

夜間、サイパンから出撃したレーダー搭載のPBM飛行艇が2つのグループに分かれた40隻の艦艇を探知したが、無線で報告することができなかった。その報告内容がスプルーアンスに届いたのは、08時45分に同機が陸上基地に帰還してしばらく経ってからだった。

02時00分、〈エンタープライズ〉からレーダーを搭載したアヴェンジャー14機による夜間索敵が開始された。この索敵隊は255度の針路で100マイル地点まで同一行動で飛行し、その後、西の方向へ扇形に散開し、225マイル地点まで広域に索敵を行った。しかし、先遣されていた日本の前進部隊を50マイルほどの差で見逃していた。

19日朝の時点で、スプルーアンスは小沢の位置をほとんどつかめていなかったが、小沢はスプルーアンスの位置をかなり正確に把握していた。

04時45分までに、小沢の前衛部隊の戦艦と巡洋艦は16機の零式水偵を発進させ、東方350マイル地点までを索敵した。05時15分から05時20分には、97式艦攻13機と零式水偵1機による第2次索敵が行われ、東方300マイル地点までを捜索した。前日と同様、日米両軍の索敵機は互いに相手を目撃している。ここで起こりえるのは、97式艦攻や零式水偵が不意にヘルキャットと遭遇し、予想通りの結果〔日本機が撃墜される〕を招くという事態である。実際その日の朝、7機以上の日本の偵察機が、アメリカの索敵隊と遭遇したり、レーダーで捕捉され、CAPの迎撃を受けたりして未帰還となった。

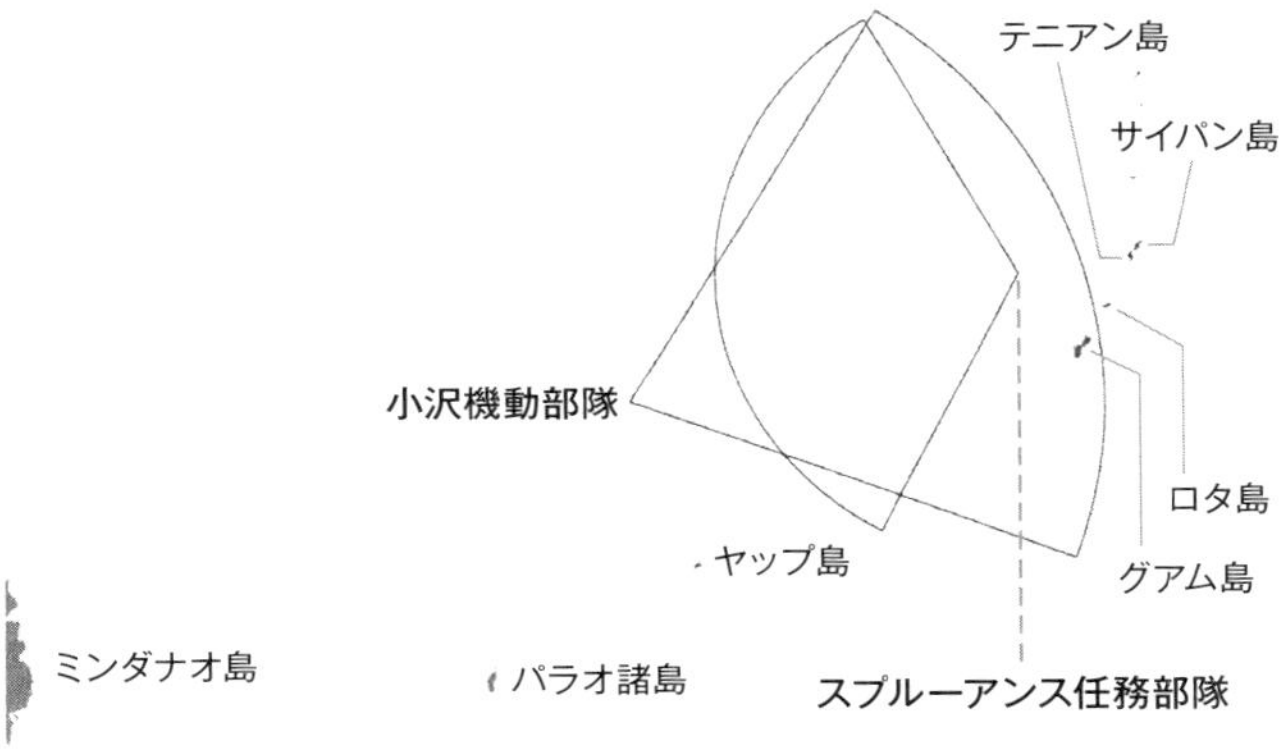

フィリピン海海戦の概要図。６月19日朝05時30分時点の早朝索敵が開始された頃の両軍の位置を表したもので、両軍の偵察機による索敵範囲を示している。小沢はスプルーアンスの位置を把握し、アメリカ軍の攻撃圏内に入らないよう慎重に行動した。スプルーアンスは小沢の概略の位置しかつかめておらず、アウトレンジからの攻撃を防げなかった。図はわかりやすくするために、05時30分の長距離偵察機による索敵範囲だけを示している。同日の朝には、特に日本の水上偵察機による索敵が活発に行われていた。

この日の朝、日本軍はこれまでの慣例に反し、対潜哨戒機を出さなかった。艦載機が索敵活動に忙殺され、できるだけ多くの航空機を攻撃編隊に回す必要があったためであり、この日の予防措置〔対潜哨戒〕は見送られた。これがのちに悲惨な結果を招くことになる。

05時30分、アメリカ海軍標準の325マイルの黎明索敵が西に向けて開始された。索敵隊は9機のアヴェンジャーと5機のヘルキャットを加えて編成された。ヘルキャットは扇形の索敵パターンの真ん中に位置するアヴェンジャーを護衛した。

同じ05時30分、空母〈翔鶴〉が彗星11機を発艦させ、巡洋艦〈最上〉から零式水偵2機を伴って東方560マイル地点までを捜索した。こうして日の出までに日本軍は合計43機以上の索敵機を投じていた。アメリカ側はわずか9機の索敵機しか飛ばしていなかったが、対潜哨戒を継続的に行っていた。

07時30分、零式水偵がアメリカの空母群を発見し、4分後に別の偵察機によって確認された報告書を提出するために帰還した。これで小沢は知りたい情報をすべて把握できたことになる。

スプルーアンスとミッチャーは、グアム島やロタ島における敵の航空活動にいかに対処するかについて話し合った。ミッチャーは両島への攻撃に反対し、敵空母に集中したいと考えたが、少し後になってまだその準備ができていないことに気づいたようだ。日本の空母と基地航空部隊の両者を脅威と見なし、いずれ来襲するはずの日本の空母攻撃隊がレーダー・スクリーンを埋め尽くすようになる前に、基地航空部隊からの脅威を取り除こうとしたのである。

08時24分、36機のヘルキャットがグアム島上空に到着し、約30機の戦闘機と5機の爆撃機（その多くは最近トラック島より飛来したもの）を撃墜した。これでグアムの脅威はかなり軽減された。

08時00分、前衛部隊は19日の最初となる第1次攻撃隊を発進させた。まず先導機として2機の97式艦攻、次に250キロ爆弾を搭載した零戦45機、そして護衛として零戦16機、魚雷を搭載した天山艦攻8機である。発艦は08時30分までに完了した。飛行長たちは、空母に帰還する燃料がない場合は、グアムに着陸するよう指示を受けていた。

08時30分頃、甲部隊（第一航空戦隊）の大型空母から、先導機の97式艦攻2機、零戦48機、彗星艦爆54

機、天山艦攻27機から成る第2次攻撃隊が発進した。08時56分には発艦が完了した。その後、小沢は敵との離隔距離を保つため、今度は西に向かった。また〈大鳳〉から出撃した1機の彗星艦爆はアメリカ空母群の北東方向に進み、「ウインドウ」チャフ〔電波を反射する物体。日本軍は模造紙に錫箔を貼ったものをチャフとして用いた。「ウインドウ」はイギリス空軍が用いたチャフのコード名〕を投下し、敵のＣＡＰの注意を北東のエリアに引き寄せ、攻撃隊主力から遠ざけようと試みた。この小さなトリックは見事である。小沢はアメリカのレーダーを逆手に取ろうとしていたのだ。

09時09分、〈大鳳〉はアメリカ軍の潜水艦〈アルバコア（Albacore）〉の魚雷を浴びた。被害は軽微であったようで、陣形を維持することができた。

10時00分、乙部隊〔第二航空戦隊〕から零戦〔戦闘機〕15機、零戦〔戦闘爆撃機〕25機、天山艦攻7機から成る、第3次攻撃隊が発進した。この攻撃は、先の2回の攻撃目標から約50マイル北の位置で、索敵隊が新たに接触した敵部隊に対して向けられた。

10時10分、〔アメリカの〕レーダー・スクリーンに大量の機影が現れ始め、前方１２４マイル先にいる戦艦〈アラバマ〉が最初に探知した。新型のＳＫ－２レーダーは、その価値を証明していた。敵機が近づくと、その高度は2万４０００フィートと推定された。これは甲部隊から出撃した攻撃隊である。運用可能なＣＡＰ機はすべて投入された。飛行甲板に駐機していた爆撃機はすみやかに発艦し、東に旋回するよう指示され、次の命令を待つことになった。格納庫甲板にいる航空機はガス抜きされ、爆弾や魚雷が取り外された。

不思議なことに、攻撃隊は艦隊にまっすぐ飛んでくるのではなく、攻撃隊形を組み直すため10分間ほど上空で待機した。この時間がアメリカ軍の戦闘機に迎撃態勢を整えるための余裕を与えてしまった。結局、日本軍の攻撃隊は、アメリカの空母群から約70マイル離れた場所で迎撃された。

各空母は「戦闘機の誘導指揮」を独自に行っていたが、他の空母とは別チャンネルで連絡を取り合っていた。新たに発艦したヘルキャットは、まず空母上空でＣＡＰの持場につき、そこから高度を上げ、すでに戦闘中のヘルキャットと入れ替わり、敵機と交戦を開始した。

日本軍の第1次攻撃隊に対しては、約50機のヘルキャットが迎撃した。攻撃隊69機のうち、約30機が撃墜され、ヘルキャット3機が犠牲になった。残りの40機のうち、何機かはレーダー搭載型ピケット駆逐艦を攻撃したが、3〜6機は激しい対空火網を潜り抜け、戦艦群を攻撃することができた。零戦1機が〈サウスダコタ〉に２５０キロ爆弾を命中させ死傷者を出したが、艦自体に大きな損傷はなかった。空母に帰還できたのは零戦８機、零戦（戦闘爆撃機）16機、天山艦攻6機のみであった。日本の航空参謀はアメリカの猛烈な対空火網を見て、今後この艦艇群を攻撃しないようにと忠告した。これが、その後の攻撃が別の目標に指向された理由なのかもしれない。

11時07分、甲部隊から発進した日本軍第2次攻撃隊１００機あまりが、１１５マイル先の地点でアメリカ軍のレーダーにより捕捉された。攻撃隊は攻撃開始前、またもや再編成のために一時的に上空待機し、防御側の戦闘機に迎撃準備の貴重な時間を与えた。両軍の航空隊は〔日本軍が攻撃目標とする地点から〕約60マイル先で遭遇した。〔アメリカ軍のＣＡＰを〕かわした航空機は戦艦群を攻撃したが、そのうちの数機は上空を通過して空母群に向かった。1機の彗星艦爆が〈ワスプ〉に爆弾を投下し、軽微な損傷を与えたが、もう1機の彗星艦爆が〈ワスプ〉に至近弾を浴びせた。他の彗星艦爆2機が〈バンカー・ヒル〉に至近弾を投下した。しかし、2機を除くすべての攻撃機が撃墜された。6機ほどの雷撃機の編隊が第58・3群を狙ったが、命中弾はなかった。結局、この攻撃で帰還できたのは、当初出撃した１３１機のうち、わずかに零戦16機、彗星艦爆11機、天山艦攻4機であった。

11時10分、ミッチャー中将は敵の位置を把握できていないにもかかわらず、上空を旋回中の爆撃機隊を使って攻撃することを承認した。〈エンタープライズ〉から発進したアヴェンジャーは西方２５０マイル地点までを捜索し、爆撃機隊は30マイル後方を索敵中央線に沿って追跡した。この攻撃は不発に終わったが、代わりに爆撃機隊は、戦闘機の掩護が可能であればグアム島を攻撃するよう命じられた。

11時20分、マヌス島を拠点とする長距離哨戒機ＰＢ４Ｙリベレーター（Liberator）が甲部隊を発見した。

11時30分、この日４回目となる日本軍による第４次攻撃隊が乙部隊から出撃した。これは同日の乙部隊からの第２波であり、乙部隊には、すでに送り出す航空機は残っていなかった。零戦30機、零戦（戦闘爆撃機）10機、彗星艦爆９機、99式艦爆27機、天山艦攻６機で編成された攻撃隊である。

12時20分、〈翔鶴〉は潜水艦〈カヴァラ〉の魚雷３本ないし、おそらく４本を被弾した。被害は甚大であった。火災は当初は鎮火されたが、やがて制御不能となり、15時01分、同艦は沈没した。

13時00分、乙部隊から出撃した日本軍の第３次攻撃隊47機は、修正後の目標座標地点に到着したが、何も発見できず、上空を旋回しているようだった。そして約50マイル離れた地点からアメリカのレーダーに発見され、40機の戦闘機で迎撃された。撃墜されたのは７機だけで、残りはなんとか空母に帰還した。

13時20分、この日４回目の日本軍の攻撃隊は、アメリカ軍のレーダーにより１３４マイル先の地点で探知された。この攻撃隊は第３次攻撃隊と同じ座標地点に到着し、またも何も発見できなかったため、敵艦隊の捜索を開始した。それでも何も発見できず、グアム島やロタ島に向かった編隊はヘルキャットに遭遇した。また戦闘機を収容中の敵空母を発見した編隊もいた。〈ワスプ〉と〈バンカー・ヒル〉は爆撃から逃れようと回避運動をした。このアメリカ空母を襲った編隊のほとんどはグアム島へ向かったが、その後、飛行場の上を低空で旋回する約40機がヘルキャットに発見された。ヘルキャットは日本機に襲いかかり、そのうちの約30機を撃墜した。結局、第４次攻撃隊では82機のうち73機が撃墜された。

14時00分、アメリカ空母任務群は西方３２５マイル地点まで新たな索敵を開始したが、いまだに〔日本艦隊を〕発見できなかった。小沢は相変わらず圏外にいた。

15時32分、〈大鳳〉が大爆発を起こした。09時09分に命中した魚雷の被害は軽微なものと思われていたが、ガソリンの蒸気が〔艦内に充満していたことが〕原因だった。18時28分、同艦は沈没した。小沢は護衛艦に移り、その後、一時的に巡洋艦〈羽黒〉に司令官旗を立てた。そして翌日、無線通信設備が完備していた〈瑞鶴〉に旗を移した。

この日の航空戦において、アメリカの戦闘機誘導指揮官は日本軍の飛行長から思わぬ恩恵を受けた。飛行長からの送信内容は〈レキシントン〉艦上で日本語が堪能な隊員によってモニターされており、彼の命令を知ることで、CAPの誘導に役立てることができた。彼を撃墜するために何機かの戦闘機を送り込むことが提案されたが、ミッチャーは「だめだ。彼は大いに役に立つ」と言って拒否した。

〔19日は〕一日中、アメリカ軍の索敵活動は日本の機動部隊を見つけることができなかった。スプルーアンスはまだ小沢がどこにいるのか知らなかった。彼が唯一信頼できた報告は、11時20分のPB4Yリベレーターによる目撃情報と、12時20分の〈カヴァラ〉による翔鶴への魚雷攻撃だけだった。

その日が終わりに近づき、アメリカ軍は敵機を約318機撃墜したのに対し、自軍の損失は23機にとどまる大勝利を収めたと確信した。連合艦隊はアメリカ軍の上陸作戦に対する大きな脅威ではなくなったのである。この日の集中したフライト・オペレーションにより、各編隊は徐々に東方へ移動し、グアム島に近づき、敵から遠ざかっていった。夜間には第58任務群が西方へ航行し、日本の機動部隊が撤退する前に沈める完全勝利を目指した。

しかし、小沢はまだ負けてはいなかった。航空戦力の大損害は想定されていたし、彼のパイロットたちは敵艦艇に多くの命中弾を与え、多くの「グラマン」を撃墜したと報告していた。彼は、多くの航空機がグアム島に着陸し、そこで燃料を補給し、空母に戻ってくることを期待していた。彼は翌日も戦闘を継続するつもりでいた。はじめはアメリカ空母群に向かって東進していたが、23時45分に北西方向に針路を変更し、戦力を再編成した。この時、彼は自覚していなかったが、日本艦隊の退却は事実上始まっており、スプルーアンスが把握していた位置より、さらに北にいた。

20日05時30分、アメリカはいつものように黎明索敵を開始したが、何も発見できなかった。このときも３２５マイルまでしか索敵できず、日本艦隊の位置まで75マイルほど足りなかった。昼間の索敵でも何も発見できなかった。航路は西か、それよりやや南で、損傷した〈翔鶴〉を捜索した。その後、針路を北西に変更したが、これは日本軍が退却していた方向であった。両軍とも特に駆逐艦の燃料に深刻な不安を抱いていたが、互いに追跡中であったため、当面の燃料補給は見送られた。

15時12分、〈エンタープライズ〉から飛び立った索敵機が、２７５マイル先で20ノットで西進する艦隊をようやく発見した。当初、この目撃情報は曖昧な面があったが、15時40分にその正しさが裏付けられた。

攻撃隊は大型空母群の飛行甲板に並べられていた。エンジンは定期的に起動し、いつでも稼働できる状態にあった。いったんエンジンを止め、すぐに燃料を満タンにした。攻撃準備は整った。

16時24分、約３００マイル離れた目標に対し、攻撃が開始された。ヘルキャット96機、ヘルダイバー51機、ドーントレス26機、アヴェンジャー54機で、このうち魚雷を搭載したアヴェンジャーは12機のみで、他は５００ポンド爆弾を4発ずつ搭載していた。発艦した航空機はそのまま前進し、飛行中に編隊を組んだ。第2次のデッキロード攻撃も検討されたが、最終的には中止され、機体から燃料が抜かれ、爆弾類も取り除かれた。

日が暮れかけた18時38分、攻撃隊は日本艦隊の上空に到着し、約68機の零戦に出迎えられた。零戦のパイロットたちは、前日の「七面鳥撃ち」（Turkey Shoot）〔多数の日本軍機がアメリカ軍の対空砲火やＣＡＰ隊によって撃墜されたことを表すアメリカ側の呼称〕を生き延びた優秀なパイロットたちだったようだ。彼らは攻撃隊の規模の大きさに圧倒されていた。アメリカ軍の慌ただしく、連携のない攻撃が行われ、魚雷で〈飛鷹〉を撃沈することに成功した。〈瑞鶴〉〈隼鷹〉〈千歳〉にも爆弾が命中したが、いずれの空母も航空機を搭載していなかったため、火災はすぐに消し去られ、戦場から離脱できた。攻撃は日没直前の19時10分に終了した。夜が更けるにつれ、帰還した航空機の多くが燃料切れを起こしたが、ほとんどは夜間着艦により空母に帰還できた。

海戦が終了したとき、連合艦隊は空母艦載機35機、水上偵察機12機を残すのみとなり、戦闘開始前の艦上機450機、水上機45機から一挙に減少した。

分析

日米双方とも、もはや単一の陣形では実践的な運用ができないほど多くの空母を保有していたため、日本は3個グループ、アメリカは4個グループを編成した。そうなると「空母を集中的に運用するか、個別に運用するか」といった従来の議論はもはや意味をなさなくなっていた。

この海戦で、日本側は小型空母〔〈千歳〉〈千代田〉〈瑞鳳〉〕を動員してピケット・ラインを形成し、敵の攻撃を吸収しようとした。しかし、アメリカ軍はこの囮部隊を発見できなかったため、これらの空母が犠牲を払うことはなかった。アメリカ側は戦艦を同じように使い、敵の攻撃――大きな損害を与えることはなかったが――を吸収し、空母群を守った。

陸上からの長距離偵察機は役に立ったが、いつものように数が少なすぎて、戦闘が迫ると大した影響力をもたなかった。これは日米双方に言えることだった。

この戦いにおいて、戦術レベルの目標は、相手に先制攻撃を仕掛けることだった。1942年の海戦の経験が、それを決定的に物語っていた。つまり索敵とインテリジェンスが重要であり、両軍ともそれを強く意識していた。

スプルーアンスは、ミッドウェーにおける南雲と同じ問題を抱えていた。彼は2つの敵、つまり島嶼を基地とする航空機と、空母機動部隊の艦載機の両方と向き合っていたのである。片方の敵を攻撃することは、もう片方の敵から先制攻撃を受けることを意味した。スプルーアンスにとって幸運だったことは、日本軍が彼の攻撃を予測していなかったことで、彼はそれぞれの脅威に連続して対処できた。

日本軍は敵の暗号を解読するというアドバンテージをもたなかった。またアメリカには対空警戒レーダーがあり、〔日本の航空隊が〕奇襲できる可能性がほとんどないこともわかっていた。そこで往復打撃戦術《シャトル》を駆使し、〔敵の索敵と攻撃の〕圏外にとどまることで、敵の反撃を受けずに先制攻撃を実現しようと考えた。つまりアメリカ軍を先に発見し、アメリカ軍から反撃の能力を奪うことで、先制攻撃の成果を確実にできる。また東から卓越風が吹いていたため、フライト・オペレーションは日本艦隊から遠ざかる結果を招き、スプルーアンスは小沢との距離をなかなか縮めることができなかった。

日本軍は敵の索敵と攻撃圏外にとどまり続けることに成功した。19日の丸一日中、アメリカ軍にその位置を知られることなく、次々と攻撃を仕掛け、反撃を受けることもなかった。これは、索敵機に搭載された水上捜索レーダーを含むレーダーの優位性をアメリカ側が享受できたにもかかわらず、である。

スプルーアンスはもっと積極的に索敵を行うこともできただろうが、発見できた相手を攻撃できなければ、それに何の意味があっただろうか。敵の位置を正確に把握できれば、それに越したことはないが、スプルーアンスは任務を完遂するために必要な程度には、自分は状況を把握できていたのだ、と主張することもできるだろう。

夜戦を回避するというスプルーアンスの判断も正しかった。夜戦の訓練を受けていない新造海軍の限界は忘れられがちだが、日本軍は夜戦を得意としていることはそれまで何度も証明されてきた。レーダー分野でのアメリカの優位性が訓練不足を補ったという見方もできるが、新しい装備品の訓練を受けていなければ、どんなに優れた装備品であっても、それに伴うリスクは大きい。

スプルーアンスは夜間を利用して西へ向かって突進し、日本機動部隊を攻撃圏内に収めることもできたはずだ。しかし、その代償として、彼が望みも必要ともしていない夜間戦闘を強いられる可能性があった。小沢はそうした動きを見ると、すぐに攻撃圏外に艦隊を移動させたであろう。その帰結は、スプルーアンスがさらに西の位置で攻撃圏外に置かれ、その結果、上陸作戦を掩護する立場を弱くするだけであった。小沢が再びアウトレンジの位置まで移動するには時間を要し、それこそスプルーアンスが狙えた好機であったはずだが、それには艦隊位置が西に大きくずれるという代償を伴い、スプルーアンスはそれを支払うことを望まなかった。戦争のこの段階では、日本海軍は依然として最も危険な敵であり、アメリカの優位性は、本質的に消耗戦略を捨て去ることができるほど、まだ卓越したものではなかったことを忘れてはならない。

小沢は、スプルーアンスがこれらすべてを承知のうえで行動していることを知っており、スプルーアンスも小沢が考えていることを知っていた。そうした両者の認識のうえで、小沢のシャトル戦術、スプルーアンスの西に行かないという判断、小沢が〔アメリカ軍による〕攻撃圏外の位置を維持したこと、そしてスプルーアンスがそれを黙認するという一連の行動が生じていたのである。

1942年の状況、すなわち日米両艦隊とも「ハンマーで武装された卵の殻」のような空母を擁しているという状況は、今や防御に有利な状況へと変化していたのである。正確な長距離レーダーを駆使した熟練の「戦闘機の誘導指揮」チームに支えられた戦闘機の大編隊と、広範な無線ネットワークの組み合わせは、きわめて効果的であることをアメリカ海軍は証明したのである。防御力が大幅に向上したことで、先制攻撃の重要性はかなり低くなった。先制攻撃をしても、単に撃墜されるだけとなったのである。

アメリカ軍が防衛力を大幅に向上させたのは、決して偶然ではない。彼らは自分たちが攻勢に転じると、戦術的に不利になることを承知していた。つまり日本軍はどの島が侵攻されているかを知っており、アメリカ空母群が上陸地点の防衛に縛られることを承知のうえで〔アメリカ軍を攻撃できるのである〕。戦略的な攻勢作戦においては、高速空母群は、近隣の島嶼基地からの敵航空機に対処しつつ、基本的には局地的な航空優勢を確保することを主な任務とする防御的戦力であることが理解されるにいたる。そのため防御力の向上に重点が置かれ、戦闘機の数も大幅に増やされた。艦載機を偵察と小規模な急襲に用いるという昔日の任務は終わりを告げた。エアパワーの台頭により、高速空母群は基本的に防御的な役割を担うことになったが、戦略的にははるかに重要な役割を担うことになったのである。

空母群を指揮した提督たちは、自分たちに与えられた成功を必ずしも好きになれなかった。スプルーアンスが命じたように、空母群は本当に「上陸地点に錨を降ろす」べきなのかという議論があり、この議論はたびたび熱を帯び、航空派と非航空派との対立の道具としても利用された。

日本軍は戦闘機の数を増やすことも「戦闘機の誘導指揮」を改善するような取り組みもしなかった。これらの措置はいずれも本質的に防御的であり、攻撃する側にとってはあまり必要であるとは考えられなかった。防御に関しては、日本の機動部隊はアメリカ軍をアウトレンジから攻撃する戦法に頼り、それは彼らが占領している島嶼部の基地を使った往復打撃戦術《シャトル・タクティクス》により達成できると考えられていた。

日本軍は戦術的レベルにおいて、アメリカ軍の防御力がどれほど向上しているかを予測することができなかった。ヘルキャットの大編隊に対抗できる十分な護衛戦闘機が足りなかったため、日本の攻撃隊は自らヘルキャットを相手にしながら突撃することを余儀なくされた。また日本の戦闘機パイロットは攻撃精神に欠け、爆撃機の編隊は比較的崩しやすく、いったん崩れると個々の爆撃機は簡単に撃墜できると考えられていた。

日本の攻撃隊は、アメリカ側が「戦闘機の誘導指揮」を行いやすい隊形を組んでいた。大編隊の中で小さなグループに固まり、レーダーでの追跡も迎撃も容易だった。日本の攻撃隊は発見されると数分間旋回し、アメリカの戦闘機隊は有利な態勢をとることができた。その意味で彼らは〔アメリカ軍から見て〕協力的とさえ言えた。

一連の飛び石《アイランド・ホッピング》作戦における最初の大規模な戦いにおいて、アメリカ軍は、自分たちの戦力のほうが優れていることは承知していたが、日本の敗北への道のりはまだ遠く、何が起こるかわからない状況をよく理解していた。そこで最初のステップとして、日本軍を消耗させ、しかも必要以上の危険を冒さずにこれを行うことが理にかなっていた。そのためには、スプルーアンスのような人物が必要だった。次の戦いにおいて、かりに脅威の度合いが薄まれば、アメリカはハルゼーを指揮官として、より大胆な行動をとれるようになった。

戦後のインタビューで小沢は、スプルーアンスの気質が慎重派であることは知っていたと語っている。これがアウトレンジ計画に踏み切った要因であった。その計画は成功した。小沢たちは、ほぼ完璧な試合を演じたのである。しかし、それでも彼らは負けてしまった。しかも手ひどく。何かをしなければならなかった。次の戦いで、彼らは完全に戦術を変更した。攻撃的なハルゼーを相手に、面白い展開になりそうだった。

第17章　レイテ湾海戦

はじめに

１９４４年10月20日、アメリカ軍はフィリピンのレイテ島に上陸した。日本軍はフィリピンを失えば、戦争に負けることを知っていた。フィリピンは是が非でも守らなければならなかった。

史上最大規模の海戦となったが、空母はあまり活躍しなかった。日本の空母は囮にされ、アメリカの空母はその囮を追跡するだけにとどまり、メイン・イベントは２隻の戦艦の行動だった。

レイテ湾海戦〔日本側の呼称は「レイテ沖海戦」〕はいくつかの海戦で構成されていたが、空母の運用を考えるには、エンガノ岬の戦いに焦点を当てることになる。実際には大した戦闘ではなかったのだが、日本海軍の最後の空母機動部隊が撃沈された戦いである。

レイテ島への上陸作戦は、全面的に艦上戦闘機による掩護に依存していた。しかし〔この作戦は〕広大な陸地への上陸であり、それに対抗する敵の陸上航空兵力は、現地の航空基地あるいは、台湾、中国、日本から飛来するものなど、いくらでもあった。〔そのためアメリカ軍の〕当初の計画では、まずミンダナオ島に侵攻し、そこに航空基地を確保してからレイテ島に挑む予定だった。しかし、ハルゼーの空母部隊による一連の威力偵察を兼ねた空襲がほとんど抵抗を受けなかったため、ミンダナオ島を跳び越えてレイテ島へと直行することが決定された。

投入戦力と兵站

第38任務部隊は4つの任務群で編成され、合計17隻の空母を保有していた。ただ、この戦いの前に、第38・1任務群は改装・整備のためウルシー泊地に帰投していた。以下は当時の第38任務部隊の編成である。

第38・2任務群

〈イントレピッド〉　ヘルキャット44機、ヘルダイバー28機、アヴェンジャー18機
〈カボット〉　ヘルキャット21機、アヴェンジャー9機
〈インディペンデンス〉ヘルキャット19機、アヴェンジャー8機
戦艦〈アイオワ〉〈ニュージャージー〉と巡洋艦〈ビロキシ〉〈ビンセンヌ〉〈マイアミ〉、そして駆逐艦16隻で護衛されていた。

第38・3任務群

〈エセックス〉　ヘルキャット51機、ヘルダイバー25機、アヴェンジャー20機
〈レキシントン〉　ヘルキャット42機、ドーントレス30機、アヴェンジャー18機
〈ラングレー〉　ヘルキャット25機、アヴェンジャー9機
〈プリンストン〉　ヘルキャット25機、アヴェンジャー9機
戦艦〈マサチューセッツ〉〈サウスダコタ〉と巡洋艦〈サンタフェ〉〈モービル〉〈リノ〉、そして駆逐艦14隻で護衛されていた。

第38・4任務群

〈フランクリン〉　ヘルキャット37機、ヘルダイバー31機、アヴェンジャー18機
〈エンタープライズ〉　ヘルキャット39機、ヘルダイバー34機、アヴェンジャー19機
〈サン・ジャシント〉　ヘルキャット19機、アヴェンジャー7機
〈ベロー・ウッド〉　ヘルキャット25機、アヴェンジャー9機
戦艦〈ワシントン〉〈アラバマ〉と巡洋艦〈ニューオーリンズ〉〈ウィチタ〉、そして駆逐艦11隻で護衛されていた。

このアメリカ艦隊に対峙した日本側の空母は、残存していた〈瑞鶴〉〈瑞鳳〉〈千歳〉〈千代田〉であり、零戦52機、艦爆型の零戦28機、天山艦攻25機、97式艦攻4機、彗星艦爆7機の合計116機を搭載していた。これと同じ空母が、フィリピン海の戦いでは合計157機を運用したので、明らかに通常定数より少ない兵力しか擁していなかったと言えるが、それでもまともな兵力だった。

〈瑞鶴〉　零戦20機、天山艦攻25機、彗星艦爆7機
〈瑞鳳〉　零戦20機、97式艦攻4機
〈千歳〉　零戦20機
〈千代田〉　零戦20機

実際のところ、各空母への配分機数はさまざまな文献に基づいた推測にすぎない。ただ一般的に、小型で低速の空母は天山艦攻の運用に問題があったことが知られている。〈瑞鳳〉は通常、偵察と小規模な攻撃用に97式艦攻数機を搭載していた。零戦はナビゲーションを雷撃機に頼っていたが、だからといって同

じ空母に搭載されていなければならないわけではなかった。彗星艦爆は索敵に使われることが多く、高速設計であったため、長い飛行甲板をもつ高速空母からの運用が最適だった。〈千歳〉と〈千代田〉は水上機母艦を改造したもので、正規空母より速力が遅かった。

この部隊は2隻の航空戦艦〈伊勢〉〈日向〉、軽巡洋艦〈大淀〉〈多摩〉〈五十鈴〉、駆逐艦9隻により護衛されていた。

指揮・統制

第3艦隊の司令官は、戦艦〈ニュージャージー〉に坐乗するウィリアム・ハルゼー提督だった。第38任務部隊の指揮は〈レキシントン〉に坐乗するマーク・ミッチャー中将であった。ハルゼーは非常に多くを任されていた。

各任務群は3～4隻の空母をまとめて中心に配置し、巡洋艦と駆逐艦がそれを取り囲むように遮蔽幕《スクリーン》を構成する輪形陣で航行した。戦艦は昼間、遮蔽幕の一部を構成していたが、夜間には分派して戦列《バトル・ライン》を形成し、予想される夜間戦闘に備えることもあった。各任務群は約10～15マイル〔約16～24キロメートル〕離隔して行動した。

小沢治三郎中将は日本の機動部隊を指揮し、〈瑞鶴〉の艦上に将旗を掲げた。4隻の空母は緩やかな集団として行動し、護衛艦がその周囲を取り囲んだ。栗田健男《たけお》中将は主力となる戦艦部隊を指揮した。

両軍とも50～１００マイルの距離で来襲する敵攻撃隊を探知できる対空警戒レーダーを備えていた。アメリカ軍は4個チャンネルのＶＨＦ〔超短波〕無線を全艦載機に搭載し、無線規律は徹底されていた。「戦闘機の誘導指揮」は、全艦艇に設置された戦闘情報センター（ＣＩＣ）で効率的に行われた。ＶＨＦ回線のうち1個チャンネルは、各任務群どうしの「戦闘機の誘導指揮」の通信用に確保されていた。

視界と風

１９４４年10月25日、北緯18度、東経１２６度、ＵＴＣ＋９の時間帯で、日の出は06時32分、日の入りは18時08分であった。航海薄明は05時45分に始まり、18時56分に終わった。月の出は13時19分、月の入りは00時50分（10月26日）であった。20時00分、月は水平線から50度の高さで南南西にあった。上弦の月であり、日の入り後の着艦に活用できた。

天気は全般的に晴れで、ところどころに積乱雲が散見された。風は北東から13～16ノット（秒速約６・５～８メートル）の貿易風が吹いていた。これまでの数多くの戦いの定石どおり、北東に舵を切れば風を正面から受けることができた。これで航空機の発進や収容に大きな針路変更を必要とせず、フライト・オペレーションが容易になる。しかし輸送船を守るために急ぎ足で戻ることは、フライト・オペレーションを複雑にした。

航空作戦

小沢は自分が囮であり、撃沈されることを覚悟のうえで戦いに臨んだ。しかし戦後の尋問では、彼はそのことについて宿命論的なことは語っていない。彼は、栗田の戦艦部隊を効果的に守るには自分の戦力があまりにも弱いことを知っていたため、この囮作戦は彼にとって理にかなうものだった。ただし囮として成功する確率については懐疑的で、五分五分と評価していた。

23日、小沢は自分の所在位置に敵の注意を引き付けるため、無線封止を破った。その効果がどれほどのものかは彼にはわからなかった。24日未明、小沢は75機の航空機による攻撃隊を第38・３任務群に向けて発進させた。この攻撃隊はＣＡＰ隊に迎撃され、その多くが撃墜されたが、生存機のほとんどはルソンに着陸した（天候のため）。この攻撃の後、機動部隊の戦力は、零戦19機、戦闘爆撃型の零戦が５機、天山艦攻4機、彗星艦爆1機に減少した。

09時38分、陸上基地を発進した1機の彗星艦爆が軽空母〈プリンストン〉の飛行甲板中央部に２５０キロ爆弾を命中させた。これは艦載機の再兵装と燃料補給の最中に起きた。格納庫には6機のアヴェンジャーがあり、燃料も兵装も万全だった。爆弾そのものによる被害は軽微だったが、航空燃料パイプが切断され、アヴェンジャーの1機が燃料タンクを破裂させた。航空燃料の火災が発生し、消火設備の一部が使えなくなった。ダメージ・コントロール・チームは鎮火することができず、まもなく爆発が始まった。この爆発はおそらくアヴェンジャーの魚雷の弾頭部分のものだと思われる。15時24分に大爆発が起こり、17時49分にはさらに大きな爆発が起こり、17時50分に〈プリンストン〉は沈没した。格納庫内に燃料と弾薬を満載した航空機が被弾した場合に、空母がどのような運命をたどるかを示す典型的なケースであった。

24日の15時30分と16時35分に、小沢の空母部隊はアメリカ軍の索敵機に発見されていた。ハルゼーは決断に時間がかかったが、ようやく決心し、20時22分、ミッチャーは北上して対処にあたった。空母〈インディペンデンス〉は栗田艦隊を追跡していた航空機を呼び戻した。こうして栗田艦隊を追跡する者はいなくなり、サンベルナルディノ海峡〔フィリピン中部のルソン島南東端とサマール島北西端の間にある長さ44キロメートルの海峡〕を見張る駆逐艦すら一隻もいなくなった。

この時点で、小沢はアメリカ軍の空母を発見したとの目撃報告を得ていたが、〔同時に〕自分も発見されたと確信した。そこで追撃されることを期待し、北西に向きを変えた。しかし19時30分、彼は発見されていなかったと悟り、再び進路を南東に変えた。25日未明には相手をおびき寄せるため、再び北上した。小沢は知らなかったが、これで夜の間に水上部隊が衝突することはなくなった。しかし、〔アメリカ軍による〕追跡は確実に行われていた。

01時00分、〈インディペンデンス〉からレーダー装備のヘルキャット5機が発進し、３２０度から10度の区間を350マイル先まで捜索した。そして02時05分と02時35分に、日本軍を発見した。距離は120マイルと報告されたが、実際には210マイル離れていた。

02時40分、ミッチャーは損傷した敵艦を始末するため、翌日の砲撃戦に備え、戦艦を空母の約10マイル前方に配備した。

05時40分から06時00分にかけて、黎明偵察と同時に、ヘルキャット60機、ヘルダイバー65機、アヴェンジャー55機の攻撃隊が発進した。攻撃隊は空母部隊の前方を周回するよう指示された。

07時10分、アメリカ軍の黎明偵察により、小沢艦隊はアメリカ艦隊の150マイル前方、周回する攻撃隊からは70～90マイル離れた位置で捕捉された。

08時00分、攻撃が開始された。空母上空の直衛戦闘機は12～15機で、そのうち約9機が撃墜された。08時35分、ヘルキャット14機、ヘルダイバー6機、アヴェンジャー16機による第2次攻撃隊が発進し、09時45分から11時00分にかけて攻撃した。11時15分、ニミッツからの圧力の高まりに応え、戦艦群はサマール沖の危機に対処するため回頭し、南下した。巡洋艦〈サンタフェ〉〈モービル〉〈ウィチタ〉〈ニューオーリンズ〉と駆逐艦9隻は空母部隊のもとにとどまった。

11時45分から12時00分の間、102マイルの距離から200機以上の第3次攻撃隊が発進した。この攻撃隊は13時10分に攻撃を開始した。〈瑞鶴〉は少なくとも3本の魚雷を受け、14時14分に沈没した。ここに真珠湾攻撃に参加した空母の最後の1隻が沈没したのである。

13時15分、30～40機から成る第4次攻撃隊が発艦した。ただちに攻撃を加えたが、爆撃精度はあまり高くなかった。

16時10分、全5隻の大型空母から完全デッキロードによる第5次攻撃隊が発艦した。これは多くのパイロットにとって同日3回目の攻撃であり、これも爆撃精度はあまり高くなかった。

最後に17時10分、36機から成る第6次攻撃隊が発艦した。この攻撃の戦果はわずかであり、その後も大きな戦果はあげられなかった。

最後に沈んだのは〈千代田〉で、同艦はすでに放棄されており、アメリカの巡洋艦と駆逐艦の砲撃と魚雷によりとどめを刺された。戦艦〈伊勢〉と〈日向〉は激しい対空火器と巧みな回避運動を駆使し、それにアメリカ軍の拙劣な爆撃が重なった結果、戦場から脱出することができた。

分析

日本の空母部隊は、この戦いに臨むにあたって、それなりの数の航空機を搭載していた。この戦いのスタンダードな説明では「日本の空母部隊は航空機をもたず、囮として使われただけだった」と書かれているが、これは実際には正しくない。空母が搭載していた航空機は緒戦で攻撃を敢行し、囮の存在を敵に知らしめるために使われた。このため、すぐに使い果たされ、戦闘の表舞台から消えた。空母に帰投する予定だった航空機は、天候の影響で陸上基地に向かうことになった。したがって、アメリカの攻撃隊が日本の空母部隊を攻撃したとき、日本の空母には形ばかりの戦闘機しか残されておらず、飛行甲板は空っぽだった。だからといって、最初からこの状態で戦闘に参加したわけではなかった。

空母戦そのものの結末は、当初から予測できた。日本側は［アメリカ軍と比べ］あらゆる面で絶望的なまでに劣勢だったからである。空母の戦闘は事実上、経験豊かで熟練したアメリカの航空機乗組員たちの爆撃演習の場であった。

空母戦以外では、日本軍が水上艦隊による2方向からの側面攻撃を試みた。1隊はスリガオ海峡の通過を試みたが、水上艦による防御部隊にその行く手を阻まれた。ここでは真珠湾で沈んだ後に修理された戦艦が、拠点防御部隊として効果的に運用された。別の1隊による側面攻撃は、空母部隊の囮行動がうまく機能したため成功したが、サマール沖で小型の護衛空母群とその護衛艦隊との戦闘に忙殺されることになった。

　サマール沖での戦闘の結果、栗田はアメリカの空母部隊のかなりの勢力を撃破できたと考えた。輸送船団を狙うこともできたが、それは一部の輸送船団と引き換えに、日本海軍の中核戦力を犠牲にすることを意味していた。輸送船はすでに物資を下ろしており、〔沈めたとしても〕すぐに補充されるはずだった。もし敵が優位を奪われれば、〔1942年8月に〕サボ島でアメリカ軍が敗退した後に起きたように、いずれにしても輸送船団を撤退させざるをえなかっただろう。針路を反転しても状況は絶望的であることに変わりはなく、勝算は乏しかったが、少なくとも何らかの形で戦局が好転する場合に備え、戦力を残しておいたほうが得策と考えたかもしれなかった。

　ハルゼーは、サンベルナルディノ海峡を守るか、空母を追跡するかの選択を迫られた。アメリカのドクトリンでは、戦力を一体的に保持し、各個撃破されることを避けるべきであると規定されている。戦略の基本は、優勢な戦力による数の優位を活かした敵の消耗を重視し、ミスを犯さないようにすることであった。日本軍はこのことを知っていて、海戦の全般計画の中でそれを利用した。

　もしハルゼーが海峡に踏みとどまり、そこを守っていれば、栗田は優勢な戦力を目の当たりにし、魚雷を発射した後に引き返した可能性が高い。ハルゼーは逃げる栗田を追うこともできたが、それは輸送船団を囮部隊の脅威にさらすことになる。

　もしハルゼーが海峡を守るために形だけの部隊を残し、それを仕掛け線《トリップ・ワイヤー》として運用したとすれば、栗田はそのまま力で押し通し、輸送船団は依然として脅威にさらされていただろう。唯一の違いは、栗田が輸送船団を沈める前に引き返す必要があったため、ハルゼーに捕捉されてしまったことだ。

　実際にハルゼーが行った選択は、栗田に戦艦を犠牲にして輸送船を沈める機会を与える代償として、日本の空母を沈めるというものだった。この選択は短期的には、目下進行中の上陸作戦に問題を引き起こしたであろうが、ここで栗田の戦艦がなくなれば、日本海軍には何も残らなかっただろう。

ハルゼーは戦艦と空母を分離することもできたが、そうすると空母は日本の水上部隊の夜間攻撃に対して脆弱となり、戦艦への航空掩護も弱くなる。囮部隊には2隻の旧式戦艦〈伊勢〉と〈日向〉が含まれていたため、巡洋艦と駆逐艦だけで空母を護衛することは、一定のリスクを伴っていた。

この背景には、空母の役割をめぐるアメリカ海軍内の緊張があった。開戦時には空母は急襲や偵察任務を果たすものとされていたが、結局は水陸両用作戦に航空掩護を提供するという、基本的には防御的な戦力となった。高速空母群は沿岸に停泊しているべきなのか、それとも、機動的で攻撃的な役割を担わせるべきなのか？　空母の艦長たちは、狼の群れのように自由に歩き回り、30ノットのスピードで獲物を追い詰めたいのであって、のろまな輸送船の子守をしたいわけではない。退屈だ。しかし、実際に攻撃を行っているのは輸送船団だった。

全体として、この戦いに関する日本軍の計画は劣勢を演じることだった。計画は複雑で、艦隊を分割し、囮部隊を使用するなど、かなり危険なものだった。結局、この計画はアメリカ軍を分裂させることにも、各個撃破することにも、現状を変えることにも成功しなかった。

この戦いには、輸送船団という点状の攻撃目標《ポイント・ターゲット》があった。これまでの空母戦では、空母は自由に動き回ることができ、通常、長距離で、水上部隊どうしの接触もほとんど生じなかった。ポイント・ターゲットが存在したことで、すべての努力がそれに集中し、圧縮される傾向を生み、戦艦の行動を誘発する。こうして空母部隊と戦艦部隊の相互作用により、非常に複雑な戦闘となったのである。

小沢がハルゼーのOODAループ〔アメリカ空軍のジョン・R・ボイド大佐が提唱した観察↓状況判断↓意思決定↓行動から成る意思決定プロセス〕を押し広げることに成功した後、栗田はその内側に難なく入ることができた。ハルゼーが無計画で危険な反応に追い込まれた様子は、ジョン・R・ボイドの言う「敵を自滅に追い込む」を見事に表現していた。その中でも特に興味深いのは、アメリカ空母部隊が仕掛けられた罠から復帰するのに苦労したことだ。風下に向かって航行しているときにフライト・オペレーションを行うには、風上に向かうために旋回しなければならず、それは罠に戻ることを意味したからである。

一方、栗田にも問題があった。彼の「観察《オブザーブ》」と「状況判断《オリエント》」の段階がまずかった。サマール沖の敵を実際よりも大きな戦力と勘違いしてしまったのだ。彼は敵の配置を明確に把握していなかった。彼は小沢が何をしようとしているのかほとんど知らなかった。彼はアメリカ軍の罠を恐れていたが、それは一部正しかった。ジェシー・B・オルデンドルフ（Jesse B. Oldendolf）提督が指揮する6隻の古い戦艦がレイテ湾の入口で彼を迎撃する準備をしていたからである。また「意思決定《ディサイド》」と「行動《アクト》」の段階でも苦戦を強いられた。栗田は〔敵の動きを把握できなかったため〕ほとんど受動的な心理状態に陥っており、何日も続く激しい作戦を強いられ、疲労困憊していた。こうした戦場の提督たちが直面した途轍もなく大きな重圧を常に心にとどめておく必要がある。彼らは皆、誤った決断がもたらす重大な結末と、それが将来の歴史家たちによってどのように議論されることになるかをよく理解していた。

だが結局のところ、それは重要なことではなかったかもしれない。その時には日本軍はすでに弱体化しており、チャンスを活かすことなどできなかったからだ。この戦いで達成されたのは、日本がいかに劣勢であったかを示すことだけであった。この戦いが終わったとき、アメリカ海軍は紛れもない海の覇者となったのであり、その地位は今日まで続いている。

〈瑞鶴〉に関するノート

〈瑞鶴〉という名前は「幸運の鶴」とか「吉兆の鶴」という意味だそうだ。それは、まさに幸運の艦であった。珊瑚海では命中弾を浴びたのは姉妹艦〈翔鶴〉(「高く舞い上がる鶴」という意味)だった。ミッドウェーではどちらも参加せず、東部ソロモンではどちらにも命中弾はなかった。サンタ・クルーズ諸島沖では、またもや姉妹艦の〈翔鶴〉のほうに爆弾が当たった。フィリピン海では、またもや魚雷を受け沈没したのは〈翔鶴〉のほうで、〈瑞鶴〉に爆弾は当たったが、甲板が空だったため、すぐに消火された。いつも〈瑞鶴〉のために身代わりになってくれていた姉妹艦がいなくなると、真珠湾攻撃の経験をもつ最後の艦であった〈瑞鶴〉も、この戦いでついに沈没してしまった。

大戦前に建造されていた正規空母のうち、〈レキシントン〉〈ヨークタウン〉〈ワスプ〉〈ホーネット〉〈ハーミーズ〉〈イーグル〉〈カレイジャス〉〈グローリアス〉〈アーク・ロイヤル〉〈加賀〉〈赤城〉〈飛龍〉〈蒼龍〉〈翔鶴〉、そして今回の〈瑞鶴〉はすべて撃沈されていた。残ったのは〈フューリアス〉〈サラトガ〉〈レンジャー〉〈エンタープライズ〉だけだった。戦争が終わると、〈フューリアス〉は払い下げられ、〈サラトガ〉と〈レンジャー〉は訓練に追いやられた。戦前から稼働していた空母の中で唯一〈エンタープライズ〉だけが、完全な作戦任務用として残された。

第18章　国力から見た空母運用

経済の基礎的条件

左の数値は、各国が戦争の遂行に費やした金額を示している（数値は、戦時中の米ドル換算で10億ドル単位で表している）。これらの数値は正確ではなく、出典も異なっているが、関係国間の相対的な規模は十分に伝わるはずだ。

1.	アメリカ	296
2.	ドイツ	272
3.	ソビエト連邦	192
4.	イギリス	120
5.	イタリア	94
6.	日本	56

興味深いのは、1941年時点の占領地を含むドイツのGDP（国内総生産）は、アメリカのGDPとほぼ同じであったが、ドイツはその水準にとどまった一方で、アメリカ経済は戦時中に急速に拡大し、2倍以上の規模になったということである。

現在のドイツ、イギリス、イタリアのGDPは右と順位が同じであるが、日本はドイツを抜いて2位になり〔2024年現在では日本は、アメリカ、中国、ドイツに次いで世界第4位〕、ロシアは相対的に大きく落ち込み、イタリアに後れを取っている。

風変わりなイギリス

第二次世界大戦におけるイギリス海軍の最も興味深い特徴の一つは、なぜこのように多種多様な艦船、航空機、銃砲を保有するにいたったのかということである。戦艦も空母も、新造艦、改造艦、旧式艦が混在し、考え方も武装の仕方もまったく異なる風変わりな集合体となっていた。最も突飛な例は、イギリス海軍内で使用された中型砲の口径がまちまちであったことだ。もちろん、このような状況にいたったのには、さまざまな歴史的理由があった。とりわけ、いざ紛争が始まると、戦争の圧力によってさらなる改良を強いられ、適切な開発計画のもとで効率的な生産や補給に充当する時間や資源は十分にはなかったであろう。

アメリカや日本には自分たちが戦場に赴く前に、イギリス海軍の2年間の経験を学ぶことができたという利点があった。イギリス海軍は魅力的な道具の組み合わせにどうにか適応し、「さまざまな状況のもとで、これらの道具をどのように使いこなせるか」〔に関する知恵〕を大いに活用できた。イギリス海軍は3つの戦域（大西洋、地中海、極東）で戦わなければならなかったが、限られた資源を広大な地域に分散しなければならなかったにもかかわらず、最終的には最も見事な方法で任務を成し遂げた。

ギャンブラー・日本

これまで見てきたように、日本の空母機動部隊は全体的に攻撃的な戦いを志向していた。この役割においては日本の空母部隊はきわめて優秀で、真珠湾攻撃当時は世界最高水準といえた。消耗戦の戦い方、変化の遅さ、兵站やパイロット補充の不備など、日本のさまざまな欠点を批判するのは簡単だが、それはある意味、論点から外れている。もし日本の資源が消耗戦や防御的な戦いに振り向けられていたなら、攻勢への資源量は減り、緒戦の成功は連合国にとってそれほど痛手とはならなかっただろう。

日本の参戦は本質的にギャンブルであった。民主主義国家アメリカが、戦争が引き起こすあらゆる犠牲を覚悟のうえで、全面戦争に踏み切ることはないだろうとの予測に賭けたのである。このギャンブルに勝つために必要だったのは、圧倒的な軍事的敗北を相手に与えることによって、戦争がもたらす目に見えるコストを増大させることだった。すべてはこのギャンブルに勝つためのものだった。それが失敗した時点で、戦争に敗北したのだ。しかし、全面的な攻勢に出たことで、日本人は可能な範囲でうまくゲームを運んだ。

彼らは、真珠湾攻撃が「救うべからざる一撃《ノックアウト・ブロー》」になることを望んだ。しかし現実には、日本軍にはノックアウト・ブローに近いものを繰り出すだけの資源がなかった。日本軍はできる限りのことをし、実際には前哨基地への襲撃にすぎなかったにもかかわらず、それで十分に目的が達成されることを願ったのである。

この基本的な賭けに失敗したことが明らかになると、日本軍はプランBを採択した。つまり、アメリカ軍が疲れて関心を失ってしまうまで、首尾よく〔占領地を〕防衛することである。プランBを実行するうえで、日本軍の最大の望みは決戦に勝利することであり、確実に負けるとわかっている消耗戦を回避することであった。だが唯一の問題は、このような決戦が実際に生起したにもかかわらず、それに敗れてしまったことだった。

巨人・アメリカ

いったん目覚めた巨人・アメリカが見せた反応のスピードと技量には、ひたすら感服させられるばかりである。1942年の戦闘では多くの欠陥があったが、1944年には必要なものが出揃い、大規模かつ、すぐれて効率的な空母任務部隊が編成された。その良い例が、アメリカ海軍の拡張と、40ミリ対空機関砲、レーダー、強力な航空機などの装備化の驚異的なスピードである。

アメリカは戦時中、どれを支出項目に選ぶかにもよるが、日本に対して概ね6～10倍の規模の戦費を計上している。そのうちのいくつかを示そう。VT信管と〈アイオワ〉級戦艦は、どちらも多額の費用が投じられたにもかかわらず、その成果は乏しかった。単純な話、アメリカにはその余力があったのだ。アメリカは戦争全体に約3000億ドルを費やしたのである（1940年のGDPが約1000億ドル、1945年が約2150億ドル）。これは〈エセックス〉級空母の約5000隻分に相当する。この戦争で最も高価なプロジェクトの一つがB－29で、B－17とB－24に同様の額が費やされ、合計で30億ドルかかった。これらのプロジェクトは、それぞれ〈エセックス〉級空母の約50隻分に相当する。これらを考慮すると、100隻程度の正規空母は、戦争努力全体から見れば、わずかな誤差の範囲にすぎなかったのである。同じ時期、日本はわずか数隻の空母の建造に追われていた。24隻の〈エセックス〉級空母を建造した後、アメリカは十数隻の空母を建造し続けることができたのだが、それ以上建造する必要性がなくなってしまった。

これらの新しい空母がもたらす巨大な航空戦力は、日本の艦隊のみならず、日本の陸上航空戦力をも制圧することができた。このことは、1942年には理解されていなかったが、1944年には明らかになった。もはや、それまでのようにソロモン諸島からニューギニアの沿岸沿いに進み、フィリピンを経由し、そして中国沿岸へと苦戦しながら進撃する必要がないことはわかっていた。マリアナ諸島の次は、沖縄あるいは九州さえも目標に据えることが可能だった。これはマハン（Alfred Thayer Mahan）の精神に則ったものであったが、マッカーサーが自分の考えを押し通すため、政治的影響力を行使して反対したことは有名な話である。ローズヴェルトは１９４４年11月の再選を目指していたが、マッカーサーは戦争の英雄と称され、ウィスコンシン州とイリノイ州の共和党予備選挙に勝利していたため、彼に対抗できる唯一の人物となっていた。マリアナ戦の後、２人は真珠湾で会談し、マッカーサーはフィリピンへの復帰を、ローズヴェルトは再選への支持を取りつけることで合意したようである。

１９４５年の巨大なアメリカ艦隊は、基本的にどこへでも行くことができた。陸上の航空戦力でさえも、それを止めることはできなかった。マハン的なシーパワーの究極の表現として、艦隊は西太平洋の島嶼部全体をそっくり迂回し、真珠湾から東京湾へと直行することができた。それは事実上ペリー遠征の再来とも言えた。

しかし、それは大きなリスクを伴うため、最適な戦略とは言えなかったかもしれない。大戦末期、アメリカは自分たちが勝利するとわかっていた。敗北さえしなければよいのだ。戦争をできるだけ早く終結させる可能性があったとしても、敗北のリスクが少しでもあれば、そのリスクを冒すことはなかった。現実に選択された戦略はいたって最適なものだ。すなわち、多少なりとも消耗的ではあるが、大きなリスクを冒すことなく、それなりの速さで前進する、というものだ。いずれにせよ日本への侵攻は「ドイツ第一主義」の制約を受けていたため、さらに速い進撃も限られた価値しかもたなかっただろう。

とはいえ、最良の戦略とはおそらく戦争にいたらないようにすることだったはずだ。もしアメリカ国民がもっと早い段階で国防費に多額の予算を増やし、戦争する覚悟があることを示すことを厭わなければ、戦争する必要はなかったにちがいない。ローズヴェルトは「大きな棍棒をもちながら、穏やかに交渉する」のではなく、大きな棍棒がまだ作られていない段階で、日本に対してはっきりと中国からの撤退を命じたのである。日本は面白くなかったが、脅えたわけでもなかった。だから戦争になった。

戦争に終止符を打つ

戦争終結は原子爆弾の使用――いかに残忍で恐ろしい兵器であっても――を中心に急展開した。太平洋の空母戦がどうであれ、1945年8月には日本への原爆投下が開始されることになっていた。その後、原爆は10日おきに1発、1945年末には3日に1発の割合で投下される予定だった。

もし日本がアメリカ艦隊に対して成功を収めていたら――たとえば真珠湾で数隻の空母を捕らえ、ミッドウェーで残りの空母を沈めることで――せいぜい6～12ヵ月程度、敗北の時期を遅らせることに成功したかもしれないが、結局はより多くの原爆を投下されるだけだっただろう。

日本は、この原爆投下を阻止することができなかった。ミッドウェーから出発したB－29は日本に到着できたが、核兵器を搭載すれば、帰りの燃料が足りなかった。途中で不時着し、乗員を潜水艦に拾わせるしかない。日本が、〔核兵器を搭載した〕1機のB－29が大編隊と同じくらい危険であることを悟ると、その1機のB－29は大編隊の中に隠れる必要がある。防御側は、どの爆撃機が核爆弾を搭載し、どの爆撃機がミッドウェーに帰還するだけの燃料を搭載しているかはわからない。ミッドウェーが利用できなくても、B－29はアメリカ西海岸から片道飛行することができた。最後に、たとえ空母が重爆機の発進基地として機能しないとしても、重爆撃機のための護衛戦闘機の基地となることはできた（硫黄島を占領するまでは、実際に艦上戦闘機で爆撃機の護衛をすることもあった）。

日本は1941年4月、正式に原子爆弾の開発に着手した。原爆の基本的な構造は戦前から知られていたので、核分裂性物質を生産する実験と、実用的な装置を作るための技術工学的な研究が主な課題だった。しかし資金はほとんどなく、プロジェクトは進展しなかった。マンハッタン計画の費用は約18億ドルで、そのうち約90％は核分裂性物質を生産する工場の建設に費やされた。この工場は、3日に1個の爆弾に必要な核分裂性物質を生産できる大きな工場であった。また、この費用には2つの設計の開発が含まれており、どちらも大急ぎで開発された。もっと目標を抑えたプロジェクトであれば、費用も少なくて済んだであろう。たとえばイギリスは約2億ドルの支出で原子爆弾を開発している。日本にとっての大きな懸案はウランの入手先であった。地質調査の結果、現在の北朝鮮にある興南でウラン鉱脈が発見されたが、時はすでに遅かった。ウランは地殻の中で、スズ、カドミウム、水銀、銀などよりも、ごくありふれた元素である。問題は、それをいかに安価に抽出し、濃縮するかであった。日本は最後の手段としてドイツから潜水艦でウランを輸入しようとしたが、その試みは失敗した。日本が原爆開発に本腰を入れて取り組まなかったのは、〔他の大国と比べて〕相対的に資源が不足していたことが影響している。この戦争全般について言えることだが、日本人は技術は有していたが、産業基盤が十分ではなかった。かりに原爆を開発することができたとしても、アメリカの量産する能力に追随できなかっただろう。余談だが、ドイツは原爆の開発および大量生産の両方を行う十分な余力をもっていた。V2開発計画の予算はマンハッタン計画を上回っていた（原爆は「支出に見合うだけの価値」があった）。イギリスの評価によれば、原爆の開発には〈ビスマルク〉や〈ティルピッツ〉の建造と同じだけの費用がかかったであろう。

次に爆弾の運搬体をめぐる問題である。日本は重爆撃機をほとんど有しておらず、最も近いのは中島G8Nの試作機〔4発陸上攻撃機「連山」〕であった。空母艦載機による運搬が当然の解決策と言えたが、そのためには特別に設計された爆撃機（おそらく双発機）と、比較的軽量の爆弾が必要だった。

日本が戦争に踏み切ったのは、1つの大きな心理的賭けからだった。原爆はそのギャンブルの一部として使われたかもしれない。真珠湾攻撃の後、あるいは真珠湾攻撃の代わりに、日本は原子爆弾の製造に着手していることを公表することができた。暗黙のメッセージは次のようなものだった。自分たちが欲するものを奪い、それを取り戻そうとする者は核戦争の危険を冒す、というものだ。そうなれば原爆製造競争を引き起こし、その競争の行方が戦争を決着させる可能性が高まっただろう。しかし一方で、その競争はすでに始まっていたのであり、公表されなかっただけである。この競争が表沙汰になれば、アメリカは対ドイツ戦を含め、通常型の軍事作戦に乗り出すことが難しくなり、戦争は事実上、科学者や工学者によって決着がはかられることになる。短期的には、日本がその競争に勝てるだけの資源をもっているかどうかは、あまり重要ではない。長期的に見れば、核戦争が起こる可能性に身をさらしてまで、遠く離れたどこかの国の現場で既成事実を覆すことに、アメリカ国民はどれほどの関心を抱いたであろうか。もしアメリカが原爆の製造競争に勝ち、反撃を受ける可能性を考慮に入れたうえで、アメリカ国民が原爆を使用することを厭わなければ、日本は戦争に負けることになる。ここで重要なのは「もし《イフ》」という言葉である。世界が原子力時代を迎えようとしていた一方で、一般大衆がそのことに気づかない状態では、報道発表1つで戦争全体の心理を変えてしまったかもしれないのだ。それは民主主義の脆弱な側面でもある。

振り返ってみると、日本が戦争に踏み切ったのは、文化的に隔離された個人から成る一握りの集団が、自分たちの集団の力学に制約されて行った、まったくもって破滅的な決断だった。この集団に挑み、成功する見込みのあった人物は裕仁天皇だけであった。彼は結局それを実行し、戦争に終止符を打った。

戦争の終結は、多くの人にとって驚きだった。日本軍は最後の1人まで戦うというのが一般的な見立てであった。最後の1人まで戦うことは、本土以外の比較的小規模な戦いでは意味があった。なぜなら、攻撃側に対し、勝利は高くつくということを明確に伝えることができるからだ。しかし、もし攻撃側が執拗に戦闘を継続し、本土への攻撃が差し迫っている場合、最後の1人まで戦うということは、日本人を完全に消滅させることになり、もはや意味をなさなくなる。それはブラフにちがいなかった。ブラフが現実になりかけたとき、日本は降伏した。

第3部 空母運用の再検証——用兵術の進化

第19章　戦闘モデル

はじめに

本書の第1部では、空母戦で使われるさまざまな商売道具を紹介した。第2部は、第二次世界大戦における空母戦の事例を一つひとつ検証した。第3部では、一般的な意味で空母戦がどのように戦われたかを評価し、戦闘のテクニックがどのように進化したか、あるいは進化する可能性があったかについて説明する。そのため、ここでは戦闘モデルという概念を用いる。

戦闘モデルでは、攻撃火力、防御火力、持続力、数、質的優位性との間の、さまざまなトレードオフ関係を探る。

戦闘モデルはあえて複雑にすることもできるが、複雑さはできる限り抑えたほうがよい。それは意義のある目的を果たすものでなければならず、それ自体が問題になるようなものであってはならない。ここで使われるモデルはシンプルなものである。

ランチェスターの法則

ランチェスターの法則は戦闘における消耗戦をモデル化するための方程式である。1916年にイギリスの数学者・エンジニアであるフレデリック・W・ランチェスター（Frederick W. Lanchester）によって考案され、当初は空中戦が想定されていたが、すぐに塹壕戦にも適用された。

戦闘は多くの小規模な相互作用〔個々の戦闘員どうしの戦い〕から成り立ち、単位時間ごとに一方の火力が相手方の火力を消耗させるが、その逆も成り立つと想定される。射撃は狙いを定めずに行われ、命中数も標的の密度に依存する場合、結果的にランチェスターの第1法則となる〔戦闘は個々の戦闘員による局地戦の集合と見なされ、戦争による戦闘員の消耗は単純に味方の人数と敵の人数の一次方程式になるということ〕。これは主に古典的な戦闘〔剣や弓矢を用いた一騎討ち〕に適用される。

現代戦に適用すると、射撃は狙いを定めて行われ、標的の密度は結果に影響を与えないものと仮定され、結果はランチェスターの第2法則になる〔小銃や機関銃を利用した近代的な戦闘の場合、集団的な行動をとる味方が不特定の敵を確率的に殺傷する戦闘パターンにより、戦闘員の消耗は味方の人数と敵の人数の二次方程式(双曲線)になるということ〕。つまり優勢な部隊は、その損失を吸収する能力の低い劣勢な部隊に対し、より大きな損失を与えることができる。こうした状況は戦闘が継続するにつれ、〔劣勢な部隊にとって〕ますます悪化する。それが終わった後、優勢な部隊は最初の相対的な強さよりも、はるかに大きな勝利を収めることができる。要するに、戦力を集中し、敵を各個撃破することがはるかに容易になるのである。空母戦で言えば、空母を全部まとめておいて、敵の空母艦隊の一部と対戦させればよい。少なくとも、理論上はそうなる。

第2法則では強い勢力の優位性は、その数的優位の2乗に等しくなる。もし数的に劣勢な側がそれを質的優位で補おうとするならば、その質的優劣は数的優劣を2乗した値で補う必要がある。このことは「日本が数的および工業的劣勢を、いかにして優れた用兵術や武士道精神で補おうとしたか」を考えるとき、心にとどめておく必要がある。

サルヴォ戦闘モデル

ランチェスター方程式は〔消耗戦を前提に〕定式化されたものであるため、ミサイルを使用する現代の海戦に適用するのが難しい。通常、ミサイルは時間間隔をおいて一斉《サルヴォ》に発射され、サルヴォの回数も少ない。これはサルヴォが、多かれ少なかれ連続的に生起することを前提とする〔ランチェスター・モデルの〕本来のシナリオとまったく異なることを意味している。こうしたサルヴォ戦闘の離散時間《ディスクリート・タイム》モデルは、1

９８６年に出版されたウェイン・P・ヒューズ（Wayne P. Hughes）海軍大尉の画期的な研究書 *Fleet Tactics* で紹介された。

離散時間モデルはゲーム・ターンの原理を用いている。各ゲーム・ターンにおいて、各陣営は多数のミサイルを発射する。各ミサイルは標的艦に命中する確率があり、一定のダメージを双方に与える。また各艦はダメージに耐える一定の能力をもっている。一定のダメージを超えると、艦は沈没する。そして、片方の陣営だけが洋上にある状態になるまで、このゲームは続く。この基本モデルは改良され、状況に応じて応用できる。

標準的なサルヴォ戦闘モデルは完全に決定論的であり、運が介在する余地はない。統計学の特性や概念を用いた変形モデルは、確率的《ストキャスティック》サルヴォ・モデルとして知られている。また異なるタイプのミサイルや艦艇を取り入れたものもあり、それは非同次《ヘテロジニアス》サルヴォ・モデルとして知られている。あとは確率的モデルと非同次モデルを組み合わせて利用することもできるが、ここまでくると、もはやモデリングというよりも数学の世界に入ってしまう。

空母の戦闘はミサイル戦闘にかなり近い。主な違いは〔空母戦における〕「ミサイル」は有人であり、爆弾や魚雷を放った後、〔有人のパイロットには〕空母への帰還が期待されていることである。

サルヴォ戦闘モデルは太平洋戦争の５大空母戦に適用され、基本モデルに改良が加えられている。そこでは「何が起こるか」ということが重要なのではない。私たちは「何が起こったか」はすでに知っており、それを使ってさまざまな確率を計算することができる。興味深いのは「戦いの中身が変わると、結果がどう変わるか」について、さまざまな仮定《ホワット・イフ》のシナリオを用いて探ることだ。これにより戦闘の力学をより深く理解することができる。

基本的なサルヴォ戦闘モデルは、第二次世界大戦の空母戦の特殊性に合わせ、調整する必要がある。このモデルは、空母に対する攻撃の技術や条件をモデル化するものであるが、必ずしも実際の戦闘で生起したこと、つまり実際に採用された、さまざまな戦術的選択が反映されているわけではない。たとえば損失率から判断すると、アメリカの雷撃機は非常に脆弱であった。だが、この損失率はミッドウェーで見られた攻撃隊どうしの連携の杜撰さに起因するところが大きく、他の雷撃機と比べて〔機体性能上〕劣っていたからではない。したがって史実の中の損失率は、必ずしもモデルに十分に反映されているとは言えない。

またモデルもできるだけシンプルにしている。歴史的事実から多くの妥当なケース検討を取りあげることはできるが、それをせず、ここでは議論に重要なものだけを取りあげている。

1942年の重要性

1942年は航空母艦の歴史において重要な年であった。1942年は、地中海で複数の空母が参加した唯一の大きな戦闘が行われただけでなく、もっと重要なのは、太平洋で4つの主要な空母戦が生起した年でもあったからである。この4つの空母戦は、個々の戦いの詳細が、一般的に適用可能な真理を覆い隠すことなく、空母どうしの戦いを集団戦闘として研究する機会を与えてくれる。

戦闘モデル

4つの戦いの統計から、次のような戦闘モデルが、1942年に生じた太平洋の戦闘に適用され、その中から1944年の戦いでは、戦闘機の有効性に変化が生じたことが浮き彫りになる。

想定されるシナリオは、急降下爆撃機と雷撃機による連携攻撃で、どちらも戦闘機の護衛がついている。これに対抗するのは、空母の上空を警戒している防御側のCAP戦闘機である。急降下爆撃機を迎撃するCAP戦闘機は、20％の確率で急降下爆撃機を撃墜することができる。雷撃機を攻撃するCAP戦闘機は、

40％の確率で雷撃機を撃墜できる。

次に護衛戦闘機をどう考慮するかであるが、1機の護衛戦闘機が1機のCAP戦闘機と交戦し、そのCAP戦闘機の効果を半減させると仮定する。これが最も頻繁に起こりうるシナリオで、前記の命中率は史実に近い10％ないし20％に下がる。

実際の撃墜率はもっと高かったが、CAP戦闘機のすべてが、何らかの理由で爆撃機を撃墜できる最適な位置につけたわけではなかったという事実を反映し、ここでは撃墜率を低く設定している。1942年には、CAP戦闘機の約50～70％が敵の攻撃機との交戦に成功している。日本側は、空母がまとまって行動していたこと、零戦が比較的素早く必要とされる場所に急行できたこと、そしてほとんどが、比較的発見も攻撃もしやすいアメリカの雷撃機から防護するために使われていたというアドバンテージがあった。アメリカ側にはレーダー警報を利用できるという優位性があったものの、「戦闘機の誘導指揮」がうまくいかず、空母が別々の陣形で行動しているときには待機位置がずれてしまうことも生起し、その優位性は無駄になってしまった。

このモデルでは、攻撃隊の戦闘機が護衛艦（の対空砲）により撃墜されたものなのか、CAP機との空中戦により撃墜されたものなのかについては考慮されていない。重要なのは「空母に何が起こったか」であり、それは爆弾や魚雷が命中した数である。標準的なサルヴォ戦闘モデルでは、このような攻撃の応酬が何度か続くことになる。しかし空母戦では、通常、1回あるいは2回の攻撃隊の応酬しか生じないため、次の攻撃前に喪失した艦載機の影響は、単純化のために無視することができる。

また、このモデルでは対空砲による撃墜はないと仮定されている。当時の対空砲手たちには申し訳ないことだが、対空砲の効果は主として爆撃機の照準を狂わすことであり、爆撃機を怖がらせて早すぎる投下や、無効な放出を強要することであり、その役割においては非常に効果的であった。実際に爆撃機が撃墜されるのは、爆弾や魚雷を投下する前の、不規則で幸運な命中弾によってであった。1942年の最後の空母戦であったサンタ・クルーズ諸島沖海戦になってやっと、アメリカ海軍の対空火力が改善され、対空砲による損失が真の〔独立した〕要因になり始めたのである。

ＣＡＰ隊の迎撃を生き延びた急降下爆撃機が空母に爆弾を命中させる確率は10％になる。同様に、残りの雷撃機が空母に命中させる確率は5％となる。空母が奇襲を受けたり、自艦や周囲の護衛艦に貧弱な対空火器しかない場合は、命中率が高くなる。さらに、雷撃機が金床攻撃を成功させるためには最低でも8～12機といった機数が必要である。それ以下だと、魚雷を回避される可能性が高く、命中率も低くなる（たとえば0％など）。

最後になるが、爆弾1発は0・2空母撃沈に、魚雷1発は0・5空母撃沈に相当すると仮定する。そうすることで、命中数を空母の撃沈数に換算することができる。

戦闘モデルの1944年への延長

1942年モデルでは、アメリカ軍と日本軍の戦闘機に区別を設けていない。零戦とワイルドキャットは設計性能がまったく異なっていたが、戦闘効果は最終的には同様であった。1944年、ヘルキャットは設計性能で零戦を上回っていた。さらに重要なのは、ヘルキャットが効果的な「戦闘機の誘導指揮」を受けるようになり、防御面での有効性が劇的に向上したことである。ヘルキャットには、攻撃してくる日本の爆撃機と護衛戦闘機に大混乱をもたらすための時間、速度、弾薬があったのだ。どれだけ有効性が高まったかは、いささか恣意的ではあるが、4倍程度と推定される。急降下爆撃機および雷撃機を撃墜する確率は、それぞれ80％と160％まで引き上げられている。

1944年、日本は零戦を爆撃機として運用し始め、モデルでは戦闘機と爆撃機の区別が曖昧になった。

このような戦闘爆撃機は爆撃機としてはさほど優秀とは言えず、深刻な敵に直面すれば戦闘機のように振る舞うことが想定されるため、戦闘機として扱われる。

１９４４年、米艦船に搭載された対空火器は、１９４２年から劇的に改善されていた。試算では、攻撃してきた日本軍の爆撃機の50％が撃墜された。

「運」をどうモデル化するか

15機の急降下爆撃機が攻撃を行い、各爆撃機の命中率は10％であるとする。これを非ランダムとして扱うと、爆弾の命中回数は１・５回になる。これが前述したモデルの正体であり、決定論的モデルと言われるものである。これを、ある確率をもった一連の出来事として扱うと、命中回数が０回、１回、２回、あるいはそれ以上となる可能性があり、それぞれの命中数には確率がある。

空母戦を、ある程度のランダム性をもった一連の出来事として扱うと、戦闘の変動幅について知ることができる。平均的な結果は同じとなるが、その平均値の周りで、結果がどれだけ変動するかに関する情報を得ることができる。分析の目的が将来の戦闘を予測したり、別の歴史を作ることではないため、モデルに分散は含まれていない。分散、すなわち戦闘のランダム性については、今後も議論されるだろう。ただ、本書のモデルには取り入れていない。

第20章　集中と分散

戦略的レベル

集中と分散のトレードオフは、いくつかのレベルに存在する。戦略レベルについて言えば、まず国家は限られた数の空母しか保有していない。その空母をどのように運用するべきか？　ある目的を最小のコストで達成するために、敵の空母を消耗させながら集中させるべきか、それとも、いくつかの部隊に分散させ、より多くの目的を達成するべきか？

その良い例が、ミッドウェーでの日本の敗北と、その直前の戦いとの関連である。日本は6隻の正規空母を保有していたが、ミッドウェーでは4隻しかなかった。ミッドウェーの前、〈翔鶴〉と〈瑞鶴〉はポートモレスビー攻略作戦を掩護するため、珊瑚海へ南下していた。珊瑚海では〈翔鶴〉が爆撃を受けたほか、両艦とも航空機乗組員に損害を出した。そのためミッドウェーには両艦とも出撃しなかった。かりに出撃していたなら、日本はこの戦いに勝利していたかもしれなかった。少なくとも、それが従来の一般的な見方であった。

〈翔鶴〉と〈瑞鶴〉に対抗するため、〈レキシントン〉と〈ヨークタウン〉が南方へ派遣された。〈レキシントン〉は撃沈され、〈ヨークタウン〉は損傷した。もし日本が空母部隊を分散し、2隻を珊瑚海に派遣したのが間違いであったなら、それに対抗するため、アメリカが2隻の空母だけを派遣したことも間違いだったと言えよう。もしアメリカが珊瑚海で日本軍に対抗しなければ、〈翔鶴〉と〈瑞鶴〉はミッドウェーに投入されていたはずだ。つまり〈翔鶴〉と〈瑞鶴〉のミッドウェーへの参加を阻止できる可能性は、アメリカが空母部隊を分散する場合に限られていた。

もし日米双方が空母を2隻とも撃破されていたなら、これは日本にとってかなり有利な状況になる。空母の比率が6対4から4対2になるからである。もちろんアメリカはこの来るべき戦い〔ミッドウェー〕が起きることを予期していた。そのため〈ヨークタウン〉は大急ぎで修理され、なんとか戦闘に参加することができた。その結果、空母の比率は4対3になったが、これは日本側の配備計画が杜撰だったからではなく、アメリカ側が〔応急修理によって日本側を〕出し抜いたからである。もしそうしなかったなら、〈翔鶴〉と〈瑞鶴〉を南下させ、ポートモレスビー攻略を支援するという決断は賢明な策であったと見なされただろう。もし日本が珊瑚海で決定的な勝利を収めていたなら、ミッドウェーでは6対2になっていたかもしれず、南方への派遣は見事であったと思われただろう。

日本軍が珊瑚海で空母部隊を分散したことへの批判は、アメリカ軍に対しても言えることだろう。もしアメリカがドゥーリットル空襲〔1942年4月に行われた日本本土に対する初めての空襲。空母から発進したアメリカ陸軍航空隊が実施〕に2隻の空母を派遣するという分散運用をしていなければ、珊瑚海には〔4隻の〕空母が存在することになり、アメリカの空母部隊はそこで敗れることはなかったかもしれない。

当時は日本が主導権を握っていたのだから、アメリカが優勢な資源を投入する以前に、自分たちの欲しいものを手に入れることができるか否かが問題だった。空母を分散することで、より多くの目標を攻撃し、短時間で欲しいものを手に入れることができた。アメリカは全体として、こうした流れに対応していたのである。結局のところ、日米双方とも戦力集中の原則を忠実に守っていなかったのである。少なくともミッドウェー以前、つまり空母が不足し始める前には、両軍とも空母を2つの機動（任務）部隊に分け、それぞれの機動（任務）部隊に2～4隻の空母を配備する傾向があった。

戦略レベルの考察はここまでとして、こんどは戦術レベルに目を向けてみたい。戦闘力が配分され、戦闘が始まろうとしている。投入される戦力は、どのように運用するのが最適だったのだろうか？

戦術レベル

戦力の集中には、優位性をもたらすいくつかの理由がある。防御面では、CAPを共有しやすく、対空火器で相互支援できる。攻撃面では、攻撃隊の連携を容易にし、前進する前に多くの時間を浪費せずに、編隊を組むことを可能にする。

一方、空母を分散させた最大の理由は、空母が「ハンマーで武装された卵の殻」であることを認識していたからである。攻撃を阻止することが事実上不可能であれば、すべての卵を一つの籠の中に入れておかないことが得策である。複数の空母を無力化する能力をもちながら、攻撃目標として空母1隻しか存在しなければ、攻撃側は打撃力を無駄にすることになる。こうした狙いから、空母をいくつかの陣形に分けて運用し、ある程度の距離を置いて航行させる方法が主張された。その距離とは、攻撃側が1隻の空母に目標を絞らざるをえない可能性を高めるのに十分な距離である。

この主張の弱点は、「敵が打撃力を無駄にすることを厭わない」と仮定している点にある。攻撃側が2つ目の空母部隊を見つけ出し、攻撃側――防御側ではない――に最適な方法で攻撃隊の戦闘力を配分することを妨げるものはない。もしかするとドクトリンや訓練が邪魔になるかもしれないが、それは一時的なものである。

空母部隊を分散する代わりに、1隻の空母を囮に使う方法がある。その狙いは、囮空母が敵の攻撃を吸収することで、他の空母を守ることである。どうせ撃沈されるのだから、小型空母や価値の低い空母が選ばれる。囮空母は索敵にも使える。索敵を成功させることは、敵をアウトレンジから攻撃しようとする側にとって特に重要である。このアドバンテージを活かし、反撃を受けずに敵の正規空母を攻撃できれば、莫大な成果を得られる可能性が高まるからだ。日本軍は長い航続距離をもつ攻撃機を保有していたため、囮空母の使用に強い関心をもっていたことを私たちは理解することができる。

囮空母のバリエーションとして、1隻の空母を敵の方向、すなわち敵空母部隊の予想される接近経路に沿った前方に配置し、主力空母を後方に配置する方法がある。敵は前方の空母を発見し、おそらく後方の空母を攻撃することなく、前方の空母を攻撃することが予想される。これは必ずしも言葉の真の意味での囮ではないが、主力空母を守るために行われることに変わりはない。ただ、空母を横一列に並べるのではなく、敵方に向けて一つの部隊を別の部隊の前方に配置する一つの方法であり、起こりうる結果は十分に予想されていた。この戦術は日本にとって、航続距離の短いアメリカの航空機と対戦するうえで有利な戦法であった。燃料が足りなくなると、たとえ主目標でなくとも、攻撃できるものは何でも攻撃したくなるものだ。

また空母の代わりに、水上部隊を囮または前衛部隊として運用する方法もある。戦艦は重装甲で覆われ、敵の激しい攻撃に耐えうるが、巡洋艦やそれ以下の艦艇は単なる捨て駒となる。巡洋艦は魅力的な標的にならないかもしれないが、戦艦なら恰好の標的になる。前衛部隊はレーダー・ピケットとして機能するが、CAP隊を派遣し、上空掩護することが難しい。一方、ピケットの後方にいる部隊は安全性が増す。とはいえ、厚い装甲をもち、高速で機動力のある戦艦が十分な対空砲を装備していれば、前衛部隊は生き延びることができるはずだ。

戦闘モデリングの結果

分析の第一段階では、分散した複数の空母群のうち、1つだけを攻撃側が標的にした場合を想定している。もし攻撃側が複数の空母群のすべてを発見し、自軍のドクトリンや訓練にしたがって攻撃隊を分割することがあれば、この分析は意味をなさない。

〔モデル分析では〕空母2隻と空母2隻の対決で、戦闘機の半分は攻撃隊の掩護に送られ、半分はCAPのために艦隊に保持されると仮定する。また利用可能な艦載機すべてが、1回の攻撃隊として送られると仮定する。〔攻撃隊の編成は〕急降下爆撃機40機と雷撃機40機、それに直掩の戦闘機20機とし、これが30機のCAP戦闘機で迎撃されると仮定する。さらに直掩戦闘機もCAP機もそれぞれ雷撃機の掩護と迎撃に集中すると仮定する。この状況で急降下爆撃機は平均4・0の命中弾、雷撃機は1・4本の命中となる（12機の雷撃機が魚雷投下前にCAPにより喪失）。平均すると、この攻撃で空母1隻程度を沈められることになる。逆に空母を2隻とも沈めたり、大破させるには不十分であり、本ケースでは2隻の空母を「分散」運用する価値はないように思われる。

これを4隻対4隻、あるいは6隻対6隻のケースへと規模を拡大した場合、2〜3隻の空母が沈むことになり、「分散」運用したほうが有利になる。ミッドウェーはその良い例であった。この戦いで、アメリカ軍は3隻の空母を2つの任務部隊に分けて運用し、水平線の見通し外に20〜40マイルほど離隔させた。このうち発見され、攻撃されたのは1つの任務部隊だけであった。この事実は、4隻の空母を1つの大きな塊として艦隊編成を組んで運用した日本の計画と比較されるべきである。日本の艦隊は発見され、脆弱な状態に陥った。4隻のうち3隻が失われ、生き残った1隻は攻撃隊から最も離れた場所にいた空母であったのだが、〔結果から見ると〕この空母にとって他の3隻は囮となったようなものだった。

最適バランス

1942年に見られた典型的な規模の戦闘〔2〜3隻対2〜3隻〕では「分散」運用は有意な成果を生み出してはいない。一方、4隻対4隻の大規模な空母戦では、「分散」運用は有効な配置であったように思われる。

勢力が不均等な戦いでは、相手側の空母の数が問題になる。2隻の空母が4隻の空母と対峙している場合、2隻の空母を「分散」して運用することは理にかなっている。4隻の空母が2隻の空母と対峙している場合は、4隻の空母を「集中」して運用したほうが良いだろう。むろん爆弾や魚雷を搭載し、燃料を満載した航空機が甲板上で待機している非常に脆弱な状況にある場合には、「分散」させたほうが非常に理にかなっている。こうしたことは、ドクトリンがフライト・オペレーションの段階に応じて、最適な戦術的配置を許容すべきであることを意味する。

今回は運をモデルに組み込んでいないため、リスクに関するコストは考慮されていないが、もし運を考慮に入れた場合、最大損失の可能性を低くするため、「分散」させた場合の最適ケース（かりにミッドウェーで日本軍が「分散」運用していた場合の効用など）を説明することができる。

第21章　戦闘機と爆撃機の比率

はじめに

空母に搭載できる航空機の数は限られている。戦闘機と爆撃機〔本章では「爆撃機」という場合、急降下爆撃機と雷撃機を含んでいる〕をどれだけ搭載するかについては選択的判断を必要とする。戦闘機を多く保持した場合、爆撃隊の掩護と艦隊上空の直衛を強化し、来襲する敵の攻撃から味方の艦船を防御することができる。爆撃機の数が多ければ、敵空母への攻撃が成功する可能性が高まる。

航空兵力の規模

爆撃機と戦闘機の機体は同じ大きさではないため、搭載可能機数は比率に依存する。だが、その影響は小さい。発艦するために飛行甲板を空にしておかなければならないスペースは、戦闘機の任務によって変化する。ＣＡＰに使用される戦闘機は増槽を積んでいないと仮定される。戦闘機の数が多ければ、搭載機数は若干多くなる。だがこれは、各機種がどのような兵装を行っているかによって補正される。つまり、攻撃距離と航空兵力の規模は、ある程度、トレードオフの関係にあると言える。

戦闘モデリングの結果

戦闘モデルを見ると、１９４２年当時、戦闘機はあまり良い投資先ではなかったことが容易に理解できる。どの戦闘機も攻守ともに貢献度が低く、戦闘機が占有する艦内スペースを爆撃機に回した場合に見込まれる攻撃力の向上を補うことができなかった。CAPの機数を増強すればたしかに有用であっただろうし、脆弱な雷撃機の掩護をもっと効果的に成し遂げていたなら、雷撃機の損失は確実に低下していただろう。だが、その結果として敵味方双方の空母に対する命中率が向上したかというと、そうはならなかっただろう。戦いの最後には、この点が重要になった。

このモデルでは、CAP戦闘機が敵の攻撃隊形を混乱させたり、それによって命中率を低く抑えた役割については考慮していない。また戦闘機には、敵の索敵機を追い払ったり、撃墜したりするという重要な機能がある。たとえ、このモデルがそれを反映していないとしても、ある一定の数の戦闘機を保持しておくことには意味があったのだ。とはいえ、その保持数によって爆撃機の数を減らしすぎることになってはいけない。

戦前、空母がいまだ戦列の付属品と見なされていた頃、戦闘機は敵の索敵機を撃墜する役割に加え、味方の索敵機を掩護するためにも重視されていた。敵艦隊の上空に索敵機を滞空させ、弾着点を確認したほうが砲撃戦に勝てる見込みが高かったからだ。戦前は、高高度爆撃機に対して対空高射砲がほとんど役に立たないことがよく知られていたため、戦闘機は高高度爆撃機に対する唯一の有効な防御手段と見なされていた。戦争が進むにつれ、こんどは高高度爆撃は回避行動する艦船に対して効果がないことが理解され、その脅威は減少していった。

アメリカは1942年に戦闘機の数を増やした。爆撃機の数は一定であった。戦闘機の増加は、折り畳み式の翼をもつ新しいワイルドキャットの出現によって可能となった。

1944年の状況は一変していた。第一に、アメリカは効率的な「戦闘機の誘導指揮」を行えるようになっていた。第二に、空母の数の面で圧倒的優位に立っていた。これは戦闘機と爆撃機の比率に大きな影響を与えたのだが、それについては以下のシナリオで検討しよう。

１９４４年の互角の空母戦

双方とも2隻の空母が1つの隊形を組んで航行している戦闘場面を想定する。単純化のため、双方が利用可能な爆撃機のすべてを投入した攻撃を同時に開始し、半数の戦闘機は直掩機として送られ、残りの半数はＣＡＰ機として保持されると仮定する。直掩機またはＣＡＰ機として行動する場合、半分は急降下爆撃機、半分は雷撃機と行動を共にするものと仮定している。

日本の空母は、戦闘機28機、艦爆24機、艦攻16機をそれぞれ運用すると仮定する。この数字は終始変わらず、一定である。史実に近い数字であるが、計算しやすくするために少し手を加えている。アメリカの空母には、それぞれ最大搭載可能機数90機の艦載機が与えられ、戦闘機と爆撃機の比率は任意に変更することができる。

アメリカの空母は、戦闘機40機、急降下爆撃機32機、雷撃機18機という史実に基づく組み合わせで運用されると仮定している。

	爆弾	魚雷	沈没する空母数
アメリカの空母への命中弾	3・8	0・6	1・0
日本の空母への命中弾	6・3	1・7	2・1

次に、アメリカの空母が１９４２年の運用パターンに近い、攻撃力に重点を置いた編成、すなわち戦闘機24機、急降下爆撃機42機、雷撃機24機を採用したと仮定した場合は次のようになる。

	爆弾	魚雷	沈没する空母数
アメリカの空母への命中弾	4・2	1・1	1・4
日本の空母への命中弾	8・2	2・2	2・8

次に、アメリカ軍が防御力に重点を置いた編成、すなわち戦闘機64機、急降下爆撃機18機、雷撃機8機を採用したと仮定した場合は次のようになる。

	爆弾	魚雷	沈没する空母数
アメリカの空母への命中弾	3・2	0・0	0・6
日本の空母への命中弾	3・5	0・7	1・0

有意な比較を行うため、右記の数字には（爆弾を投下する前に）対空火力で撃墜される爆撃機は考慮されていない。かりにアメリカ側のきわめて効果的だった対空火力を考慮し、モデルに反映させた場合、日本による命中弾数はすべて半減されるはずである。

１９４４年の不均等な空母戦

アメリカの空母が４隻、日本の空母が２隻の戦闘を想定する。アメリカの空母は、戦闘機40機、急降下爆撃機32機、雷撃機18機という史実に基づいた組み合わせで運用されていると仮定する。

	爆弾	魚雷	沈没する空母数
アメリカの空母への命中弾	2.2	0.0	0.4
日本の空母への命中弾	12.7	3.5	4.3

次に、アメリカの空母が攻撃力により重点を置いた編成、すなわち戦闘機24機、急降下爆撃機42機、雷撃機24機を採用したと仮定した場合は次のようになる。

	爆弾	魚雷	沈没する空母数
アメリカの空母への命中弾	3.4	0.2	0.8
日本の空母への命中弾	16.7	4.7	5.7

こんどはアメリカ軍が防御力を重視した編成、すなわち戦闘機64機、急降下爆撃機18機、雷撃機8機を採用し、攻撃には1回のデッキロード攻撃を採用した場合は次のようになる。

	爆弾	魚雷	沈没する空母数
アメリカの空母への命中弾	0.0	0.0	0.0
日本の空母への命中弾	7.1	1.5	2.1

繰り返しになるが、有意な比較を行うため、右記の数字では（爆弾を投下する前に）対空火力で撃墜された爆撃機は考慮していない。かりにアメリカ側のきわめて効果的だった対空火力を考慮し、モデルに反

映させた場合、日本による命中弾数はすべて半減されるはずである。

１９４４年の非対称的な不均等戦闘

さて、フィリピン海海戦で実際に起きた史実に近いシナリオを取りあげてみたい。日本の空母２隻は、アメリカの空母４隻に対し、全戦闘機を掩護につけ、〔アウトレンジからの攻撃であるため〕反撃を受ける恐れのない攻撃を実施することができる。アメリカの空母は、利用できる全戦闘機をＣＡＰに投入し、日本軍の攻撃隊を迎え撃った。その後、全爆撃機を用いて、上空に防御ＣＡＰ機の存在しない日本の空母に対して反撃に出るというシナリオである。両軍とも、史実を反映した戦闘機と爆撃機の配分に基づいている。

	爆弾	魚雷	沈没する空母数
アメリカの空母への命中弾	0・0	0・0	0・0
日本の空母への命中弾	12・8	3・6	4・4

このモデルでは、１６０機の直衛戦闘機がアメリカの空母を防御し、攻撃してきた日本の爆撃機はすべて撃墜される。とはいえ、〔ごく一部の〕急降下爆撃機はＣＡＰ戦闘機を突破し、〔空母の〕近くまで飛来する（それでも、対空火力に直面しなければならないが）。〔それに対し〕防御ＣＡＰも効果的な対空火力もなく、大規模な反撃を受けた日本の空母は撃沈される。

とりわけ興味深いのは、アメリカの空母が日本の攻撃隊を受動的に吸収するこのシナリオでは、標準的なシナリオである両軍による同時攻撃の応酬よりも、〔アメリカ側にとって〕実際に良い結果をもたらしていることだ。空母の艦長の夢は、常に相手から反撃を受けることのない攻撃を実施することであり、日本軍はその実現に向けてあらゆる手を尽くした。フィリピン海海戦で彼らはそれに成功したのだが、実際にはそれが不利に作用した。すなわち〔アメリカ軍は〕全戦闘機をCAPに運用したことで、〔日本軍による〕アメリカの空母への命中弾をゼロにしたのだ。同時に日本軍のCAP用戦闘機の数が減少したことで、アメリカ軍の反撃の成果は向上した。完璧なゲームを演じたはずの日本軍は、それでも負けたのである。彼らは別のゲームを演じなければならなかったのだ。

最適バランス

戦闘機の数が少ない場合、「戦闘機の誘導指揮」を向上させることで、攻撃力を犠牲にすることなく、防御力を高めることができた。それでも戦闘機の数が少ない分、正味の効果としては防御力の若干の上昇にとどまる。

とはいえ「戦闘機の誘導指揮」は、こうしたトレードオフの重要な鍵を握っている。「戦闘機の誘導指揮」がうまくいけば、CAP戦闘機は平均すると1機以上の爆撃機を撃墜する機会が得られる。CAP戦闘機は、攻撃隊として利用できる爆撃機の数を減らすよりも、攻撃力を減らすことで敵にコストを強いることになり、〔防御側に〕利益をもたらす。

戦闘機の数を増やし、「戦闘機の誘導指揮」の能力を向上させることは、防御力に劇的な効果をもたらす。艦隊は、かなりの攻撃力に対しても効果的に防衛できるようになった。もはや犠牲として囮に差し出す空母は必要ない。こうして空母はまとまって行動できるようになり、相互支援の効果は目を見張るものがあった。欠点といえば、爆撃機の数が比較的少なく、攻撃力が低下することであるが、それでも敵にかなりの損害を与えることができるはずだ。

前記のシナリオからわかるように、実際の歴史で選択された機種の比率は最適解に近かったと思われる。一方、戦闘の勝敗や命中弾の確率という観点から見れば、かならずしも機種の構成比率を厳密に行う必要はなかったようである。しかし、これはいささか意外である。どの機種をどれだけ運用するかという問題は、空母運用の基本であると考えられるからである。むしろ機種の構成比率は、戦闘がどれほど血なまぐさいものになるかを左右する重要な問題であることが判明している。つまりCAPに配当する戦闘機の数を多くするほど味方への被弾は少なくなり、爆撃機の数を少なくすれば、敵に与える損害も少なくなるのだ。

これは、いうまでもなく1944年のフィリピン海海戦で起こったことである。戦闘機の数が多ければ、双方にとって爆弾・魚雷の命中率が低下する。1944年までにアメリカ海軍の空母は、それ以前とは違った役割を果たすようになっていた。空母部隊の主な目的は、上陸地点における制空権を獲得することだった。空母は攻撃を行わず、水陸両用部隊が攻撃を行い、空母の役割は基本的に防衛的なもので、上陸作戦を掩護することであった。つまり戦闘機が主要兵器となったのである。爆撃機もまだ有用であったが、間接火力支援として爆撃機に代わる手段は、たとえば艦砲射撃や上陸後の陸上部隊の砲兵など、ほかにもあったのである。

日本軍は戦闘機の比率を多少増やしているが、基本的には1942年の比率のままであった。空母の役割も戦時中ほとんど変わることなく、基本的に敵空母を攻撃することだった。そして1942年の戦闘では、日本軍は概ねそれに成功した。こうした明確な攻勢重視の姿勢から、「戦闘機の誘導指揮」が発展しなかったのは理解できる。なぜなら誘導指揮を必要とするほど多くの防御専用の戦闘機をもたなかったからだ。もう一つ考慮すべき点は、実際に「戦闘機の誘導指揮」が有効に活かされるほどの長い交戦時間に〔日本軍が〕耐えられたかどうかである。零戦への弾薬供給量は限られており、頑丈な機体をもつアメリカ軍機を撃墜するために、どれほどの弾薬量が必要であったかを考えると、「戦闘機の誘導指揮」によって確保された追加時間はいずれにせよ、あまり有効に活用されなかったかもしれない。とすれば、ここから見えてくるのは、零戦の限界とその軽量化の設計思想である。

ほかのさまざまな特殊要因を無視して、爆撃機と戦闘機の比率という核心的な問題に立ち戻ると、実際には2つの異なる解〔ゲーム理論でいう「ナッシュ均衡」〕があるように思われる。もし戦闘機が爆撃機に比べて利益を生まないのであれば、戦闘機を最小限に抑えた構成比率になるだろう。一方、戦闘機が爆撃機に比べて真に役立つのであれば、構成比率は戦闘機が大半を占めるようになるだろう。前者の場合、血みどろの戦いになり、最初に敵を見つけて攻撃するという、かなり神経を疲弊させるような戦術を駆使した戦いになるだろう。後者の場合は、何よりもまず制空権をめぐる戦いとなり、その勝敗が決した後は、かなり一方的な戦いになるだろう。それはむしろ平凡な消耗戦となり、戦術的な要素はかなり薄れるだろう。

戦闘爆撃機

戦闘機と爆撃機の比率をめぐる選択は簡単なことではない。したがって、戦闘機が爆撃機としても運用可能であるなら、それがいいに決まっている。艦載機の総数は増えなくても、作戦の柔軟性が大いに高まるからだ。いかなる任務においても、多くの機数を投入することができる。

戦闘機と急降下爆撃機は機体のサイズと行動がよく似ている。戦闘機は爆弾を搭載することが可能で、急降下爆撃機も戦闘機としてそれなりに活用されていた。一方、雷撃機は機体が大型で速度が遅く、重量物〔魚雷〕を運搬しなければならなかった点で、戦闘機や急降下爆撃機とは異なっていた。

戦時中、強力なエンジンが開発されると、戦闘機に重い爆弾や魚雷を搭載することが可能になった。へルキャット、コルセア、〔ドイツのフォッケウルフ社〕Ｆｗ１９０戦闘機は魚雷を搭載するためのテストが行われた。しかし、機体が小型で軽快な戦闘機にとって魚雷はかなり長く、機体の下部構造を調整しなければならないのが大きな問題だった。

　爆撃機としての戦闘機の主な欠点は、後部機関銃手をもたないことであった。そのため〔相手側は〕攻撃隊形を崩すことが容易であり、事実上、攻撃を台無しにしてしまう。また急降下爆撃機としての戦闘機は精度が低く、パイロットはナビゲーションや無線通信をはじめ、あらゆることを自分でこなさなければならないという問題があった。最大の問題は訓練である。戦闘機のパイロットは戦闘機乗りとしての腕前に加え、さまざまなタイプの爆撃方法を学ばなければならないのである。そのため訓練に多大な時間がかかり、パイロットが真のスペシャリストになれないのである。

　攻撃を行うに際し、戦闘爆撃機は敵の対空火器を制圧しながら敵艦への攻撃を開始する。その後、戦闘爆撃機はいちど帰還して再編成され、こんどは魚雷を搭載した航空機の掩護にあたる。理論上は、このように航空機を再利用することもできるはずだが、実際には航続距離や他機種との連携など、解決しなければならない多くの問題が発生する。

　艦隊防御に際しては、艦載機のすべてが戦闘機として利用される。そこでは戦闘爆撃機のアドバンテージは明白で疑問の余地がない。

　大戦初期には「戦闘機の誘導指揮」はまだ進化しておらず、一般的には爆撃機を多くし、比較的戦闘機を少なくしたほうが良いとされていた。そのような状況では、戦闘爆撃機の欠点は利点を上回っていた。また戦闘機のエンジンも、重量運搬物を積めるほど強力にはなっていなかった。

　ところが大戦後半になると、空母戦と地上支援とを区別する必要が生じた。大戦末期の空母戦では「戦闘機の誘導指揮」が著しく改善された結果、艦載機のほとんどが実質的に〔防空〕戦闘機の役割を果たすようになっていた。できるだけ多くの戦闘機をもつことは依然として重要であったものの、攻撃時の戦闘爆撃機の欠点と比較考量されるべきである。空母戦では、攻撃隊を送り出すのが、わずかに一度か二度しかなく、艦載機はとにかく弾薬であると考えられていたため、その損耗は重要ではなかった。

地上支援において、戦闘機パイロットの再訓練を必要としないロケット弾の使用が一般的になると、戦闘爆撃機のほうがはるかに効率的になった。急降下爆撃機の代わりに戦闘爆撃機を用いるようになった歴史的理由——生存率がはるかに高い——は、地上支援という日々の単調な任務にも適合した考えであった。

第22章　戦艦と空母の比較――長所と短所

はじめに

海戦の多くは、輸送船団や上陸地点など、点状《ポイント》の攻撃目標《ターゲット》をめぐる戦いとなる。対馬沖海戦やユトランド沖海戦〔1916年、北海のユトランド半島沖で行われたドイツ海軍とイギリス海軍の戦い〕のように封鎖の強化や打破を目的とした大規模な海戦もあったが、第二次世界大戦では、海上戦闘が生起した主な理由はポイント・ターゲットの存在による。

　戦艦は、高い持続的火力と残存性を有し、ポイント・ターゲットに対する攻撃に優れ、その防御にも適していた。航空機よりも速度が遅く、火力の射程距離も〔航空機の航続距離と比べれば〕短かったが、そうした欠点はポイント・ターゲット周辺ではあまり重要ではなかった。

〔戦艦と比較して〕空母は持続的火力で劣り、残存性も低かった。ポイント・ターゲットをめぐる攻防もあまり得意ではない。しかし、エリアの制圧には最適だった。空母は、はるかに広範囲なエリアにわたって高い瞬間火力を発揮できた。

　水上艦隊が空母部隊にこっそり接近することは十分にありえることだった。それはノルウェー作戦の時も、サマール沖でも起きた。1942年の日米の空母戦では、日本軍は水上戦闘を挑もうとしたが、劣勢のアメリカ水上部隊はいつも引き下がった。こうして実際には水上戦闘は生起しなかったのだが、これらの戦闘においては常に重要な考慮事項であった。

　好天に恵まれることの多い地域の昼間には、空母が優位を占め、まさに中部太平洋はそのような地域であった。天候の悪い地域や夜間には、戦艦が有利だった。レーダー技術は、空母が水上戦に巻き込まれるのを避けるために重要であり、戦艦の利点の多くを打ち消した。レーダーは空母が水上部隊に捕捉されることを回避するのに役立ったものの、空母がポイント・ターゲット付近にとどまって、それを守らなければならない場合には、それほど有用ではなかった。

戦艦による空母攻撃

ここでは、戦艦と空母のどちらが国の海軍力の最高峰なのかという問いに答えるため、戦艦と空母を戦わせるという、いわば直接対決のシナリオを想定してみる。

双方の艦隊が特に何も考えずに航行しているだけなら、空母が勝つだろう。理由は簡単で、戦艦をその射程外から叩くことができるからだ。

より現実的なシナリオは、ポイント・ターゲットの周辺で生起する。戦艦が防御側であれば、先ほどと同じ状況になる。つまり空母は戦艦の射程圏外にとどまり、ターゲットを減耗させる。反対に空母が防御側に回り、戦艦が攻撃するシナリオでは面白い状況になる。

空母の攻撃範囲は200～300マイル〔約320～480キロメートル〕で、ポイント・ターゲット――輸送船団や上陸地点など――を防衛していると仮定する。また夜間に10時間、戦艦が24ノット〔時速約46キロメートル〕で目標に接近できると仮定すると、戦艦は空母からの攻撃を受けずに目標に到達する可能性がある。

空母がポイント・ターゲットの位置よりも接近してくる戦艦の近くに配置されているか、ある程度遅い速度でポイント・ターゲット〔輸送船団などの移動目標の場合〕とともに後退するなどといった、ある程度の行動の自由が許されると仮定すれば、戦艦がポイント・ターゲットに到達する前に、空母は1ないし2回の攻撃を加えることができるだろう。

戦闘モデリングの結果

空母1隻が戦艦1隻を相手に防御する場面を想定する。空母には戦闘機20機、急降下爆撃機20機、雷撃機20機が搭載されており、戦艦の上空には戦闘機の掩護がないと仮定する。

この交戦は1942年に行われたと仮定し、その命中率で計算すると、爆弾2発、魚雷1発の命中となる。撃墜された航空機はなく、2回目の攻撃も同じ数の命中弾になると仮定する。2回分の攻撃を合算すると、爆弾4発、魚雷2本の命中となり、戦艦を無力化できる可能性が高く、空母は攻撃を継続できる。こうして事実上、空母は戦艦を減耗させ、間接的に——直接的でも確実にでもないが——ポイント・ターゲットを防御できることになる。

次に、これと同じ状況が1944年に生起したと仮定する。主な違いは、対空火器の有効性が大幅に向上していることだ。爆撃機の半数が撃墜され、爆弾1発と魚雷0・5本が命中する。2回目の攻撃は残余の艦載機で行われ、その半数が撃墜される（使用可能な対空砲が1回目の爆撃の影響を受けなかったと仮定している）。このとき爆弾0・5発と魚雷0・25本が命中する。かりに空母が3回目の攻撃を実施できれば、合計で2発弱の爆弾と魚雷1本相当の命中弾が得られる一方、その時点で空母は艦載機の大部分を失ってしまっている。

つまり効果的な対空砲を重武装し、高い機動力を有する戦艦を中心に編成された水上艦隊は、航空攻撃だけでは止められないかもしれず、そうした場合、水上艦隊は許容範囲内の損失を被りながら、最終的にポイント・ターゲットに到達することができる。そこで戦艦を阻止する唯一有効な方法は（空母部隊とは）別の戦艦部隊の投入となる。こうして海軍力の王者の座は、少なくとも部分的にではあるが、そして、前述した特殊な状況に限れば、戦艦に回帰する。スリガオ海峡とサマール沖では、これに近い状況が生起しつつあったのだが、実戦で試されることはなかった。また、これと同様のアメリカの戦闘艦隊が行った側面攻撃は、日本の空母によって阻止されることはなかっただろう。このことは、フィリピン海海戦で、アメリカの上陸部隊を掩護する艦隊がどのようにして、アメリカのCAP戦闘機の間をすり抜けてきた日本軍の航空攻撃から身を守ることに成功したかを見ればわかる。この状況は、レーダー誘導の対空機関砲によっていっそう強化されたであろう。

こうしてみると、1944年の状況は、戦前に考えられていたとおり「戦艦は航空機だけで止めることは難しい」ということになる。とはいえ、この状況は長くは続かない。有効な誘導爆弾の登場により——少なくとも有効な地対空ミサイルが登場するまでは——航空機に有利なバランスに傾くことになる。また航空機技術が進化し、航続距離や爆弾搭載量が増大するにつれ、戦艦がポイント・ターゲットに到達するまでに通過しなければならないキル・ゾーンは拡大し、より危険度が増大した。こうして戦艦は事実上、主力艦として存続できなくなっていくのである。

航空機が戦艦を消耗させるよりも先に、戦艦が攻撃機を消耗させるという前記の結論は、一連の交戦エリアの拡大により破綻してしまうことに留意する必要がある。空母は艦載機の補充を迅速に行うことができるのに対し、戦艦は修理や補充に長い時間を要する。

最適バランス

思考実験はさておき、空母と戦艦のトレードオフを考える場合、そこには多くの要因が関わってくる。空母は新しい「海戦の女王」となり、戦艦は時代遅れであるというのは、あまりにも単純すぎる。多くの点で戦艦と空母は補完関係にあり、諸兵科協同戦力として運用されるべきものだった。空母には、ある種の脆さがあった。一般的に装甲防御力が十分であるとはいえなかった。天候や視界が悪いと、航空兵力は海上待機となった。一例として、ロシアへの輸送船団を護衛するうえで、空母の有用性は限られていた。視界が悪く、ポイント・ターゲットに対しては戦艦の出番だった。

また空母は優勢な陸上航空兵力に対し、問題があった。欧州戦域の作戦では、ほぼ同等な敵に対する上陸作戦では、空母をベースにすることはできなかった。上陸作戦で役に立たないのであれば、ほんのわずかな活躍の場しか認められない艦艇〔空母を指す〕を建造する必要性などほとんどなかった。太平洋では、話は違った。太平洋の孤島は、空母をベースにした航空兵力で制圧することができた。敵の10倍の工業力をもつ国の海軍は、陸の敵対勢力にその意思を強制することができるのである。

あらゆる海軍国が戦艦に投資していた。１９４０～41年頃には、日本海軍は空母への支出の割合が最も高く、アメリカ海軍は最も小さく、イギリス海軍はその中間だった。アメリカ人は真に大砲を好んでいた。日本は新参者で新技術に賭けていたし、イギリスはこの問題に賢明に対処しようと努めていた。

アメリカ海軍は〈アイオワ〉級戦艦に対する投資から、ほとんど見返りを得ることができなかった。主として空母のお守《も》りに徹し、合計約15機の敵機を撃墜したが、これはそれなりに活躍したヘルキャットのエースとほぼ同じ機数である。４隻の戦艦に４億ドルを費やし、敵は約１００万ドル分の航空機を失ったのである。沿岸部への艦砲射撃は戦艦のもう一つの主要任務であったが――特に堅牢な塹壕陣地に対して大きな成果をあげた――、アメリカ海軍には同様な役割を果たせる艦種がほかにもたくさんあった。

２隻の〈大和〉級戦艦への巨額の投資は、日本海軍が数的に優勢なアメリカ海軍の戦列に対して勝ち目を見いだすために必要であったと考えられている。〈大和〉〈武蔵〉〈信濃〉の３隻の建造費用は合わせて約４億ドルであった。この投資が通常型の戦艦や空母に回された場合と比較して（あるいは原子爆弾の開発に回された場合と比較して）費用対効果があったのかどうかについては疑問が残る。それでも間接的な意味で、〈大和〉型は、アメリカ軍が夜戦で遭遇することを恐れた日本の水上艦隊の基幹として、むしろ有用であったことを証明している。夜間の水上戦闘を避けなければならなかったため、多くの海戦で夜間におけるアメリカの行動はかなりの制約を受けた。またアメリカ空母は日本軍に接近しすぎないように注意する必要があった。日本軍の航空機はアメリカ軍よりも長い航続距離をもっていたため、アメリカ空母の攻撃可能圏外《アウトレンジ》から攻撃される可能性を高めてしまうからである。

イギリス海軍は紛れもなく戦艦を必要としていた。主要な作戦地域は戦艦に適していたからである。そこでの問題はカバーすべき地域が広大であったことと、全般的に資源が不足していたことである。そのため〈ネルソン（Nelson）〉級や〈キング・ジョージ5世（King George V）〉級や〈ヴァンガード（Vanguard）〉級を建造する代わりに、より費用対効果の高い解決策として、〈リベンジ（Revenge）〉級と〈カレイジャス〉級から15インチ砲塔を取り外して再利用し、それぞれ15インチ連装砲3基を搭載、排水量3万5000トン、30ノットの速力をもつ8隻の新戦艦を建造し、近代化された巡洋戦艦に匹敵する能力をもたせた。これに加えイギリス海軍は、副兵装と対空重機関砲として4インチ連装砲を標準化し、同じ4インチ連装砲を駆逐艦と護衛艦の主兵装として使用することで、はるかに効率的な海軍戦力をもてたであろう。むろん、これらはすべて偉大なる後知恵によるものだが。また、これは国家のプライド——敵の戦艦に劣る戦艦を保有するという問題——が邪魔をしないという前提付きの議論である。

第23章　飛行甲板の装甲化と航空兵力の規模

はじめに

甲板の装甲化を格納庫甲板ではなく、飛行甲板に施す目的は、格納庫内部の艦載機を防護するためである。正確に言えば、艦載機そのものの防護というよりも、爆弾が格納庫内に貫通し、格納庫内で燃料を満載し兵装した航空機の間で、制御不能な火災や爆発が発生することを防ぐためである。さらに、飛行甲板上に揚げられた、燃料や爆弾を満載した航空機に敵の爆弾が落ちたとしても、発火した火災や爆発が格納庫内に広がることはない。さらに飛行甲板が装甲化されていれば、飛行甲板に爆弾が命中しても、空母の運用を継続できる可能性が高まる。

従来、飛行甲板を装甲化すれば、航空兵力の規模を縮小せざるをえなかった。こうした「飛行甲板の装甲化」と「航空兵力の規模」のトレードオフは大きな課題となり、イギリス海軍とアメリカ海軍との間で激しい論争が繰り広げられた。

装甲甲板の設計思想

飛行甲板の装甲化といっても、通常、飛行甲板の全面が装甲化されるわけではなく、また装甲板の厚さは一様ではないことに留意する必要がある。艦全体の中で防護すべき対象は格納庫だけではないが、それらに飛行甲板と同じレベルの装甲を施す必要はない。また装甲の総量という別の問題もある。

３４００平方メートルをカバーする、厚さ3インチの装甲甲板の重量は約２０００トンである。この重さなら、装甲は格納庫甲板か飛行甲板のどちらか、あるいは両方に施すことができる。飛行甲板に設置する場合、安定性の観点から、飛行甲板は通常、船体の低い位置に設置する必要がある。そのため、船体容積が減少し、格納庫の空間容積が減少することになる。

その反面、そうとはならない可能性もある。設計者は他のパラメータを変更することが必要だと判断するかもしれない。たとえば船体の幅を広くすれば、安定性と必要な容積の両方を確保することができる。また格納庫の容積はそれ自体では何の重さもなく、ただの空気であることも留意しておく必要がある。

格納庫甲板が2つあると、それを防護するために必要な装甲の量が半分になる。これは単に、両方の甲板が同じ装甲板の下にあるからである。一方、下部の格納庫は艦内のかなり低い位置にあるため、大きな側面開口部や甲板端末部のエレベータを設置することができない。〈インプラカブル〉や〈大鳳〉のような装甲空母の格納庫を、非装甲空母である〈エセックス〉の格納庫と比較してみると、幅は概ね同等であるが、長さが短くなっている。格納庫が短い分、同じ装甲で機関部や弾薬庫のスペースをカバーするにはまだ十分すぎるほどだった。通常、1つの格納庫甲板は艦の全長のほとんどを占めるので、そのすべてを装甲で覆うことは、格納庫末端部の下の空間を、普通に考えれば決して効率的とはいえない程度に過剰保護することを意味する。

装甲飛行甲板の重量は、格納庫の側面をどの程度装甲化

装甲甲板がよく見えるイギリス海軍の空母〈フォーミダブル〉。残存性を重視し、2つの小さなエレベータが設置され、前方エレベータを使用するために艦載機が並んでいる。また右舷の舷外張り出し部にも艦載機が駐機している。この張り出し部に、エレベータで格納する必要のない艦載機を駐機することができる。

するか、つまり、屋上だけでなく箱のように格納庫の周囲も装甲化するかによって決まる。初期の頃は航空機の航続距離が短く、空母は敵の水上艦に出くわす危険性が非常に高かった。そのため、通常は巡洋艦の口径砲に対する防御が必要だった。しかし艦載機の航続距離が伸び、レーダーが普及するにつれ、そうした危険性は薄れ、格納庫側面の装甲を薄くし、飛行甲板の総重量を減らせるようになった。

最後に指摘しておきたいことは、格納庫のサイズは、必ずしも搭載する航空兵力の大きさを制限するものではないということだ。航空機を飛行甲板上に駐機させるデッキパークを採用することで、格納庫に収納しきれないほど大きな航空戦力を搭載することができた。

空母設計の歴史

多種多様な空母設計の比較に入る前に、大戦前に正規空母の設計がどのように発展してきたかを簡単に説明しておくことが有用かもしれない。

正規空母の第一世代は、巡洋戦艦の改造型であった。アメリカは〈レキシントン〉と〈サラトガ〉を、日本は〈赤城〉と〈加賀〉（後者は実際には戦艦）を建造した。これらは、この種の艦としては伝統的な装甲を備えた大型艦であった。巡洋艦タイプの砲を搭載し、敵の水上部隊に遭遇しても独力で対処できることが期待された。イギリスは巡洋戦艦〈フューリアス〉〈グローリアス〉〈カレイジャス〉を空母に改造した。これらは「漁師たちの道楽《フィッシャーズ・フォリー》」と呼ばれる非常に軽装甲の艦艇であり、乱戦から逃れるには速度に頼った。船首は非常に細かく入り込んでおり、飛行甲板の重量を支えることができなかった。そのため飛行甲板は船首の上には出ていなかった。

次に、最初の真の正規空母が登場した。アメリカは〈レンジャー〉を、日本は〈蒼龍〉と〈飛龍〉を建造した。イギリスはより大きく、より野心的な〈アーク・ロイヤル〉を建造した。これらはすべて航空機搭載能力に重点を置いた軽装甲の空母だった。

そして戦前世代の正規空母があった。アメリカは〈ヨークタウン〉と小型の〈ワスプ〉を建造した。日本は〈瑞鶴〉を、イギリスは〈イラストリアス〉級を建造した。これらはすべて、よりバランスの取れた艦で、イギリスは他国に先駆けて装甲飛行甲板を装備し、少なくとも当初は格納庫スペースを犠牲にしていた。

最後に、戦時中に登場した正規空母である。アメリカは〈ヨークタウン〉の拡大発展モデルとして〈エセックス〉級を建造したが、最後まで非装甲の飛行甲板にこだわった。日本はイギリスに倣い、装甲飛行甲板をもつ〈大鳳〉を建造した。イギリスは〈インプラカブル〉級を建造し、装甲飛行甲板は維持したまま、格納庫のスペースを拡大した。

格納庫のサイズ

次ページの表は、代表的な空母の標準排水量、格納庫の床面積（平方メートル）、格納庫の高さ（上部および下部格納庫）、格納庫甲板の数、飛行甲板の装甲の厚さの一覧である。

数字はNavyPedia.orgより引用した。格納庫の大きさの一部は不正確なところもあり、その計算方法によって数値が異なる可能性がある。つまり情報源によって、正確とされる数字が異なることが多い。すべての数値について単一の情報源を使用することができれば、比較するために必要な相対的なサイズは把握できる。しかし、特に日本の空母については数字が異なるため、注意が必要である。その理由の一つは、日本空母の格納庫の形状が非常に不規則であったことにあるようだ。たとえばゴラルスキー（Waldemar Góralski）の〈大鳳〉に関する本では、格納庫の寸法は150メートル×18メートルと150メートル×17メートルで、総面積は5250平方メートルとされている。〔次頁の表では〕〈赤城〉と〈加賀〉につい

	排水量	格納庫の床面積	格納庫の高さ（上部＋下部）	格納庫の甲板数	飛行甲板の装甲厚
フューリアス	22450	4957	4.6＋4.6	2	—
カレイジャス	22500	5095	4.6＋4.6	2	—
アーク・ロイヤル	22000	5690	4.9＋4.9	2	—
イラストリアス	23000	2638	4.9	1	3インチ
インドミタブル	23000	3606	4.3＋4.9	1½	3インチ
インプラカブル	23450	3857	4.3＋4.3	1½	3インチ
レキシントン	37681	2920	6.10	1	—
レンジャー	14575	3330	5.77	1	—
ヨークタウン	19875	3194	5.25	1	—
ワスプ	15752	3055	5.23	1	—
エセックス	27208	4247	5.35	1	—
インディペンデンス	10622	1313	5.30	1	—
ミッドウェー	47387	6095	5.33	1	3.5インチ
蒼　龍	15900	5647	4.6＋4.3	2	—
飛　龍	17300	5647	4.6＋4.3	2	—
翔　鶴	25675	7000	4.8＋4.8	2	—
大　鳳	29300	6840	5.0＋5.0	2	3.1インチ
雲　龍	17150	6405	4.9＋4.9	2	—
グラーフ・ツェッペリン	28090	5648	5.7＋5.7	2	0.8/1.8インチ

ては記載していない。なぜなら情報源が異なっており、また評判の良い資料では明らかに間違った数字が記載されていたからである。

余談になるが、現代のアメリカ海軍空母の格納庫の大きさは約6900平方メートルである。イギリス海軍の新鋭空母〈クイーン・エリザベス（Queen Elizabeth）〉級は約5200平方メートルの格納庫を備えている。どちらも装甲飛行甲板を有しているが、〈クイーン・エリザベス〉は全体の船体が小さく、（アメリカの空母よりも）厚い装甲をもっているようだ。古くからある習慣はなかなかなくならないが、戦略地政学的および経済的な現実はほとんど変わっていない。

表から明らかなのは「格納庫のサイズ」と「装甲飛行甲板の有無」の間には、実は明確な相関関係が見られないことである。少なくとも各国海軍の間では存在しない。相関関係は存在するが、格納庫を1つに絞るアメリカ海軍の哲学など、他の要素とも関係している。一例として、装甲甲板をもつ〈大鳳〉は、それをもたない〈エセックス〉

より、かなり大きな格納庫をもっていた。

当時の艦載機のほとんどが「テイルドラッガー」であったため、要求される格納庫の高さはプロペラの高さによって決められていた。たとえばヘルキャットの3枚羽根プロペラは、1枚の羽根を真上に向けると4・4メートル必要であるが、最低高は3・5メートルで済んだ。コルセアは1枚のブレードをまっすぐ上に向けると4・6メートル必要だが、4枚ブレードのプロペラでは最低でも4・0メートルであった。なおコルセアに関しては、主翼を上向きに折り畳むと高さ5・0メートルの格納庫が必要とされた。それゆえ、イギリス海軍は高さ4・9メートルの格納庫に収めるため、コルセアの主翼を20センチメートル切り落とさなければならなかった。これはイギリス海軍の格納庫が、近代的な艦載機にとって窮屈すぎるということを意味しているのではない。コルセアはアメリカ空母に特有の高さを最大限活かして設計され、それがイギリス海軍の空母（エンジンを暖機運転し、分解した機体を頭上に収納できる）には不向きであっただけである。日本の97式艦攻も主翼を上方に折り畳むことができたが、コルセアほど頭上の空間を必要としなかった。コルセアやヘルダイバーは、97式艦攻のような折り畳み機構を採用することもできたが、その場合、多くの床面積を必要としただろう。一方、シーファイアは、多くのイギリス海軍空母に見られた4・3メートル制限を下回る二重折り畳み機構を採用していたが、狭いエレベータに収まらないほど幅を取ることもなかった。

アメリカ海軍の空母は他国のどの海軍よりも、頭上空間にゆとりのある格納庫を保有していた。また格納庫はエンジンの暖機運転を行う空間としても活用されていた。とはいえ、これが高さを確保した理由ではなかったようで、天井から吊るして予備機を積み込むことのほうが主な理由だったようである。むろん、1つの理由が他の理由を排除するものではないけれども。

大戦末期、装甲空母〈インプラカブル〉は約80機、非装甲の〈エセックス〉は約１００機を搭載していた。〈エセックス〉のほうが大型艦であることを考えると、排水量1トンあたりの搭載機数はほぼ同数となる。〈インプラカブル〉と〈エセックス〉の航空兵力の規模を比較することは、ほぼ同じ種類の航空機を運用していたため、とりわけ有効であり、これらの種類は〈インプラカブル〉の格納庫に収まるように設計されていなかったので、なおさらである。

〈大鳳〉は巨大な格納庫をもっていたにもかかわらず、搭載機数が少なかった。それは戦闘機も急降下爆撃機も、主翼が折り畳み式ではなかったからである。とはいえ、折り畳み翼がない分、軽量で、航空機としての性能は優れていた。折り畳み翼がもたらす重量と性能のペナルティを受け入れたら、〈大鳳〉は〈エセックス〉よりも多くの艦載機を運用することができたはずだ。

必要とされる装甲量を節約するため、装甲飛行甲板をもつ空母は格納庫を2つもつ傾向があった。いささか直感的に理解しずらいかもしれないが、装甲飛行甲板を有する空母は格納庫が大きくなる。これは造船工学の制約というよりも、運用思想の違いを反映している。イギリスは艦載機を飛行甲板ではなく格納庫に収納することを望み、日本は折り畳式の翼をもたない艦載機を運用することを望んだ。

運用思想を度外視し、厳密に造船工学の観点から見ると、〈大鳳〉の設計者はどのようにそれを行ったのだろうか。装甲飛行甲板、大型格納庫、〈エセックス〉と同じ速力を有する艦艇を、およそ同等の排水量でいかにして設計できただろうか？　これと同じ質問は〈エセックス〉の設計者にも投げかけるべきだろう。その答えは、おそらく「時間がなかった」という単純なものだろう。戦車の設計者は、火力、装甲、機動力を組み合わせるという同じ問題に直面している。おそらく〈大鳳〉はパンター戦車に相当し、〈エセックス〉はシャーマンに相当するのかもしれない。後者の設計は製造しやすく、短時間で大量に生産することができたが、そのすぐ後には優れた別の設計が登場する。量のために質を犠牲にしなければならなかったのはアメリカ人だけではなかった。ミッドウェー以後、日本は〈大鳳〉型や、当時計画されていた

〈大鳳改〉型（〈大鳳〉の改良型）の建造を断念し、代わりに早く建造できる〈雲龍〉型に集中することになった。

戦闘損耗による経験値

装甲飛行甲板はいずれのタイプであっても、完全な防御を提供するものではない。たとえば1000ポンドの徹甲爆弾なら、どんな装甲甲板でも貫通してしまうだろう。したがって装甲甲板の価値は、攻撃側に効果のある種類の爆弾を使用させることにある。単なる250ポンドのHE爆弾では不十分で、実効的な命中弾として使用できる爆弾の数が限られてしまう。徹甲爆弾では装薬量が少なく、破壊力が低下する。また貫通力を高めるためには爆弾を高高度から投下する必要があり、その結果、命中率が低下する。さらに、できるだけ重い爆弾を搭載すると、攻撃機の航続距離が短くなる。格納庫甲板に装甲甲板を設置しても、おそらく同じように貫通されてしまうだろう。〔飛行甲板を装甲化すれば〕装甲が高い位置にあるため、爆弾が船内の高い位置で爆発する可能性が高く、船体の基幹部分に対するダメージが少なくなる。

99式艦爆とドーントレス急降下爆撃機は、通常500ポンドの爆弾を搭載していたが、ドーントレスは1000ポンド爆弾を搭載することもあった。バラクーダやヘルダイバーのように、大戦後半期に登場した強力なエンジンを搭載したモデルでは、1600ポンドや2000ポンドの爆弾を搭載することができた。空母甲板から発艦した航空機は、広大な海洋を長距離にわたって、必要な燃料とともに爆弾を運搬することができた。逆に言うと特に大戦初期の急降下爆撃機では、装甲飛行甲板を貫通するのに十分な重量の爆弾を搭載することは非常に困難であったということである。

日米両軍にとって戦いの経験は、きわめてシンプルなものだった。魚雷は艦船を沈めるのに適していた。日本軍の雷撃機は護衛戦闘機との連携攻撃を得意とし、日本軍艦載機によって撃沈されたアメリカの3隻の空母はすべて、少なくとも部分的には魚雷による成果であった。

予想されたとおり、日米双方とも飛行甲板は軽装であったため、カミカゼと同様、爆弾も容易に貫通した。ミッドウェーで沈んだ日本の4隻の空母はすべて、装甲のない飛行甲板を貫通した爆弾による火災で全焼している。〈翔鶴〉〈レキシントン〉〈ヨークタウン〉〈ホーネット〉の4隻は、いずれも爆弾の直撃を受けて戦闘不能に陥った（〈翔鶴〉は2回）。〈バンカー・ヒル〉と〈フランクリン〉が一発の爆弾で大損害を受け、大火災を引き起こしたことからもわかるように、新しい〈エセックス〉級も同様に脆弱であった。〈エセックス〉〈イントレピッド〉〈タイコンデロガ（Ticonderoga）〉〈ハンコック（Hancock）〉は、いずれも爆弾やカミカゼの直撃を受け、長期の修理を必要とした。旧型の〈サラトガ〉と〈エンタープライズ〉もカミカゼの攻撃に遭い、長期の修理が必要になった。こうして合計8隻の正規空母が長期間にわたって行動不能に陥ったことになる。実戦に投入されたおよそ12隻の〈エセックス〉級空母の編成規模と、前記の2隻の旧型空母を考え合わせると、これはかなりの程度の艦隊規模の縮小であり、装甲飛行甲板の欠如が主な原因であると考えなければならない。〈ランドルフ〉と新型〈レキシントン〉も致命傷を受けたが、どちらも飛行甲板が装甲化されていれば助かっただろう。

甲板上に燃料と爆弾・魚雷を満載した艦載機が存在しなければ、両海軍とも相手の空母を沈めるのは非常に困難であった。一方、飛行甲板を使用不能に追い込むのはかなり容易で、1～2発の爆弾を命中させれば十分であった。損傷個所はすみやかに修理されることもあったが、長い修理期間を要するケースが多かった。

次にイギリス海軍の装甲空母についてである。地中海における初期の戦闘経験では、〈イラストリアス〉もその姉妹艦〈フォーミダブル（Formidable）〉も何度も爆弾を受けたが、ともに生き延び、任務に復帰していることから、飛行甲板の装甲化が有効であることを示したと言える。ただ、その命中弾の多くは、飛行甲板が耐えられないほどの重量爆弾であったため、他のケースと簡単には比較できない。もしこれらの命中弾が日本の急降下爆撃機から投下された典型的な２５０キロ爆弾であったなら、飛行甲板はそれに耐えることができ、損害は最小限に抑えられただろう。

カミカゼは装甲化された飛行甲板をもつ空母には効果がなく、速度が遅すぎて装甲を貫通できないことが判明した。〈インディファティガブル〉に乗艦していたアメリカ海軍の連絡将校は、こうコメントしている。「カミカゼがアメリカの空母に命中すると、パールハーバーで6ヵ月間の修理が必要になる。カミカゼがイギリス《ライミィ》の空母に当たると『掃除係は箒をもて』と言われるだけだ」。

戦闘モデリングの結果

今回提示した戦闘モデルは、日米ともに装甲飛行甲板をもつ空母を有していなかった１９４２年の空母戦に基づくものである。したがって、装甲飛行甲板がある場合、モデルを調整する必要があり、急降下爆撃機の攻撃効果を何割か減らす必要がある。その値を見積もることは難しいが、イギリスの経験から判断すると、それはわずかな値とは言えない。そこで命中数が50％減少すると仮定する。これは「効果的な」命中弾の数である。装甲甲板の主な効果は、爆弾の命中によって飛行甲板が使用不能に陥らない可能性を高めることであり、一時的に使用できなくなっても、それは戦闘の結果に重大な影響を及ぼす期間ではない。

そこで私たちは、装甲飛行甲板をもつべきか、それとも、可能な限り多くの航空兵力をもつべきかという選択を迫られる。装甲飛行甲板をもつことの防御的価値は、多数の戦闘機をもつことによる防御的価値と天秤にかけられ、より大きな航空兵力をもつことによる攻撃的価値は顧みない。

「戦闘機の誘導指揮」が下手な空母では、戦闘機の効果は低く、航空兵力が増やされた分の戦闘機の防御的価値は制限されたものとなる。爆撃機の大半は〔戦闘機の迎撃を〕すり抜けてしまうだろう。よって、増加された戦闘機の価値は限定的となる。

「戦闘機の誘導指揮」が上手い空母では、多くの戦闘機をもつことの防御的価値は増大する。一方、戦闘機の価値が相対的に増すと、空母は自艦の搭載能力に関係なく、はなからできるだけ多くの戦闘機を搭載するようになる。したがって、運用可能な戦闘機の数の相対的増加は限られ、その結果、すり抜けてくる敵爆撃機の数への影響も限定的である。繰り返して言えば、戦闘機を増やす価値は、装甲飛行甲板をもつ価値よりも低いと考えられる。

攻撃側は、可能な限り重量のある爆弾を搭載することで装甲化に対処しようとする。その分、燃料の搭載量が減り、航続距離が短くなる。徹甲爆弾の破壊力は、至近弾により海中で爆発する場合を含め、より局限される。徹甲爆弾を装甲飛行甲板に初弾として命中させた場合、爆弾は艦の心臓部まで深く貫通しない可能性が高い。これは戦いではむしろ常態であり、要は敵のどんな攻撃にも耐えられるようにする必要はなく、重要なことは全体的な意味で、敵よりも最適化されていることである。

装甲飛行甲板が、比較的小型の爆弾が使われていた開戦時に最も役に立ったというのは、ある意味皮肉な話である。つまり航空機が強力になり、重量のある爆弾が使えるようになったが、飛行甲板がこれらの重い爆弾に耐えられないため、有用性はより制限されるようになった。装甲は飛行甲板に設置されるべきだと理解されていたため、爆弾は装甲の能力を上回り、その結果、装甲の有用性を上回ることになったのである。カミカゼは例外であったが、それは搭載できる爆弾重量に制限があったのに加え、比較的低速で突入するためである。

最後になるが、飛行甲板の装甲化は航空兵力の構成に影響を与えることがある。非装甲飛行甲板という魅力的な攻撃目標がなくなることにより、急降下爆撃機の効果が低くなるのであれば、雷撃機の数を増やす余地が出てくる。他方、雷撃機は非常に脆弱であるため、より多くの護衛戦闘機が必要となる。

最適バランス

装甲飛行甲板の価値をめぐる議論は、いささか期待外れの結果に終わってしまったようだ。装甲化と航空兵力との相関関係が弱いのであれば、なぜ議論になったのか？　ある意味、この議論の根源は、異なる海軍がこの問題に最初にどう取り組んだかにあるのかもしれない。これは、誰もが空母の真の役割について確信がもてず、戦闘経験をもたなかったためにできたことである。

当初、さまざまな理由から、イギリス海軍は大規模な航空兵力の運用にあまり関心を示さなかったようだ。同様に太平洋では、当事者は空母の防御にさほど関心がなかった。どちらのケースも、条件が異なっていたからという要素はあまり見受けられないが、実際、違っていたわけではなかった。ただ、空母の役割がまだ流動的であったため、そう見えたにすぎなかった。しかし、どの海軍も装甲飛行甲板と大規模な航空兵力の両方を兼ね備えることができなかった大きな理由などなかったのである。どうやら私たちは、間違った問いを投げかけてきたのかもしれない。アメリカ海軍の空母によく見られる側面開口部にそれだけの価値があったのかどうか、こういった問いを投げかけてみるべきである。

大きな側面開口部の主な利点は、格納庫にいる間にエンジンの暖機運転ができることだった。しかし、これはあまり活用されていなかったようで、使われたとしても、攻撃隊の発艦作業をそれほど加速するのではなかったようである。ほかにエンジンを動かすことなく、オイルヒーターを使ってエンジンを暖めることができた。さらに甲板縁端部のエレベータを使えることも〔大きな側面開口部の〕利点の一つと言えた。これはたしかに便利であり、実用的であることを証明したが、全体的な戦闘効率の観点からは、ゲーム・チェンジャーにはならなかった。結論として、かりに側面開口部が飛行甲板を非装甲にとどめておく理由だったのだとすれば、その価値はなかったと言わざるをえないだろう。

これは、やや予想外の結論かもしれない。このような状況での典型的な結論は、それぞれの設計が、その設計に必要な要件に最適であったというものだ。ここではある程度の客観性をもって、ある設計が他の設計より優れていたと言うことができる。しかし、いつものように、それは設計者や製造業者の責任というよりも、運用思想や作戦上の要請の結果であった。

第24章　大口径対空砲の有効性

大口径対空砲

大口径の対空砲をもつ主な理由は、砲弾を高高度まで到達させるためである。大口径対空砲の砲弾は小口径の対空砲とほぼ同じ速度で銃口を離れるが、重い弾丸の方が空気抵抗による減速が少なくて済む。つまり弾丸が重ければ重いほど、より高高度に到達することができる。

5インチ対空砲弾は1万2000フィート〔約3600メートル〕に到達するまでに約6秒、1万8000フィートに到達するのに約10秒、3万フィートに到達するのに約22秒かかる。発射体がある高度に達するまでに時間がかかるということは、比較的予測可能な経路を飛ぶ航空機――たとえば4発爆撃機の大編隊――に対してのみ有効であることを意味する。このような大規模な編隊であっても、砲弾が編隊の上下で被害をもたらすことなく爆発するように定期的に高度を変えれば、対空砲の大部分を回避することができた。

ドイツ軍が4発爆撃機1機を高高度で撃墜するのに、平均して3400発から1万6000発の砲弾が必要だった。イギリスも〔ドイツ軍の〕電撃戦〔1940年のバトル・オブ・ブリテンを指す〕の際に同様の弾数を使用した。主要艦艇における5インチ砲弾の積載量は通常、1砲身あたり500発程度なので、爆撃機1機を落とすには艦内に積載されている5インチ砲弾をすべて使い果たすことになる。

しかし高高度からの爆撃は、高度が高くなればなるほど、精度は落ちていく。高高度からの水平爆撃の精度が悪いのは有名な話である。

都市のような巨大で命中させやすい目標を、高高度爆撃から守るためには、大口径の対空砲が必要だった。艦船の防御においては、〔標的が〕はるかに小さく、移動可能であるため、大口径の対空砲が本当に必要なのかどうかについては疑問が残る。対空砲に高角度能力をもたせるには砲塔が必要とされ、その分、経費と重量が膨らむ。大口径対空砲は高角度の仰角だけでなく、動力付きの横旋回と縦の仰角、そして優れた火器管制システムとの連動を必要とする。雷撃機に対しては、標準的な低い仰角の砲塔は必ずしも有効ではない。雷撃機は他の航空機よりも速度は遅い一方で、目標艦の間近まで接近してきた場合、〔それに対処するには、〕かなりの角速度〔仰角を上下させるスピード〕を必要とした。このため近距離の雷撃機を撃つ場合、遠距離からの場合と比べて、砲塔には速い旋回・仰角能力が必要とされる。

大口径対空砲の砲弾は空母艦載機に対しては過剰破壊といえるが、多発の重爆撃機に対しては適合的である。重機関銃の銃弾（50口径など）は軽すぎて効率が悪く、撃墜するためには多くの命中弾が必要で、そのため非常に近い距離からの射撃が必要とされた。これは戦時中の20ミリ機銃とほぼ同じ状況だった。40ミリ機関砲は効率的な弾丸で、一撃で十分なことが多かった。戦後、より重量のある高速の航空機が、より遠方で作戦を行うようになると、40ミリを57ミリや3インチに換装する動きも見られた。

時限信管は砲弾を発射する前にセットする必要があった。信管のセットに時間がかかると、発射速度が遅くなることがある。時限信管をセットしないことで、時限信管の欠落を補うだけの射撃速度の向上が期待できる。VT信管の欠点は、もし標的を探知できなかった場合、爆発せずに通り過ぎるだけなので、パイロットの気をそらすことができないことである。VT信管は通常信管に交ぜて、発射弾道を確認するための追跡弾として使用されもした。

アメリカ海軍の統計数値

対空砲の有効性に関する統計を扱うときに留意すべきことは、あらゆるデータが攻撃側のさまざまな側

	重量	射速	弾丸	弾丸/AC	キロ/AC	分/AC	分/重量
1×5インチ	15t	20	25kg	654	16350	32分	480分
1×5インチVT				340			
1×40ミリ	2.5	150	0.9	1713	1539	11	28
1×20ミリ	0.77	300	0.12	5287	634	18	14
（ファランクス	6.1	3000	0.10）				

面に影響しているということである。対空砲がもたらす影響は実に多岐にわたる。たとえば最も優れた対空砲とは、敵機を撃墜しなくても、敵の果敢な攻撃を妨害できる対空火器のことだった。

最も信頼できる情報源は、第二次世界大戦のアメリカ海軍の統計（USN Information Bulletin No.29: Antiaircraft Action Summary-World War II）である。

最初の項目「重量」は、砲・銃身1門あたりの砲塔の重量（トン）である。「分／AC」は、航空機1機を撃墜するのに砲・銃身1門で何分発射しなければならないかを表している。「分／重量」は、砲塔の重量1トンにつき、航空機を撃墜するのに何分かかるかを示している。

達成された撃墜の内訳は、5インチ砲が25％、40ミリ砲が50％、20ミリ機銃が25％であった。サンタ・クルーズ諸島沖海戦では、戦艦〈サウスダコタ〉は40ミリ4連装対空機関砲4基と1・1インチ4連装機銃5基、20ミリ単装機銃32門（5インチ砲にはVT信管なし）を搭載していたのだが、日本軍の攻撃機に対する撃墜の内訳は5％、30％、65％であった。もっと多くの40ミリ対空機関砲を搭載していれば、5％、65％、30％のような結果になっていたかもしれない。

右記の数値は、軽量な機体が多く、カミカゼなどの果敢な攻撃的特徴を有した日本機に対するものであり、1942年から1945年までの大戦全期の平均値である。したがって、一つの参考程度に受け止めておくべきだろう。異なる条件にあてはめれば、もっと割り引かなければならないかもしれない。それでも、これらの数値は私たちがもっている最良のデータであり、以下の議論の基礎となるものである。

相対的な効果

40ミリ4連装対空機関砲は、5インチ連装高角砲の約6倍の確率で攻撃機を撃墜することができた。これは単位時間あたりのことで、射程の長い5インチ砲は長い時間にわたり交戦することができるという事実を無視している。また40ミリ4連装対空機関砲は、5インチ連装高角砲の3分の1程度の重量しかないため、砲塔上部装甲の重量を考えると40ミリ4連装対空機関砲のほうが約18倍効率的だった。

5インチ連装高角砲は、1基あたり約40万ドルだった。40ミリ4連装対空機関砲は、約6万7000ドル、20ミリ単装機銃は約2000ドルだった（この数字は火器管制装置を除いたもの）。費用対効果の面では20ミリ機銃に勝るものはなかったが、その効果は、敵のパイロットが味方の対空火網の至近距離内に入ることを命ぜられているかどうかにかかっていた。これらの数値には艦船自体のコストは含まれておらず、システム全体から見れば、砲塔部のコストはそれほど重要ではないかもしれない。重要な制約要因は、十分射界を確保できる甲板上のスペースと、砲塔上部装甲の重量であった。

VT信管の価格は当初、約40～50ドルであったが、1945年には18ドルに下がった。大雑把に見積もると、弾薬は1キログラムあたり約2ドルであった。VT信管は撃墜数を2～3倍程度しか増加させないため、VT信管弾薬は1キルあたりのコストが高くなっている。

戦時中、アメリカはVT信管に約10億ドルを費やしているが、これは大型の正規空母15～20隻分、単発機（または戦車）2万機（または輌）分に相当する。VT信管は、戦局に与える影響が（航空機や艦船、戦車のように）直接的ではなかったサブシステムの割には、最大の支出項目の1つを占めていた。たしかに、それは有益だった。そう、それは目覚ましい工学的偉業だった。しかし、費用対効果の高い兵器ではなかった。VT信管は主に日本軍、とりわけアメリカ艦隊を攻撃するカミカゼに対して使用された。ドイツ空軍は、1944年にVT信管が使用されるようになる前に、多かれ少なかれ純粋に防衛的な姿勢に転じていた。VT信管は陸軍砲兵によって野外の歩兵に対する空中炸裂《エア・バースト》にも使用され、非常に効果があった。これが、アメリカ海軍の巡洋艦が6インチ砲弾にVT信管を取り付けていた理由である。主に沿岸部への艦砲射撃用として計画され、航空機に対する使用は想定されていなかったものの、実際には対空戦闘に使用された。地上目標に使用されるVT信管は、対空砲弾に組み込まれているような自爆機能を備えていなかった。

VT信管はジャミングに対して脆弱だった。ドイツ軍がアメリカ陸軍の物資集積所を占領し、大量のVT信管がドイツ軍の手に渡ってしまったため、ドイツ軍が複製した場合に備え、防御策を講じておく必要があった。わずか2週間で、標準型AN/APT-4電波妨害装置《ジャマー》に改良を加えたジャマーを開発した。このジャマーの実験は、実際に搭乗員を乗せたB-17に対し、実弾を使用して行われた。乗組員たちは、VT信管の付いた砲弾が爆撃機からかなり離れたところで早々に爆発したことを報告し、非常に満足げだった。

こうしてVT信管技術は、ほとんど無害化されるにいたる。これはVT信管全般に言えることだった。なぜなら基本的に同じ無線技術をベースとした新しいバリエーションは、単に新しいジャマーで対応することができたからである。ドイツのフリッツ-Xのような電波誘導式爆弾に関しても、基本的には同じ状況だった。ジャマーが設置されると、この兵器は無効化された。

5インチ高角砲には有効なVT信管が使われていたが、5インチ高角砲の砲架は40ミリ機関砲の砲架に置き換えた方が良かった。そうすれば、VT信管そのもののコストだけでなく、5インチ高角砲の砲架のコストと重量も大幅に削減できたからである。

40ミリ機関砲の最大射程高度は2万3000フィートであった。何をもって「有効射程」とするかは資料によって異なるが、ターゲットの特性や挙動に応じて、高度8000～1万2000フィート（適切な射撃指揮が行われることを前提）と定義することができる。空母に搭載された単発機に対しては、その攻撃性能から、40ミリ機関砲は必要十分な射程を有していた。一方、高高度を予測可能な経路で飛行する水平爆撃機に対しては、大口径高角砲は依然として有効であった。他方、水平爆撃機が投下する爆弾が艦船に命中する確率は非常に低く、空母にとって大きな脅威とはならなかった。

5インチ砲弾で単発機を撃墜するのは、単に効率が悪いだけだった。大型戦艦を沈めるのに40ミリ機関砲を浴びせるのと同じように、最適とは言えないからである。十分な時間と弾薬があれば、どちらのアプローチも最終的には成功するであろうが、結局のところ、航空機と艦船は全く異なる標的であり、それぞれ別々のツールで戦う必要がある。

高高度爆撃が実質的脅威と見なされ、25ミリ機銃や1・1インチ機銃のような射程距離に限界がある対空火器と組み合わされて用いられる場合、大口径高角砲は依然として非常に有効な手段となった。

1つの砲を対空・対艦という二重用途に使用することの合理性について、頭で理解することは容易である。しかし主要艦艇を設計したとき、対空・対艦の二重用途の砲を設計したときに考えられていたよりも、水平爆撃がほとんど脅威とはならないことが判明したとき、それが真に最適な解決策であるか、あるいは費用対効果の高い合理的な解決策であるかは、あまり明らかではない。

戦艦の副兵装として強力な6インチ砲を「稀にしか起こらない」夜戦に使用するほうが、より理にかなっていたかもしれない。この考え方を突き詰めれば、「稀にしか起こらない」水上からの脅威に対し戦艦を防護する役目は、巡洋艦や駆逐艦に任せ、戦艦は副砲を完全に取り除き、40ミリの中口径対空機関砲だけを搭載するといったことも考えられる。

空母も同様に、連装や4連装の40ミリ対空機関砲のみを40基以上搭載することが可能であった。特に〈サラトガ〉はその面の記録保持者であり、従来の5インチ高角砲を保持したまま、23基の4連装と2基の連装40ミリ対空機関砲を搭載した状態で終戦を迎えた。戦闘効率という点では、5インチ高角砲は貴重な甲板スペースを無駄に占有し、上部構造の重量を不必要に増しただけであった。空母は、単発の艦載機よりも大型の航空機を相手に戦う任務を想定されていなかったため、重装備の高射砲をもつ意味は低いと見なされていたからである。

一方、〈アトランタ〉級や〈ディド（Dido）〉級の巡洋艦、〈秋月〉級の駆逐艦のように、護衛艦に大口径高角砲を搭載することは理にかなっていた。こうした艦艇は、誘導爆弾のような高高度の脅威源に対する保険と考えることができる。大口径高角砲で空母を防御する必要がある場合、護衛艦に搭載したほうが、よほど理にかなっている。なぜなら目標が高高度に存在していることを考えると、護衛艦から発射するほうが〔仰角を低く設定できるため〕効果的であるからだ。それに対し、中射程や短射程の防御を行う場合には、直接攻撃を受けている艦艇に〔対空砲を〕搭載するのが最適である。

筆者は20ミリ機銃とボフォース40ミリ対空機関砲を実際に射撃した経験をもつ。20ミリ機銃の場合、銃の架台がかなり揺れるが、すぐに無視できるようになり、騒音は気にならなくなる。リングサイト〔火器の照準器の一種で、リング状のリアサイト（後部照準器）の中心部にフロントサイト（前部照準器）を合わせて照準を行う〕を効果的に使うには訓練が必要だ。〔訓練用の〕曳航された標的の撃墜はどのような距離でも難しく、砲手がよほど熟練していない限り、命中させるには目標が近距離になければならない。砲手の中には〔熟練した〕人もいれば、ただ才能があっただけという人もいた。

40ミリ機関砲の射撃は、ずいぶん違う体験だった。まったく違った。40ミリ機関砲は本当にひどい銃だ。射撃音は不快そのもので、文字通り息を呑むほどだ。最大速度で射撃しているときに隣に立つと、呼吸が断続的に途切れてしまう。発射速度は心拍数とほぼ同じなため、そばにいると余計に不快な銃になる。目の前の任務に集中するには努力が必要だ。猛烈な射撃を行う複数の4連装砲架台が放つノイズのレベルは、自分の叫び声が聞こえなくなるほどの凄まじいものだったに違いない。大口径になるほど砲は巨大な音を轟かせるものだが、発射速度は一様ではない。40ミリ機関砲を経験したあとでは、20ミリ機銃はおもちゃのように感じられる。まともには受け取られないかもしれないが、まるでペットのように、とにかく手元に置いておきたくなる。

ミッドウェー海戦の後、〈ヨークタウン〉のバックマスター（Elliott Buckmaster）艦長は、次のように提言している。「5インチ高角砲、1・1インチ機銃、50口径機銃を、多数の40ミリ機関砲に置き換えること。小口径の機銃は近距離では有効であることが証明されているが、その射程は、敵機から攻撃を受ける前の段階で、敵の攻撃行動を妨害するには短すぎる。5インチ口径砲は長距離できわめて有効であり、対空防護艦として使用される艦に保持されるべきである」と。40ミリ機関砲はまだアメリカ海軍艦艇に配備されていなかったが、彼はボフォースの威力を知っていたのだろう。

すべての時期を通じて最も費用対効果の高かった対空火器は、おそらくブローニングM1911 45口径ピストル〔1911年にアメリカ軍に採用された半自動拳銃。第一次・第二次世界大戦、朝鮮戦争、ヴェトナム戦争など、多くの戦場で使用された〕であろう。B－24爆撃機の副操縦士オーウェン・J・バゲット（Owen J. Baggett）少尉は落下傘脱出し、パラシュートにぶら下がっていた。零戦のパイロットはパラシュートからパラシュートへと移動し、飛行士を殺していた。ある零戦のパイロットはバゲット少尉が死んでいるかどうかを確かめようと、彼のすぐそばで飛行機を垂直失速させた。バゲットはピストルを取り出し、パイロットの頭部に弾丸を撃ち込んで零戦を撃墜した。それを5回繰り返せば、あなたはエースになれる。

自動装填と水冷式砲身

水冷式砲身〔連続射撃による砲身の過熱を防ぎ、砲の性能を維持するために水冷装置を利用したもの〕は高い射撃速度を得るために必要である。大口径高角砲は交戦距離と時間が最も長く、水冷装置〔砲身の周りの外殻に水を循環させ、射撃中に発生する熱を吸収し、砲身を冷却させる〕の恩恵を最も受ける。また大口径高角砲では砲身を簡単に追加することができない。それに対し、小口径の対空機銃は交戦時間が短く、水冷式銃身を使用しなくてもよい。中口径の対空機関砲は水冷式砲身を使うことができるが、砲身の数を増やすことで、砲塔の重量をそれほど増やさず〔水冷式を採用しなくても〕射撃効果を補うことができる。

水冷式銃身は、第一次世界大戦で重機関銃と中口径機関銃に導入された。またイギリスの2ポンド対空機関砲にも導入された。イギリス海軍とアメリカ海軍は40ミリ機関砲に水冷式砲身を採用した。また水冷式砲身は、第二次世界大戦後にアメリカ海軍が開発した3インチ連装対空砲にも採用されている。現代の海軍砲では、76～130ミリのサイズでは、水冷式砲身が標準となっている。

水冷式砲身の導入が艦砲に適している明らかな理由は、水不足になる可能性が低いからである。また〔艦上では〕砲は静止しているため、重量も問題にはならない。陸上配備型の対空砲では重量が重視され、水へのアクセスが問題になる。また数多くの砲が必要とされる場合、〔艦上では〕スペースにも余裕がある。このような水冷技術の開発費用は、陸軍や空軍からの援助を受けずに、各海軍が負担しなければならなかった。

毎分60～100発の発射速度をもち、自動装填装置と水冷装置の両方を兼ね備えた3～4インチの対空機関砲を開発するには時間と費用がかかっただろう。基本的な技術は戦前からあり、戦時中に開発された数ある技術がそうであったように、十分に重要視されていれば、大戦に間に合うように開発できたかもしれない。自動装填装置と水冷式砲身を備えた最初の対空砲は、1950年に登場したボフォース製120ミリ砲であった。この砲の発射速度は毎分42～45発で、アメリカ海軍の最も優れていた5インチ38口径高角砲の2倍以上である。

方位盤

火器管制は目標が遠ければ遠いほど、洗練させる必要があった。水平爆撃を行う重爆撃機は航続距離が長いので、大型の密度の高い（そして遅い）方位盤《ディレクタ》が適している。小型の空母艦載機は航続距離が短く、特にパイロットが方向転換《ジンク》している場合はその傾向が強いので、よりシンプルで感応度の高い方位盤が適している。

関連する話題として、照準手は「今撃っている砲弾は、実際にどこに向かっているのか」に関する情報をいかにして把握するのかということがある。まず大口径の高角砲では、砲弾の炸裂音で確認することができる。小口径・中口径の対空火器は自動射撃であり、信管を設定する時間がない。代わりに曳光弾が使われることになるが、曳光弾を観察できる距離には限界がある。40ミリボフォース砲の曳光弾の燃焼時間は約10秒で、水平方向では５０００ヤード〔約４５００メートル〕、垂直方向では1万５０００フィート〔約４５００メートル〕の距離に相当する。

もう1つの問題は、「別の火器から発射された砲弾の炸裂音や曳光弾と、自らの砲弾をどのように見分けるのか」ということである。日本軍は色違いの空中炸裂弾を使っていた。曳光弾は識別が容易であるため、連続的な弾道軌跡をたどれば、発射した砲を見分けることができる。

戦後

戦後は、大口径高角砲と中口径対空機関砲のそれぞれの長所を組み合わせること、つまり、大口径高角砲の射撃率と砲口速度を高めつつ、確実な撃墜能力と近接信管を内蔵するのに十分な大きさの砲弾をもつことに焦点が当てられた。しかし、高速で敏捷な目標に対して無誘導弾が達成できることには根本的な限界があり、結局、航空機に対する主要な防御手段として、対空砲はミサイルに取って代わられた。

第25章　第二次世界大戦の空母の設計を再考する

はじめに

戦時中の経験を踏まえ、第二次世界大戦中の空母はどのように設計されるべきであったのか、という点について考えてみたい。ここでは「戦後に必要とされたもの」ではなく「1940年から1944年にかけて、何が理想的であったか」という視点から考察している。

戦時中にかなりの経験が積まれ、空母の役割と運用は劇的に変貌を遂げた。しかし、次世代の空母は、次世代の航空機、特にジェット機に合わせて設計されたものである。そのため、第二次世界大戦に最適とされた空母は、その後、設計も建造もされることはなかった。物事があまりに早く移り変わったからである。

空母に対する設計要求は、欧州戦域でも太平洋戦域でも基本的に同じであったと思われる。どちらの戦域でも、作戦地域は陸地によって制約を受け、多数の敵の陸上航空機に近接していた。兵站事情は異なっていたものの、それは必ずしも空母の設計そのものに大きな影響を与えるものではなく、それは、むしろ兵站線の問題と言えた。

空母部隊の規模は、空母の設計に影響を及ぼすことがある。非常に大規模な空母部隊は、陸上航空機に対して局地的な航空優勢を獲得することが期待され、この場合、攻勢的な設計が適していたかもしれない。同様に空母が1隻だけの部隊や、ほんの数隻しかない部隊の場合、より防御を重視した設計が良かったかもしれない。

速力

戦前に想定されていた空母の本来の役割は、第一次世界大戦期の巡洋戦艦と同じように、偵察や急襲だった。こうした役割を果たすうえで、高い速力は必要不可欠だった。初期の空母のほとんどは巡洋戦艦を改造したものであり、高い速力を発揮できた。

高い速力は甲板上で大きな風速を発生させることができるため、航空機の運用にも有効であった。一方、速力の低い護衛空母でも、高速の正規空母と同じ種類の航空機を運用することに成功しており、見事にその役目を果たした。

日米の正規空母はデッキロード攻撃をいかに遂行するかという観点から設計されていた。できるだけ多くの艦載機を飛行甲板に並べ、エンジンを暖め、1つの攻撃隊として送り出した。攻撃隊の規模は、先頭の航空機が発艦のためにどれだけの滑走距離を必要とするかによって制限された。甲板上の風速が少し弱ければ、その分だけ長い滑走路が必要となり、少ない機数で攻撃を行わなければならない。こうして正規空母に関しては、速力が低い空母であるということはデメリットとなった。

無風の状態で、空母が28ノットと32ノット〔時速約53キロメートルと約60キロメートル〕で航行していると仮定すると、発艦に必要とされる追加の滑走路の長さは約30フィートと約35フィート〔約9メートルと約10・5メートル〕の差、つまり航空機1機分の長さになる。かりに3機を横並びに交互に配列すると仮定すると、約6機分の駐機スペースに相当する長さの滑走路が追加で必要になる。そのあおりを受けて取り除かれた航空機〔たとえば6機分〕は、カタパルトを利用して発艦させる必要が生じる。通常の飛行甲板からの発艦間隔が20秒であるのに対し、カタパルトによる射出は40秒かかる。つまりデッキロード攻撃の発艦にはさらに数分かかり、これを通常の攻撃任務の3～5時間という時間の中に織り込まなければならない。このように空母の速度が遅いか速いかという問題は、フライト・オペレーションを遂行するうえで重要な要素となる。しかし、兵器システム全体から見れば、その影響はごくわずかである。

攻撃隊の規模を維持するもう1つの方法は、後方の飛行甲板を広くして、駐機スペースを確保することである。第三の方法は、前列に配置した数機の重量を軽くし、甲板上の風速がわずかでも発艦できるようにすることだ。以上のような数ノット分の速力不足を補うための代替案は、ほとんど風のない条件のもとでのみ必要な措置である。ある程度の風が吹いてさえいれば、その風に向かって艦を走らせれば、甲板上に必要な風速を起こすことができる。

艦の設計の観点から言えば、速力を1ノット上げるだけでも、艦の動力に多大な負担を強いる。そのため設計速力が30ノット程度に緩和されれば、たとえば装甲飛行甲板など、他の機能に重量を割くゆとりができる。また船体の幅を広くし、格納庫や飛行甲板の大きさを維持しながら、装甲甲板を取り付けることが可能になる。

これまで論じてきたことはすべて、航空母艦の成熟と、海戦における役割に付随するものである。艦隊の新たな中心的存在となった空母は、速度は出せるが貧弱な偵察機や襲撃機を積んでいるだけでは、もはや通用しなくなっていた。空母は深刻な打撃を受けながらも活動を続け、戦闘に立ち向かい、重武装・重装甲を備えた敵を相手に勝利するものでなければならなくなっていた。そのためには、巡洋戦艦よりも、戦艦のように建造される必要があった。

第二次世界大戦で活躍した空母の中で速力が比較的低かったのは、〈ワスプ〉と〈イラストリアス〉級で29・5~30ノット、〈加賀〉〈千歳〉〈千代田〉〈信濃〉が27~28ノットだった。さらに遅かったのは〈ハーミーズ〉〈イーグル〉〈飛鷹〉〈準鷹〉の24~25ノットである。大戦後期に就役したイギリス海軍の〈コロッサス（Colossus）〉級も25ノットと低速だった。これらの空母は適度に長い飛行甲板を有しており、カタパルトなしで運用されていた。多くの護衛空母の設計速度は15〜20ノットで、短い飛行甲板のため、アヴェンジャーのような重量のある航空機を運用するにはカタパルトを必要とした。

対空砲

実際のところ、空母に大口径の高角砲を搭載する理由はない。標的にされている艦艇が攻撃機を撃墜するのに最も適したプラットフォームであることが多いため、中口径の対空機関砲や小口径の対空機銃を搭載することには十分な根拠があると言えた。しかし、大口径高角砲となると話は別で、それを搭載しないことで飛行甲板をより広く利用することができたのも事実だ。

エレベータの位置――センターラインとデッキエッジの比較

飛行甲板の舷側部に設置されたデッキエッジ・エレベータの大きな利点は、着艦と発艦の作業段階において、飛行甲板上での航空機の前後方向の移動――特に前方への移動――が容易になることだった。また小型・軽量設計で、爆発によるダメージを受けにくく、格納庫上面の装甲被覆率を低下させずに済んだ。さらにはエレベータの昇降空間を節約し、〔格納庫が密閉されている場合に必要な〕排水設備を必要としなかった。

デッキエッジ・エレベータの設計は凌波性を維持しなければならない理由から、その取り付けは単一の格納庫しかもたない空母に限定される。この凌波性の観点から、デッキエッジ・エレベータはあまり前方に配置しないほうがよいとされた。

センターライン・エレベータは、2階建て格納庫をもつ空母の下層部の格納庫まで到達することができた。また悪天候の影響を受けない保護された作業エリアを提供し、特に小型空母がその恩恵を受けた。

デッキエッジ・エレベータは、おそらく上部構造〔艦橋〕と同じ側に配置されるべきだろう。どちらもフライト・オペレーションに支障をきたす要因となりうるため、両方を片側に寄せたほうが全体としての影響度を緩和することにつながるからである。

飛行甲板と格納庫

デッキロード攻撃が最優先の任務であると仮定した場合、攻撃隊の先頭の航空機が発艦するのに十分な滑走路の長さを確保しつつ、最大限の艦載機を甲板上に整列させることが望ましい。これを満たすのが長い飛行甲板である。先頭機の後方にはできるだけ広いスペースを確保する必要がある。

飛行甲板の前方部は、主に艦載機を発艦させる段階では滑走路として使用されるため、比較的幅が狭くなっている。着艦段階で甲板駐機スペースとして利用することも可能だが、着艦制動索を使って着艦機を収容する場合、飛行甲板の大部分のスペースを必要とする。ただし、着艦は発艦よりも甲板の長さを必要としない。飛行甲板の前方部は幅が狭いため、甲板の張り出しが少なく、対空砲の設置場所として適している。飛行甲板の中央から艦尾にかけては、前述したようにデッキエッジ・エレベータの設置に最適である。一方、前方に駐機している艦載機が利用できるよう、適度な位置に前方エレベータを設置する必要がある。飛行甲板の全体的な形状は、上から見ると瓶のような形をしており、後方の約3分の2の部分には突起部があることがわかる。

第二次世界大戦期の空母の飛行甲板の幅に対する長さの比率〔長さ幅比〕は、約8・3から9・1であった。現代の空母は4・0と4・3（それぞれ〈クイーン・エリザベス〉と〈ニミッツ（Nimitz）〉）である。

飛行甲板の幅は通常、喫水線での船腹のほぼ2倍である。

船体だけを見ると、現代の空母は第二次世界大戦中の典型的な設計と比較して、船腹の広い構造をしている。たとえば〈クイーン・エリザベス〉の〔船体の〕長さ幅比は７・１、〈ニミッツ〉は７・８だが、〈エセックス〉は８・８、日本の典型的な空母設計は９以上の〔船体の〕長さ幅比をもち、巡洋艦や駆逐艦の細身の船体によく似ている。

現代の設計に基づく船腹と張り出しを、第二次世界大戦期の空母に適用して建造したとすれば、利用可能な飛行甲板面積は実質２倍の広さになる。デッキロード攻撃は通常、航空兵力の半分が参加していたため、原則上は全航空兵力を飛行甲板上に並べ、単一の攻撃隊として出撃することが可能になる。

もし飛行甲板の横にデッキパーク・エリアを設定できれば、飛行甲板の全長を滑走路として利用することができるため、重量物を積んだ航空機の発艦が可能になる。さらにデッキロード攻撃隊を配列し、いつでも発進できる状態を維持したまま、ＣＡＰ活動を行うこともできる。しかし、着艦エリアの横に航空機があるのは危険性をはらむ。アプローチに失敗すると、これらの機体に衝突する恐れがあり、着陸時に何らかのバリアが必要となる。発艦の場合は問題が少なく、側方に航空機が駐機していてもリスクは少ない。

横幅の広い飛行甲板は、デッキパークが採用されている場合にのみ真価を発揮する。イギリスも日本もデッキパークを採用せず——少なくとも開戦当初は——格納庫に全機収容とするのが彼らのドクトリンであり、それゆえ２階建ての格納庫をもっていた。アメリカはデッキパークを採用し、幅の広い飛行甲板を有効に使うことができたと思われるが、そこにはパナマ運河通航の制約があった。その制約がなくなると、飛行甲板は拡幅された。

スキージャンプ方式〔飛行甲板の先端をスキーのジャンプ台のようにせり上がらせて、離陸を助ける方法〕は１９４４年に〈フューリアス〉でテストされ、意図したとおりに機能したが、カタパルトと一体化させる必要があった。またデッキパークには不向きであった。

幅広の飛行甲板、デッキパークの導入、舷外エレベータがあれば、格納庫は１つで十分ということになる。

飛行甲板は装甲化すべきである。現在でもそうだが、空母はもともと脆弱な艦艇であり、相応の持続力が必要である。これは、その役割の変化――偵察や急襲を巡洋戦艦に取って代わり、艦隊の中心的存在として戦艦に取って代わる――を反映している。

上部構造物

艦船の航法の観点からは、一般的に上部構造物は前方にある方が良い。フライト・オペレーションの観点からは、一般的に上部構造物は後方にある方が良い。

また上部構造物は煙突（排気筒）を設置するのに最適な場所だ。煙突が2つあれば、ボイラーと推進機関を交互に配置することが容易になる。これは1本の魚雷が命中しただけで全動力が喪失することを防ぐための優れた実践的方法だった。また上部構造物が2つあることで、各種アンテナの電波干渉を避け、それらを十分に離隔した場所に設置するスペースを確保できる。

飛行甲板の運用の妨げにならないように、また乱気流を最小限に抑えるために、上部構造物は船体の外側に配置される必要がある。上部構造物を船体側面の外側に張り出す形で配置した最初の空母は、日本の〈飛鷹〉級である。また日本の空母の中で、煙突が上部構造物に組み込まれたのはこれが最初で、そのためか、上部構造物は従来の設計よりはるかに大きくなり、船外にひときわ目立つように建っていた。のちの〈大鳳〉や〈信濃〉の設計も同じ様式を踏襲している。第二次世界大戦期のアメリカの空母は、飛行甲板に大きなくびれ《ウェスト》を生じさせる大きな構造物があり、〔戦後の〕〈フォレスタル（Forrestal）〉級まで船体の外側に構造物を設けることはなかった。

パナマ運河の影響

第二次世界大戦中のアメリカの空母はすべて、パナマ運河を通過する必要があったため、飛行甲板の最大幅に制約があった。〈エセックス〉級は運河を通航可能な最後の空母であった。通航を可能にするため、〈エセックス〉級の舷外エレベータは折り畳み式に設計されていた。設計段階では、右舷に2基目の舷外エレベータを設置することも検討されていたが、通過が不可能になるため却下された。一部の空母では右舷上部構造物の下に、ボフォース40ミリ4連装機関砲用の張り出し砲座《スポンソン》を取り付けていた。これらの張り出し砲座は運河を通過する前に取り外され、通過後に溶接で戻された。初めて運河を通過した際に、〈エセックス〉が閘門《こうもん》〔水位の異なる水面をもつ運河で、水面を昇降させて船舶を通航させるための施設〕沿いに建てられていた電柱を倒してしまうほど、本当に窮屈だった。デッキパークの駐機数を増やすために飛行甲板の張り出し部を多く設けたりすることなどは、もちろん問題外だった。

船腹が広すぎた〈加賀〉と〈信濃〉を例外として、イギリス海軍と日本海軍の空母は運河を通過することができたと思われる。〈ミッドウェー〉級の空母も船腹が広すぎた。〈ビスマルク〉〈リットリオ（Littorio）〉〈大和〉〈リシュリュー（Richelieu）〉〈ヴァンガード〉〈モンタナ（Montana）〉級の戦艦も運河を通過できなかった。修復後の〈ウェスト・バージニア（West Virginia）〉〈テネシー（Tennessee）〉〈カリフォルニア（California）〉〔3艦とも戦艦〕も幅が広すぎた。

イギリス海軍の〈キング・ジョージ5世〉級の戦艦は通過可能だったが、おそらくそれは世界的なコミットメントを求められるイギリス海軍の任務の性質から、そうなったと思われる。〈アイオワ〉級戦艦は通航が可能な最後の戦艦であった。その船体ラインを見ると、閘門にフィットさせるため、舷側面を人工的に直線状にしなければならなかったという制約をはっきりと感じ取れる。もし〈アイオワ〉が閘門に入るという制約を受けなかったなら、それ以前の戦艦や、その次の〈モンタナ〉級のように船腹が広く、速力が遅く、雷撃に対する強い防御力を備えた戦艦として建造されていただろう。このようにアメリカの戦艦の進化の方向は、より長く、より速くなることであった。

パナマ運河の拡張工事は1940年に開始されたが、資源が他に必要とされたため、1942年に中止された。〈モンタナ〉は新設の第3閘門を通過できるように設計されていたが、〔造船所の〕傾斜船台をできるだけ多くの空母が使えるようにするため、建造は中止された。

1940年に始まった拡張工事は、2007年にパナマ政府によって再開され、2016年に完成した。それでも〈ニミッツ〉級や〈フォード（Ford）〉級の空母は、やはり大きすぎて通航ができない。喫水線における長さと船腹だけを見れば通行が可能なはずだが、広く突き出た張り出し部分が喫水線に近すぎて閘門に収まらなかった。〈タラワ（Tarawa）〉級や〈ワスプ〉級といった空母に似た強襲揚陸艦は、いずれも拡張工事前の閘門の幅によって船腹が制限されている。エレベータを折り畳めば、わずか数センチの余裕で収まった。ここでも甲板の張り出しは論外である。拡張工事に見通しがついてはじめて、〈アメリカ（America）〉級〔強襲揚陸艦〕は拡張前の限界を超えて建造することが許されたのである。

現在の空母との比較

イギリス海軍の最新空母〈クイーン・エリザベス〉が多くの面で、第二次世界大戦期の理想的な空母に近いレイアウトであることは、非常に魅力的なことである。

第26章　空母の運用術

はじめに

用兵術の分野において、孫子、クラウゼヴィッツ、マハン、グデーリアンなどの軍事戦略家たちの名は、よく知られている。あまり知られていないのは、アメリカ空軍大佐のジョン・R・ボイドだろう。

ボイドは朝鮮半島で戦闘機パイロットとしてデビューした。その後、パイロットの教官を務め、そこでの経験が空中戦《ドッグファイト》のための「エネルギー機動性理論（E-M theory）」を開発するきっかけとなった。このE－M理論はF－16戦闘機とF－15戦闘機の開発にも応用され、いずれも成功を収めた。F－16は歴代のジェット戦闘機の中で最も売れた機体である。F／A－18は、F－16とほぼ同じ考え方で設計された新しい軽量級の戦闘機としてF－16のライバルとなり、アメリカの空母艦載機の中核として大きな成功を収めている。

ボイドはその後、自分の考えを戦争全般に応用していった。ボイドの鍵となるコンセプトの一つで、おそらく最も有名なのが「OODAループ」である。「砂漠の嵐」作戦では、ボイドはアドバイザーとして招かれ、イラクの意思決定プロセスを完全に麻痺させ、迅速かつ決定的な勝利をもたらした「左フック」戦略の立役者の一人となった。

OODAループのルーツは空中戦にある。空母どうしの決闘は、戦闘機どうしの格闘戦によく似ている。技術的に高度な2つの実体が決闘し、打ち合い、かわし合い、それぞれが相手を出し抜き、勝利を収めようとする。

OODAループ

OODAとは、観察（Observe）、状況判断（Orient）、意思決定（Decide）、行動（Act）の略語である。その焦点は、戦闘（およびその他の敵対的状況）における意思決定プロセスにある。

観察とは、あらゆる種類の情報を収集することである。重圧がかかると視野狭窄《トンネル・ヴィジョン》に陥りやすく、周囲で何が起こっているのか、わからなくなる。

状況判断とは、その情報を処理することである。ブラック・ボックスやシステムのように考えることもできる。ここがループの中で最も重要な段階である。また重圧で苦しくなりやすいプロセスでもある。

意思決定は、ブラック・ボックスからの出力についてであり、決定にはさまざまな種類がある。これは心理的プロセスの結果であり、通常は一連の選択のセットである。

行動は決定を実行に移す段階であり、通常は一連の命令を発し、それを実行させることである。

このループは、実際には数多くのループから成り立っていた。より正確には、多様なフィードバック・ループをもつプロセスと表現することができる。外側のループは、その中の一つにすぎない。

敵の意思決定プロセスにまさることを「敵のOODAループの内側に入る」と言い、最終目標は、ボイド流に言えば「敵が自ら屈服するように仕向ける」ことである。ループを速く循環させることは、これを達成するための一つの方法であるが、循環を高速化すること自体が目的ではない。

結局のところ、OODAループは利用者に考えることを促している。あらかじめ用意された解決策を適用するだけでは十分ではない。じっくり考えることが必要なのだ。

自らのループを圧縮する

まず、状況認識をしっかりすること。戦闘中もその状況認識を維持し、トンネル・ヴィジョンを避けるようにする。そして敵の視点から見ることを心がける。敵の目標、考え方、そして目標を達成するための計画の理解に努める。敵の心の中に入り込み、その行動を推測する。

攻勢だけでなく、守勢においても常にイニシアティブを取るようにする。適応性と機動性を発揮し、速い方向転換に備え、状況の推移に応じてそれを適用できるようにする。諸兵科協同部隊を使って、味方の強みを敵の弱点に指向し、最も抵抗の少ない道を見つけ、水が低い方へ流れるように敵の強点を避けてその周囲を流れるようにする。

ループが優位にあることの利点を示す良い例が、朝鮮戦争におけるＦ－86とＭｉｇ《ミグ》－15のドッグファイトだった。Ｍｉｇ－15は速度、上昇性能、機動性に優れていた。空気力学上、あらゆる面で有利だった。だがＦ－86のキル・レシオ〔自軍の撃墜数と被撃墜数の比率〕は10対1であった。その理由は2つある。第1に後方視界に優れたバブル・キャノピーを有していたこと、第2に油圧式ブースト制御装置を備えていたことだ。つまりＦ－86のパイロットは「観察」と「行動」段階で優位に立つことができたのである。彼はＭｉｇ－15のＯＯＤＡループの中に簡単に入り込むことができ、それだけで十分な成果が得られた。

敵のループを引き伸ばす

ここでの姿勢は「戦争である以上、何でもあらゆることが許される」というものである。敵に情報を与えるな。センサーを妨害せよ。誤情報を与えよ。そして敵に誤った見解を抱かせる。敵の注意をそらす。偽装、間諜、あらゆる種類の欺瞞を駆使し、トンネル・ヴィジョンの餌を撒け。神経系に過負荷をかけろ。観察と真の脅威との間に不一致を生じさせよ。未知の状況に追い込み、業務の流れを乱せ。目的は混乱と無秩序を作り出し、敵に麻痺と混沌をもたらすことである。

敵の意思決定を瓦解させる方法は、判読しがたく、予測しにくい。何事にも多様性を認めること。パターンに陥らないこと。間接的アプローチを用い、同時に多くの目標に脅威を与え、できるだけ曖昧にしておけばよい。

敵のループを瓦解させた良い例が、「砂漠の嵐」作戦で使われた「左フック」攻撃にいたるまでの準備段階である。イラクはクウェートに侵攻していた。初期の段階は、多国籍軍をサウジアラビアとクウェートの国境地帯に配備することで、それは、いたって一般的な配置だった。予想どおり、イラク軍は可能性の高い接近経路沿いに強靭な防御陣を敷いた。多国籍軍はそのままクウェートに突入するかに見えた。これは誰の目にも明らかな戦略であり、実際、初期の作戦計画でもあったため、敵はここに固定化された。第2段階は、航空偵察能力を含むイラク軍のレーダーおよび通信システムをすべてシステマティックに破壊することであった。これで敵は周りが見えなくなった。第3段階は、主力の機甲部隊を左翼に移動させること、すなわち西へ向かわせ、がら空きの砂漠に突入させた。これは秘密裏に行われた。第4の最終段階では、イラク軍の背後から奇襲的に機甲部隊を投入し、クウェートを占領していたイラク軍を包囲、退却させ、迅速かつ決定的な勝利を収めた。パットン（George S. Patton）将軍は「鼻先をつかんでおいて、後ろから蹴飛ばす」と言ったものだ。ミッドウェーで生起したことにあてはめると「相手の気をそらしておき、頭上から殴る」となるだろう。

空母運用への適用

このような考え方を空母の運用にあてはめると、どうなるだろうか？　主要な変化はおそらく戦術と方法の両面で、利用できる技術で実行可能なことの限界を押し広げようとする精神的な積極性にある。

戦略レベルにおける状況認識は、トラフィック解析や暗号解読などの無線インテリジェンスの影響を受ける。このトピックは他の人たちもよく取りあげているので、ここで繰り返す必要はないだろう。

戦術レベルでは、実際に何が起こっているのか、あまり知られていない。多くの目撃報告が不明瞭で伝わらず、その一部はジャミングによって妨害されていたと推測される。また敵の言葉を話すことができる無線オペレータが、偽のメッセージを注入したという逸話もある。同様に、敵の戦術的無線のトラフィック量から有益な情報を得ることができたことも知られている。たとえば複数のプリセット周波数を使用したり、無線の操作手順や呼び出し符号《コール・サイン》を隠して変更したりするなど、もっと多くのことができたはずである。

索敵要領については、これまでも議論してきた。主な論点は、攻撃能力を犠牲にして、どれだけの航空機を索敵に回せるかという問題である。索敵機にレーダーおよびレーダー探知機を搭載するのも、きわめて有効な手法である。

いうまでもなく、CICコンセプトは全体として、OODAの「状況判断」段階を扱っている。また遅延率の少ない「戦闘機の誘導指揮」も同様である。日本側では、このようなスタイルの考え方を取り入れるのに時間がかかった。たとえば日本海軍はCICのようなものを開発することもなく、レーダーを戦術プロットと融合することもなく、「戦闘機の誘導指揮」を実際に行うこともなかった。戦時中の日本海軍の意思決定プロセスは、基本的に変わることがなかった。

飛行甲板と攻撃隊の運用は、空母運用の中核を成している。迅速な飛行甲板の運用は当然のことであり、より迅速な意思決定サイクルを可能にする。飛行甲板をいつでも使用できるようにする柔軟な運用を確保するため、特定の空母を、索敵、CAP、対潜哨戒を担当する任務空母《デューティ・キャリア》として指定することができた。この役目は小型空母でも十分であり、攻撃型空母の視界距離内に配置する必要はなかった。

甲板上で攻撃隊が駐機し、発艦準備中の空母はきわめて脆弱である。攻撃隊が格納庫内で攻撃準備を行っている空母はそれに輪をかけて脆弱であり、攻撃隊を飛行甲板に上げ、発艦させるまでに時間もかかる。またCAP隊が燃料や弾薬を切らしている空母も脆弱である。一方、小規模な攻撃を行い、敵の甲板運用計画を妨害することもできる。このように攻撃は、敵が最も脆弱な状態に置かれているときに実行できるよう、調整とタイミングを計る必要があった。

夜には空母戦をリセットする効果があった。日の出とともに、両陣営はかなり予測可能な一連のフライト・オペレーションを開始する。空母運用に慣れてくると、給油や再兵装中の艦載機を飛行甲板上に並べておくという不用心さが目に入ってくる。

両陣営の空母運用に同期《シンクロナイゼーション》が見られない場合、脅威が予測しづらくなり、攻撃隊の規模が小さくなる。水上部隊は囮の役目を担わせたり、相手に考慮すべき要素を追加させるために配備することができる。特に視界が悪い状況や、夜間行動の可能性がある場合がそうである。前方に配置された小型空母は、囮と偵察の役割を果たすことができる。予期せぬ方向からの奇襲や側面攻撃は、敵を混乱させ、脆弱状態にあるタイミングで敵を捕捉するのに役立つ。

敵のいる方向へ事前に発進し、正確な目撃報告を待つのも一つの方法だった。攻撃隊の方向転換はいつでも可能であるが、空母から指示を送る場合は、無線封止を解除する必要がある。攻撃隊を発進させたあと、あらかじめ定められた空路をたどって母艦を見つけることができるため、帰投する攻撃隊は母艦への飛行経路を見つけることができる。帰還中の攻撃隊に新たな経路を伝えることができれば柔軟性が増し、たとえ発見されてしまっても敵の攻撃を回避することが可能になる。

効果的な「戦闘機の誘導指揮」を行う相手の防御に直面すると、攻撃隊は多くの小さな単位に分かれ、さまざまな方向と高度から進入を試みる。これは「戦闘機の誘導指揮」に負担を強い、その効果を減殺させる。

日本軍は手持ちの空母を複数の部隊に分けることに積極的だった。これによって、より緻密な戦闘計画が可能になり、時には興味深い結果をもたらすこともあった。彼らは周到な計画によって敵を出し抜こうとしたが、その結果、作戦の柔軟性を損なうようになった。アメリカ軍は常に部隊を一つにまとめて運用したため、柔軟性には欠けるが、安全性は高まった。戦闘地域内に航空基地をもつことで、部隊を分割することなく、多くの柔軟性と多くの機会を得ることができた。

マハンと空母運用

アルフレッド・セイヤー・マハン(1840−1914)はアメリカ海軍の戦略家であり、その著書 *The Influence of Sea Power upon History, 1660-1783*〔邦題『海上権力史論』〕は「海軍はどのような役割を果たし、どのように運用されるべきか」を考えるうえで絶大な影響力をもつ。とはいえ彼の思想は、空母の運用ではなくシーパワー全般に関するものである。これは当然のことで、彼の時代は、空母はおろか、潜水艦の出現以前にさかのぼる。大戦略のレベルでは、マハンの原則は依然として有用であるが、シーパワーの運用方法をめぐる彼の仮説は、空母の戦い方とかならずしも一致しない。空母戦には、ボイドの原則のほうが、はるかに有用である。

第27章　空母運用の進化

１９４０年

１９４０年の時点で、戦争の当事国であり、空母を運用していたのはイギリスだけだった。最初の対空捜索用レーダーはすでに主要な艦艇に搭載され、使用されていたのに対し、「戦闘機の誘導指揮」の方は原始的レベルにとどまっていた。

航空機による偵察は必ずしも包括的かつ体系的に行われていたわけではなく、何かを発見するには多分に運の要素に頼っていた。水上捜索用レーダーがなかったため、敵の水上部隊に遭遇する危険性があった。この段階では、空母艦載機の設計は陸上機の設計ほど優れてはいなかった。艦載機は速度が遅く、航続距離も短かった。主要な攻撃機は、魚雷を搭載した複葉機であった。

空母は主に偵察の役割を担い、状況により急襲を行った。戦闘機は陸上戦闘機に対抗するには数が少なすぎたが、十分な警告時間があれば、敵の爆撃機の襲来に対処することができた。対空火力は、どの国でも貧弱だった。

１９４２年

日本はまだ原始的段階にあったとはいえ、この頃の航空偵察はかなり信頼できるものになっていた。イギリスは「戦闘機の誘導指揮」のパイオニアであり、一部の艦艇はそれを得意としていたが、日本やアメリカはまだ満足のいく方法を開発していなかった。

航空機による偵察は必ずしも徹底されておらず、効率的でもなかった。何かを発見するには依然として運の要素に頼っていた。水上捜索用レーダーは改良されていたが、敵の水上部隊に不意に遭遇する危険性は依然としてあった。

零戦は陸上戦闘機と対等以上に渡り合い、他の戦闘機もその差を縮めつつあった。戦闘機の機数は不十分なままで、全般的に効果的防御に必要なＣＡＰも十分ではなく、出撃した攻撃隊は敵のＣＡＰに捕捉されると甚大な損害を被った。攻撃は専用の急降下爆撃機と雷撃機によって行われた。

航空機が放つ魚雷は、主要な破壊手段としてはあまり成功しなかった。高速で機動する標的や防御力の高い標的に対しては、標的が完全に制圧された状態に陥らない限り、命中させることは至難であった。雷撃機は、このような攻撃を試みた場合、非常に脆弱であり、大きな損失を被った。

対空火器の運用については、どの国の海軍も十分な発展を遂げていなかった。

艦隊の陣形は、激しい議論の的となった。空母どうしを離隔することで、複数の空母が一気に撃沈される可能性はなくなった。「戦闘機の誘導指揮」任務をもたない戦闘機は相対的に貢献度が少ないため、相互支援ができないことの代償はそれほど大きくはなかった。無防備な男が別の無防備な男を助けるために駆け付けたところで、強い男に勝てるわけではない。同じ攻撃で都合よく殺される２人の無防備な男が存在するだけである。

空母を1隻増やすと攻撃力が強まり、敵の損失も増えるが、卵の殻を敵にさらすことになるため、味方の損失も増える。通常、強くなることは味方の損失が減ることを含意している。しかし、実際はそうならない。敵の状況が若干悪くなるにせよ、「双方が」甚大な損害を被る。とはいえ、消耗戦の観点からは有利であることに変わりはない。しかし、空母の数が多ければ多いほど単独での運用が難しくなるため、複数の空母を失うリスクは大幅に上昇する。つまり１９４２年における空母部隊の最適規模は２隻で、１隻は撃沈され、残る1隻は残存機を収容して反撃を開始する（そして敵の反撃で撃沈される）ための空母であった。

１９４４年

この頃になると対空捜索用レーダーは成熟を遂げ、信頼できるものとなっていた。主要な軍艦を含め、艦隊に多くのレーダー・セットが装備されていた。イギリス海軍とアメリカ海軍の「戦闘機の誘導指揮」は良好だったが、レーダーとＩＦＦシステムの技術的限界により、敵機の浸透を許した。

索敵は依然として偵察機によって行われていたが、高度な訓練と広範囲な飛行パターンによって能力が向上し、常に目撃情報と同じレベルの索敵が行えるようになっていた。戦闘機は、レーダーや電子機器を用いたナビゲーションに支援されながら、偵察機の役割を受け継ぎ始めていた。

空母艦載機は陸上機と同等の性能をもつようになった。戦闘機の数も増え、航空優勢を奪うために戦い、航空優勢なくして爆撃機の出番はなかった。艦船に対する攻撃はまだ専用の急降下爆撃機と雷撃機によって行われていたが、雷撃機はその数を減らされ、敵の防御力が弱体化するまで投入が控えられた。

「戦闘機の誘導指揮」は効果的であり、ＣＡＰ戦闘機を突破した敵機は大量の自動対空火力にさらされ、甚大な損害を受けた。非装甲空母は脆弱性を抱えながらも生存率ははるかに高く、主に「戦闘機の誘導指揮」システムが撃ち漏らした敵機に脅かされた。日本軍は目標への接近途上と攻撃実施間の甚大な損失に見舞われるようになり、カミカゼ戦法に頼った。

１９４５年

ここでの大きな変化は、航空機搭載型の空中捜索用（ＡＥＷ）レーダーが海洋空間――空と水上の両方

——の完全なコントロールを提供できるようになったことだ。レーダーのブリップを偵察機の搭乗員が目視で確認する必要性はまだ残っていたが、この役目を長距離用ＣＡＰ機が果たすようになっていた。こうして「戦闘機の誘導指揮」をもれる敵機の数はずっと少なくなった。

また攻撃は戦闘爆撃機が担うようになり、降下角の浅い滑空爆撃とロケット弾が使われる場面が増えた。専用の急降下爆撃機は存在意義をなくした。航空魚雷は戦争当初は主要な武器であったが、この時期にはすっかり姿を消してしまった。

誘導爆弾は利用できるようになりつつあったが、誘導システムを解析すれば、妨害したり、何らかの方法で破壊したりするのは簡単だった。近接信管も同様である。この状況はデジタル革命が始まる１９６０年代後半まで続くことになる。

レーダー誘導式の大規模な対空火力が攻撃隊の攻撃を困難にした。戦艦はポイント・ターゲットに向かう間に消耗することはあっても、完全に阻止されることはなかった。一方、空母はＡＥＷ機を使えば、もはや敵の水上部隊と偶発的に遭遇する危険はなくなった。

レーダー開発は大きな進展もなく、頭打ち状態になっていた。また、すでにかなり高い水準にあったが、対空火力もほとんど進歩が見られなかった。プロペラ機の開発も、ジェット機への移行が遅れたこともあり、安定期を迎えていた。

進化を促した要因

重要な原動力となったのはレーダー技術であった。最初のタイプは、艦船に搭載された対空捜索用レーダーで、空母戦にきわめて重要だった。この技術は開戦時にすでに利用可能であった。

戦時中の大きな変化は、効果的な「戦闘機の誘導指揮」の進歩であった。しかし、これは運用面の変化であって、技術面の変化はそれほど大きくはなかった。無線通信や無線航法も、戦時中は基本的に変わらなかった。

航空機搭載型の空中捜索用レーダー、すなわちＡＥＷ技術は、この時期に大きな前進を遂げ、探知距離を延ばし、低空域をカバーすることで水上艦艇搭載型レーダーの弱点を取り除くことができた。また空母が敵の水上部隊に出くわす危険性も実質的に取り除かれた。

ところで、ある重要な要素が過小評価されているように思われる。それは防御の重要性である。戦前には、防御の柱としての「戦闘機の誘導指揮」の必要性が十分に理解されていなかったことがわかる。またＣＡＰによる艦隊防御と味方攻撃隊の掩護に大量の戦闘機が必要とされる点が過小評価されていたこともわかる。それは、どれだけの対空砲が必要とされていたかを全体的に過小評価していたことにも見て取れる。さらに米海軍と日本海軍の空母の両方に装甲飛行甲板がなかったことや、日本軍の航空機の装甲や自動密閉式燃料タンクにもそれを見ることができる。また雷撃機がいかに脆弱であるかが理解され、徐々に姿を消していったことも、〔防御の重要性を示す〕一例である。

これは海軍が、平時にどのような考えのもとで運営されているかという心理学的な問題に行き着く。おそらく多種多様な防御手段よりも、攻撃用兵器のほうが資金を得やすかったのだろう。防御の必要性は、撃ち合いが始まると、否が応でも明らかになる。

戦時中の大規模な技術開発は、事態をそれほど大きく変えるものではなかった。真に重要な発展は、空母戦の現実をよりいっそう深く理解するという点ではるかに重要だった。

空母戦の発展を支えた原動力は、いうまでもなく航空機のエンジン開発であった。強力なエンジンがあれば、大型の爆弾を長い距離にわたって運搬することができた。低速で航続距離の短い複葉機を艦載機としていた初期には、空母は敵の水上艦艇に遭遇する危険性があり、そのため巡洋艦級の平射砲と側面装甲を装備しておかなければならなかった。航空機のエンジンが発達し、水上艦との間に安全距離を保てるようになると、これらの艦砲は撤去された。さらにジェット時代になり、戦艦や大口径砲を積んだ巡洋艦が沿岸砲撃以上の決定的役割を果たせなくなると、砲火に曝される艦船はいなくなった。

エピローグ

本書のための調査は、大変な旅だった。40年ほど前にモリソンとロスキル（Stephen Roskill）を初めて読んだ者として、第二次世界大戦の壮大な空母の戦いについて、いまだに学び理解すべきことが膨大に残されていたことに驚かされた。

2つのことが際立っていた。第1に、空母を中心とする艦艇や部隊が、どのように訓練し、いかに戦うかについて、どれほど深く考え抜かれていたか、ということである。戦略レベルでは、これらの海軍の戦略がいかに慎重に練られていたか、ということである。ある部分に対する標準的な批判の多くは、「実際に何が行われたのか」をめぐる限られた理解に基づくものであったことが明らかになった。筆者は、これらの戦いにどれだけの技術が投入されたかを、多くのレベルで理解するようになった。全般的に、深い感銘を受けた。

第2に、パイロットや航空機乗務員たちの技量と勇気である。日米双方で、彼らが何をし、どんな危険に直面し、どんな過酷な条件のもとで行動したのか、それらについて洞察することは、きわめて興味深いことだった。それゆえ本書では、まずコックピットでの生活を描くことから書きはじめた。そして最後に、彼らに敬意を表することは、本書を締めくくるにあたって、まことにふさわしいことである。

付録　第二次世界大戦後の展開

念された。

原子爆弾の運搬

原子爆弾が投下されると、空母はこの新兵器を使いこなせなければ無用の長物になってしまうことが懸念された。

リトルボーイとファットマンの重量はそれぞれ4〜5トンで、トールボーイよりわずかに少なく、グランド・スラム爆弾の約半分である。砲身型《ガンバレル》に設計されたリトルボーイの重量が大きい理由は、発射メカニズム上は自らを撃つ大砲であったため、特別に頑丈に製造されなければならなかったという事情による。ファットマンは核分裂性物質を臨界点まで圧縮するための爆薬に依存する爆縮《インプロージョン》型の設計である。このため約2トンのTNT火薬が球体として使用され、かなり丸みを帯びた爆弾となった。リトルボーイは、知られている限り、この種の爆弾としては唯一のもので、非常にシンプルな構造であったが、核分裂性物質を非効率に使用するものだった。したがって将来の設計はすべてファットマンに基づくものであった。

この爆弾を防空火力から防護するため、厚さ3／8インチの鋼鉄製の被覆《ケーシング》が作られた。ファットマンの場合、この鉄の被覆の重さは約1トンもあった。アメリカ空軍はB－29にそれを搭載していたので問題はなかったのだが、のちになって、この要件は取り下げられた。鉄の被覆を取り除くと、爆弾の効果が高まるからだ（鋼鉄素材は中性子を減速させてしまう）。爆縮技術が進歩するにつれ、爆薬量が少なくて済む装置が作られていった。その結果、原爆の大きさと重さは、通常爆弾のそれと変わらぬほど小型化された。

ドーリットル空襲で有名なB－25ミッチェル（Mitchell）は、重さ1360キログラムの爆弾を搭載することができた。アヴェンジャーのような単発エンジンの艦載機は、約１０００キログラムの兵器を搭載することができた。デ・ハビランド・モスキートは１８００キログラムの爆弾を搭載でき、空母に着艦することもできた。これらの航空機は燃料を犠牲にすれば、原理的にはさらに重い爆弾を搭載することもできた。

核爆弾を搭載した最初の空母艦載機は、ロッキード社のP２Vネプチューン（Neptune）だった。１９４５年５月に初飛行し、ロケットの補助を受けて発艦できたが、空母に着艦することはできなかった。ノースアメリカン社のAJサベージ（Savage）は、原爆搭載用に開発された最初の空母艦載機で、１９４８年に初飛行した。

斜角式飛行甲板

斜角式飛行甲板《アングルド・フライト・デッキ》〔艦載機の着艦方向を艦の進行方向から斜めにずらし、甲板前方部を駐機スペースや発艦専用に使用できるようにした飛行甲板のレイアウト〕は戦前から検討されていたが、採用されなかった。デッキロード攻撃を想定するアメリカや日本のドクトリンには斜角式飛行甲板は不向きだった。結局、重量とオペレーションの複雑さに対応できなかったのだ。一方、イギリス海軍のドクトリンでは、陸上航空基地と近接し〔日米と比べ〕比較的小規模な航空兵力を搭載する艦艇による活動が想定されていたため、〔着艦と発艦を〕連続的に行う作戦には斜角式飛行甲板が適していると見なされた。斜角式飛行甲板の採用は空母設計上の大転換を意味していたが、それでも当時は、効率をわずかに向上させるだけだと認識されていた。実際の採用は、ジェット機の出現を待たなければならなかった。

ところで、１９２０年代に〈赤城〉〈フューリアス〉〈カレイジャス〉で試みられた多段式の飛行甲板は、斜角式飛行甲板と同様に〔着艦と発艦を〕連続的に行う試みであったが、速度のある単葉機が長い発艦距離を必要としたため実用的ではなくなっていた。それならば大型の飛行甲板を１つにして、下部の飛行甲板を拡大し、格納庫スペースとして使用するほうが良かった。つまり多段式の飛行甲板は〔斜角式飛行甲板よりも〕デッキロード攻撃に不向きだった。

斜角式飛行甲板が導入された背景には、ジェット機の着艦速度が増したため、着艦制動索を逃した場合の危険性が増大したことがあった。速度が増したことで広いスペースが必要になったわけではなく、着艦制動索は依然として使用されていたが、バリアに突入してしまった場合の影響はより深刻であった。衝突防止装置《クラッシュ・バリア》を高速ジェット機に適用する試みがなされたが、基本的な問題は残された。たとえば着艦フックや着艦装置〔主脚〕が機能しない航空機を着艦させる場合など、緊急時には何らかのバリケードが必要だった。軸方向飛行甲板〔艦の進行方向に向いた飛行甲板〕に衝突防止装置を設置しないことは可能であるが、その場合、デッキパークができなくなる。航空機が着艦態勢に入っている間は、飛行甲板を空にしておかなければならないからだ。

3段式の飛行甲板をもつ初期型の日本海軍の空母〈赤城〉

斜角式飛行甲板のもう一つの利点は、大きな翼幅をもつ航空機を使用できることであった。この点は、空母が重い核爆弾を搭載した爆撃機を運用することが期待されていた時代には、重要な考慮事項であった。

ジェット機の登場は空母の運用に新たな変化を迫った。初期のジェット機は加速が遅かったため、カタパルトで発艦させる方法が一般的となった。カタパルトを使えば、発艦のために飛行甲板全体を利用する必要はない。飛行甲板を斜めに設置することで、着艦操作に失敗した航空機が〔着艦をやり直すため〕加速して飛び立てるようになったが、同時に、カタパルトで発進するための十分なスペースが残されている。今では早期警戒機や対潜哨戒機の運用が増し、連続的な作戦が常態化したため、同時発着艦はよりいっそう重要性を増している。初期のジェット機の航続距離が短かったことも、カタパルトの必要性に拍車をかけた。カタパルトを使用する場合、発艦サイクルが遅くなるため、複数のカタパルトが必要となる。各カタパルトの後ろには待機スペースも必要となった。飛行甲板の斜角度が大きいため、エレベータを艦の中心線に沿ってではなく、舷外に配置するのは自然な流れだった。こうして飛行甲板のレイアウトはコンパクトになった。

　初期のジェット機の加速が遅かった原因の一部に、推力不足の問題があった。静止推力はプロペラ機とほぼ同等であったが、ジェット機は高速飛行用に作られており、最低離陸速度もそれに応じて速くなる傾向があった。そのため飛行甲板の長さが一定であれば、それだけ大きな推力が必要とされた。さらに、ジェット・エンジンがフルパワーになるまでにかかる時間も問題だった。ジェット・エンジンは熱力学的なバランスで成り立っているため、注入する燃料量が多すぎるとエンジンが止まってしまう。そのためエンジン・コアの温度を維持する必要があり、推力は何秒という単位でゆっくりとしか上げられない。

　この問題は、エンジンがフルパワーになるまでの間、車輪止めブロックで機体を固定しておくことで対処できる。とはいえ、これは甲板に機体が1機しかないか、ジェット噴流偏向器《ブラスト・ディフレクター》〔ジェット・エンジンが噴射する高温高圧の排気から物体や乗員を防護するための設備。噴流を遮るだけではなく安全な方向へ逃がすため、上方に向かって傾斜のついた構造になっていた〕の使用が前提になる。同じ問題は着艦時にも当てはまる。エンジン停止後、ジェット・エンジンが推力を発生しなくなるまでは、しばらく時間がかかる。つまり、ジェット機は斜角式飛行甲板やカタパルトを使わなくても十分に運用可能であったが、斜角式飛行甲板とカタパルト射出機の組み合わせは、より強靭かつ多目的なジェット機運用の解決策となった。

着艦誘導装置

着艦速度が速くなると、機体を正しい滑空勾配に調整するための反応速度を速くする必要があった。そこでＬＳＯ（着艦誘導士官）を置かないことで、より迅速な反応時間を実現した。ＬＳＯが着艦機の飛行経路を判断し、パドルと身振り《ボディ・ランゲージ》でパイロットに合図を送るのではなく、パイロットは自分の位置が意図した滑空勾配と合っているかを速やかに確認することができた。フィードバック制御システムの観点から言えば、待ち時間が短縮された（制御システムのエンジニアなら誰もが証言するように、待ち時間はどんなフィードバック・システムにとっても常に悩みの種だった）。

蒸気カタパルト

初期タイプの蒸気カタパルトは１９３０年代にあったが、油圧式カタパルトのほうが一般的だった。〈エセックス〉級空母に取り付けられていた油圧式カタパルトは、１・７秒で１０５ノット〔時速約２００キロメートル〕まで加速し、７トンの航空機を発艦させることができた。ワンサイクル時間は33秒だった。油圧ポンプは電気モーターで駆動された。しかし航空機が重くなるにつれて、油圧式カタパルトには限界が見えてきた。出力が上がると作動圧が上がり、作動油が爆発する危険性があったからだ。

初期のジェット機には発艦補助ロケット（ＲＡＴＯ）が採用されていたが、本質的にこれは信頼性の低い解決策だった。また排気ガスに含まれる物質が機体のフロントガラスや操縦翼面に付着し、その除去が難しいという問題もあった。空中戦では、パイロットの視力が重要視されるため、フロントガラスが汚れていると明らかなハンディになる。陸上では、離陸する機体の後方付近はクリアに保つことができたが、〔同じ方法は〕空母では通用しなかった。もしＲＡＴＯが有効な解決策であったなら、カタパルトほどフライト・オペレーションを遅らせないという利点があったはずだ。

コストや複雑さにもかかわらず、１９５０年代初期にはイギリスをはじめとして蒸気カタパルトが一般的に使われるようになった。蒸気カタパルトは、高圧の蒸気をピストンに当てることで力を発生させるものであった。蒸気は船の主要機関部から取り出される。初期のカタパルトには圧縮空気も使われていたが、高圧の酸素がピストンの潤滑油に引火する恐れがあった。

　蒸気の大きな利点は、船の主要機関部から直接取り出せることだった。しかし、その動力を制御するのは大変で、多くの配管やバルブを使った複雑な設備を必要とした。カタパルト射出のサイクルタイムは約45～60秒とエレベータのサイクルタイムとほぼ同じであった。

　船の主要機関部から取り出した動力を使っているため、カタパルトの運用にはそのような巨大な動力源が必要だと信じ込んでいる人が多いようだ。たしかに3秒間の射出時にカタパルトが発揮するパワーは相当なものだが、実はその平均パワーはかなり低い。40～50秒に1回の射出速度で動作させると、カタパルト1基に必要な平均パワーは大型トラックのディーゼル・エンジンと同じ程度になる。もし船に蒸気機関がなければ、原理的には「ドンキー・ボイラー」〔補助や予備のボイラーを指す〕と呼ばれるもので蒸気を供給することができる。

　蒸気カタパルトは、現在、電磁式に取って代わられている。電磁式カタパルトは、公共交通機関や遊園地の乗り物で使われているような、リニア電動モーターを使ったものである。ＥＭＡＬＳ〔電磁式航空機射出システム〕カタパルトの第一号は、アメリカの新世代空母の一番艦である〈ジェラルド・Ｒ・フォード（Gerald R. Ford）〉に導入されている。射出に必要な１２２メガジュール〔1億2200万ジュール〕のエネルギーはフライホイールに蓄えられるが、これはこのような設備としては、ごく平均的な産業用アプリケーションに分類される。フライホイールを回転させるためのエネルギーは、船内の中電圧配電網から取り出される。次世代のＥＭＡＬＳカタパルトは、エネルギー貯蔵におそらく電気二重層コンデンサ《スーパー・キャパシタ》を使用し、機械的なフライホイールをなくすことで設計を簡素化することになるだろう。

カタパルトを使った航空機の発艦は、滑走路を使用するよりも、はるかにエネルギー効率がよい。射出エネルギーが50メガジュール〔５０００万ジュール〕の場合、電気代は約３ドルで、通常の離陸に使われるジェット燃料のコストよりもはるかに低い。そこでエアバス社は民間旅客機にもＥＭＡＬＳカタパルトを採用することを提案し、カタパルトが節約するジェット燃料で採算が取れるようにした。

カタパルトは原理上、スキージャンプ式と統合することができる。最も統合が容易なのは電磁式だ。しかしカタパルトの場合は、万一の場合に備えて、あるいは、カタパルト用ではない航空機を扱うために、スキージャンプ式を搭載する意味はそれほど多くないかもしれない。電磁式カタパルトの価格が下がることが予想されるため、スキージャンプ式の投資対効果《ビジネス・ケース》は限界に達している。

短距離での発艦

定加速度離陸の基本式は $v^2=2ad$ である。ｖは発艦速度、ａは加速度、ｄは滑走路の長さ（ＳＩ単位）を表す。このためアシストなしの発艦には、低い失速速度が最も重要なパラメータとなる。高い推力対重量による優れた加速も要因の一つであるが、失速速度が低いとすべてが容易になる。失速速度を低く抑えるためには広い翼面積と、高い迎角でのハンドリングに適した空力特性が必要だ。またデッキに吹く風も重要で、風があればあるほど重い荷物を運ぶことができる。

零戦の失速速度は約60ノット、ヘルキャットのそれは約70ノットである。プロペラ機の静止推力は機体重量の約半分と推定され、離陸時には約０・５Ｇで加速される。甲板上に風がないと仮定すると、発艦に必要な距離は約１００ヤード〔約90メートル〕、大型正規空母の飛行甲板の約３分の１の長さである。甲板上の風が30ノットだと仮定すると、必要な速度は約半分になり、距離は約４分の１、約25ヤードになる。強風の中、全速力で航行すれば、甲板上の風は60ノットになり、零戦は原理的に垂直離着陸が可能となる（墜落させなければ可能な場合もあった）。ソードフィッシュ複葉機は着陸速度が40ノットであったため、半垂直離着陸を日常的に行っていた。しかし幸いなことに、最高速度が１２０ノットという驚異的な速さであったため、どんなに速い空母でも風の強い条件下では追いつくことができた！　冗談はさておき、ソードフィッシュの人気が高く、終戦まで生産が続けられたのもうなずける。当時のＶ／ＳＴＯＬ機であり、小型で低速の空母からの運用に非常に適していたと言える。

第二次世界大戦時の空母でも、スキージャンプ式は使えただろうか？　答えはイエスである。イギリスの空母〈フューリアス〉は１９４４年にバラクーダの離陸を容易にするために、一種の斜路《ランプ》を装着した。スキージャンプ式の主な問題は、前方確認の妨げになることだった。

着艦

着艦の古典的な方法は、甲板上に張りめぐらされた着艦制動索《アレスティング・ワイヤー》の使用である。航空機の着艦フックがこの制動索をキャッチし、索と接続された油圧装置がエネルギーを吸収する。この方法は実にシンプルで、空母に大きな負担を強いることはない。ただし航空機には着艦フックが必要で、機体も急激な減速に耐えられるものでなければならない。

吸収されるエネルギーは、甲板に対する着陸速度の2乗に比例する。着陸は事故が起こりやすいので、リスクを減らす最善の方法は甲板に対する速度を下げること、つまり空母をいかなる風にも負けないように全速力で航行させることだった。空母の速力が高ければ、それだけ着艦は安全になる。

第二次世界大戦期に使用されていた「テイルドラッガー」では、機体の重心が主脚より後方にあるため、急ブレーキをかけると不安定になる。気を付けないと制御不能に陥り、甲板上で転倒する。

現代のジェット機は「前輪式《トライスイクル》」と呼ばれる着陸装置〔62ページ参照〕を装備し、急速にブレーキをかけた状態でも安定性が高い。レーシング・カーの場合もそうだが、飛行甲板上を滑走する航空機のブレーキを効かせるには、下向きの力が必要である。下向きの力を生み出すには、先尾翼機《カナード》〔主翼よりも前に翼（カナード）をもつ固定翼機〕のような空気制御機《エア・ブレーキ》を使用する方法がある。ブレーキは車輪が着地面に対して十分な摩擦を発生させることで機能するため、着艦制動索と同じ短い距離や、同じ確実性で着艦機を減速させることはできない。

　着艦制動索がない場合、着艦機はブレーキをかけるしかない。この場合、ブレーキは着艦機の運動エネルギーを吸収する必要がある。かりに比熱1.0kJ/kg*K〔比熱とは、物質の単位質量を１℃上昇させるのに必要な熱量。kJ/kgは比エンタルピーの単位〕、総重量20キログラムのカーボン製ブレーキ・ディスク〔高速度からの高負荷ブレーキ用の炭素繊維を基材としたローターディスク。高温度での耐熱性が特徴〕を１０００℃まで加熱すると、このブレーキは約14メガジュール〔１４００万ジュール〕のエネルギーを吸収することができる。これは14トンの航空機が飛行甲板に90ノットの速度で着艦するのに相当する。つまり着艦機の運動エネルギーをブレーキだけで吸収することは理論上は可能なのである。

艦載機

　１９４５年の〈大和〉の沈没によって、戦艦の時代だけでなく、主要な軍艦が攻撃される方法についても、一つの時代が終わったのである。１９６７年にイスラエルの駆逐艦〈エイラート（Eilat）〉がミサイル攻撃を受けて沈没するまで、主要な軍艦が攻撃されることはなかった。レーダー誘導自動高射砲により、雷撃はことのほか危険なものになった。雷撃機の損失は常に大きかったが、新しい防御方式によって、雷撃という攻撃方法は非現実的なものになった。またアメリカ海軍と連合国海軍にとって、魚雷を投下する標的がなくなってしまったという、きわめてシンプルな事実もあった。

　急降下爆撃という高度に専門化された方法は、ほぼ垂直の急降下によって小さな高価値の目標に大きな爆弾を命中させる技量であったが、それは誘導爆弾に取って代わられようとしていた。一般的な地上攻撃の役割としては、急降下爆撃に代わって、新型の戦闘爆撃機が搭載するロケット弾やナパームが使われるようになった。戦闘爆撃機は効果的な地上支援を行うだけでなく、敵の戦闘機と空中戦を行い、自らを守ることにも成功した。この2つの地上攻撃の方法は、パイロットにとって比較的訓練しやすいものだった。

空母任務部隊の空域に対する「目」として、空中からの早期警戒（AEW）という新しいカテゴリーの航空機が任務に就いた。わずか数年の間に、今日採用されている空母戦のすべての要素が誕生したのである。それは驚くべき発展の連続だった。1945年の時点で、まだ起こっていなかった大きな発展はジェット機の導入だけだった。

将来の空母

心理学者のスティーブン・ピンカー（Steven Pinker）は、その著書 *The Better Angels of Our Nature: Why Violence Has Declined*〔邦題『暴力の人類史』〕の中で、戦争が減少しているのは、単に戦争が利益を生まなくなったからだと説いている。彼はオペレーションズ・リサーチの方法を効果的に用いて、今日では戦争の勝者であっても、そもそも戦争をしない方がより多くのものを得られるということを示している。このことから、大国間の戦争は起こりそうもないと推測できる。冷戦期には大国間の比較的限定的な代理戦争がいくつかあったが、冷戦終結後に起きた戦争は、大国が直接対決することなく、高度に非対称な戦争となっている。このような非対称戦争には何らかの破綻国家が関与しているケースが多いが、これが今後数十年の間に起こる唯一の戦争となるだろう。むろん、これは素晴らしいニュースである。

このようなタイプの紛争では、現代の超大型空母《スーパー・キャリア》は能力過剰《オーバーキル》である。敵には空軍がなく、高度な防空網ももたないため、ジェット機やステルス機は不要であり、通常戦で空母が担う対潜哨戒や空中早期警戒の機能も必要ない。水陸両用作戦も行われない。超大型空母は〔存在することで〕大規模紛争の発生を防ごうとする「牽制艦隊《フリート・イン・ビーイング》」として依然として重要であるが、大規模戦争は明らかに過去のものになりつつあるのが時代の趨勢である。

実際に求められているのは、第二次世界大戦期の護衛空母（ＣＶＥ）のような艦艇で、地上支援を最小限のコストで行える役割かもしれない。非対称戦争は最終的には勝利するものであることは私たちにもわかっている。そこでは主に、国家建設の努力が最低限の安定的統治の姿を見せはじめるまで、忍耐強く取り組む必要がある。そうした忍耐の必要性には、有権者が国家建設という遅々とした、不満のたまる事業に対する信頼を失わないよう、できるだけ費用対効果の高い方法が求められる。これは麻薬密輸業者との闘争の一段上の戦いだと考えることもできる。あらゆる犠牲を覚悟で戦争に勝利するということではなく、できるだけ低コストで戦いに勝利するということである。それは戦争というより、一種の（世界規模の）治安維持活動と見なされるべきかもしれない。

航空部隊はドローンと有人機で構成され、すべて亜音速である。地上作戦では、高速で移動すると観測や攻撃が難しくなるため、低速でゆっくりと飛行するのが望ましい。スピードよりも耐久性が求められるため、低空ではジェット機よりも効率の良いターボプロップエンジンが最適だろう。ターボプロップエンジンを搭載したドローンとしては、リーパーがよく知られている。ビーチクラフト社〔アメリカの航空機メーカー。軽飛行機分野でセスナ社、パイパー・エアクラフト社と並ぶビッグスリーの一つ〕のテキサンⅡとエンブラエル社〔ブラジルの航空機メーカーで欧州のエアバス社、アメリカのボーイング社に次ぐ世界第３位のシェアをもつ〕のスーパー・ツカノはサイズと重量が似ており、訓練や対反乱作戦の両方に使用されている。

着陸速度が下がれば、斜角式甲板は必要なくなり、よりシンプルな軸方向甲板の設計に戻ることができる。その際、バリアだけでなく着艦制動装置の装着も必要だろう。カタパルトは便利かもしれないが、積載量や艦船の速度によっては必要ないかもしれない。

この空母の主な脅威は性能の差こそあれ、地上の対艦ミサイルであろう。これを防御するために、自動対空砲が装備されるだろう。対艦ミサイルを確実に仕留めるには20ミリのＣＩＷＳ〔全自動近接防御火器システム〕だけでは不十分な場合があり、軸方向の飛行甲板の側面に複数の40ミリ機関砲の砲架を追加する。結局のところ、生の火力に代わるものはなく、コストと重量の点では、まだ比較的小さな投資である。

そして今、私たちはもちろん、事実上、第二次世界大戦期の空母の姿に戻っているのだ。フランス人が言うように物事は変われば変わるほど、同じ状態を保ち続ける《プリュ・サ・ショーンジュ、プリュ・セ・ラ・メマ・ショーズ》。

前記の分析は、本書のテーマである第二次世界大戦の空母に回帰するような構成で、やや皮肉な書き方をした。とはいえ、基本的な空母のコンセプトがいかに柔軟であるかを示すものではある。

将来の空母の経済性を左右する大きな2つの要因は、ドローンと安価なカタパルトのように思われる。もう一つの大きな要因は、非対称戦争を支援することが、主要な任務ではないにせよ、空母の最も一般的な任務として浮上してきたことである。こうした動きは、より小型の空母が費用対効果に優れ、空母の新しい「市場」または「生態学的ニッチ」を切り開くようになるかもしれない。

空母の基本的な運用コンセプトを完全に練り直すこともできる。一つの考え方として、ドゥーリットルの空襲以来、正規空母は基本的に上陸地点の支援にのみ従事してきたというものがある。１９４２年と１９４４年には、突発的な妨害攻撃があり、それを撃退しなければならなかったが、それ以来、空母はどこかの海岸の沖合いにとどまり、地上支援を行うだけで、何もしていないのだ。高速空母が大海原を駆け巡る時代はとっくに終わっているのである。海軍の優位性は今や当然とされ、残るのは主に兵站面の訓練、つまり必要なときに海上に設置できる合理的な移動式航空基地としての運用である。第二次世界大戦中にイギリス海軍がマルベリー浮体式港湾からアイディアを借りて建設したリリーとクローバーは、そのような要件を満たす小さな浮体式滑走路である。滑走路は約１０００フィートで、48機のスピットファイアを運用することが想定されていた。建設とテストは行われたが、日本の降伏までには間に合わなかった。もう1つの例は、東京湾に浮かべるメガフロート飛行場である。アメリカ海軍は半潜水艇の技術を使って、C－17〔輸送機〕を離着陸させられる1マイルの飛行場を含む、さまざまな物流機能を備えた巨大な浮遊基地を建設するという、非常に野心的な移動式海上基地（MOB）コンセプトを検討してきた。主な問題は、要件をどう定めるべきか、そして費用をどの程度にするかということのようだ。このような浮体式飛行場は、もちろん空母のように華美なものではないが、そこから空母の基本コンセプトの柔軟性を改めて確認することができる。

第二次世界大戦期の空母と現在の空母

〈エセックス〉級空母の単価は約7500万ドルだった。GDPが2200億ドルであれば、アメリカは1年間のGDPで〈エセックス〉級空母を3000隻建造することができた。〈フォード〉級空母の単価は約100億ドルだった。GDPが18兆ドルであれば、アメリカは1年間のGDPで1800隻の〈フォード〉級空母を建造することができる。つまり現代の空母は、GDP比では第二次世界大戦期の空母の約2倍のコストがかかっていることになる。一方、そのコストは第二次世界大戦期の空母ではなく、より高価な第二次世界大戦期の戦艦と比較されるべきだ。さらに原子力空母の価格には燃料も含まれている。つまり今日の空母のコストは、第二次世界大戦の主力艦とほぼ同額なのだ。今日の空母の耐用年数がはるかに長いことを考慮すると、建造テンポの遅さが反映され、実際にはもっとコストが低いはずだ。

〈マースクB（Maersk B）〉クラスのコンテナ船は、〈ニミッツ〉級空母とほぼ同じ全長（それぞれ294メートルと333メートル）で、30ノットでの航行が可能だ。このようなコンテナ船は1隻あたり約6000万ドルで、完全な完成品だ。〈フォード〉級空母1隻の価格は、このようなコンテナ船170隻分とほぼ同額である。第二次世界大戦期の空母1隻のコストが5000～7500万ドル、〈リバティ（Liberty）〉

級の輸送船が２００万ドル、そうすると空母は〈リバティ〉を30隻建造するのと同じコストになる。つまり現代の輸送船は、空母に対して、第二次世界大戦の６分の１程度のコストで済むということである。船体や機関部など、空母の基本構造部は比較的安い。高いのは付属品だ。逆に言えば、空母の物理的な大きさは、少なくとも直接的にはシステム・コストに限定的な影響しか及ぼさない。

　空母は商船の大型化に追いついていない。第二次世界大戦中、大型輸送船は正規空母より小さかった。今日のオイルタンカー、バルクキャリア〔梱包されていないバラ積み貨物を輸送する船舶〕、コンテナ船、クルーズ船は、最大の空母よりもはるかに大きいことが多い。最新世代のコンテナ船を改造すれば、〔サイズの面で〕正規空母を凌駕する護衛空母が誕生する。

　航空兵力の最適な規模を決めるには「仕入れコスト」を考慮する必要がある。対潜哨戒活動は24時間３６５日態勢で行わなければならないため、一定数のヘリコプターが必要だ。航空機を守るヘリコプターは、フライト・オペレーションの最中には空中で待機しておく必要がある。空中早期警戒も同様で、こちらも数機の航空機が必要だ。このような態勢を整えるために、ヘリコプターや航空機が12機ほど必要なのだ。これだけのことをほんの数機の戦闘爆撃機のためにやっても意味がない。それから単純なスケーリング効果〔物体の寸法が変わると、その物体に働く作用や影響も変化すること〕もある。現代の航空機には一定の大きさがあり、ドローンに対しても変化しない最低限の条件がある。それを考慮すると、搭載可能な機数は空母の大きさよりも速く減少する。これとは逆に、艦船の大きさは飛行甲板の面積よりも速く増加する。艦船の大きさと航空機数が増えると、飛行甲板は交通渋滞になり、有用な艦船のサイズに上限ができる。その結果、艦載航空兵力の最も費用対効果の高い規模は、第二次世界大戦期とほぼ同じ理由で60機程度となる。

　ヘルキャットは約５万ドルで、１年間のＧＤＰで４４０万機購入できる。Ｆ－35は約１億５０００万ドルなので、１年間のＧＤＰで約12万機を購入できる。航空機の単価はＧＤＰ比で約35～40倍に上昇しているため、今日の空軍ははるかに少ない機数を運用している。現在の空母は、〔1隻あたり〕第二次世界大戦期とほぼ同じ機数の航空機を運用しながら、GDPに対するコストはほぼ同率なので、空母としての効率は約35〜40倍高いということになる。つまり一国の航空戦力の移動基地を提供するためのコストは約97％低下している。その機動性は攻守ともに、さまざまな面で非常に有用である。

とはいえ、空母はこれからも自らの役割を見出し、費用対効果を高めていく必要がある。ミサイルは間違いなく空母にとって脅威だ。ミサイルは第二次世界大戦の航空機のように、すべての軍艦、さらにはシーパワー全体を脅かす。第二次世界大戦の爆撃機のようなパイロットをもたないミサイルは、目標を定めるのが苦手だ。そのような脅威に対して空母任務部隊は魚の群れのようなもので、数の上では安全である。空母任務部隊は隠れにくいかもしれないが、〔空母は〕任務部隊の中にいればミサイルから隠れることは可能である。

第二次世界大戦の爆撃機のような翼をもたないミサイルは、機動が苦手だ。パイロットがいなければ、とにかく何をどうすればいいのかわからない。代わりに、ミサイルはターゲットに到達するため、純粋に速度に依存している。効果的な空中早期警戒（AEW）能力があれば、ミサイルは遠距離で探知され、カミカゼに対する問題であった「撃ち漏らし」もない。フォークランド紛争でイギリス海軍が使用した小型空母はAEW能力をもたなかったため、機動部隊はミサイルの飛来について適切な警告を受けることができず、その代償を払うことになった。戦後、ヘリコプターに搭載された小型レーダーによって、非常に控えめだがAEW機能がすぐに追加された。次の空母の設計はもっと大きく、適切なAEW能力をもつことになるだろう。

任務部隊が空母を守り、空母が任務部隊を守る。ミサイルが強固な防御を突破する可能性があるとすれば、そのミサイルにある種のインテリジェンスが備わっていなければならない。そうした電子戦（EW）

関連のインテリジェンスは、任務部隊が収集する電子戦インテリジェンスと照らし合わせることになる。それは高価なものとなるだろうが、各ユニットは一度しか使用されない。ミサイルもまた自らの役割を見出し、費用対効果を上げていかなければならない。

　第二次世界大戦の空母は「ハンマーで武装された卵の殻」のような状態で、急襲任務を帯びて出発した。戦争が進むにつれて、レーダー、「戦闘機の誘導指揮」、近接自動対空火力の組み合わせにより防御能力は格段に向上した。攻撃力そして持続力は、当初は数の増加と敵の相対的弱点との組み合わせによって戦力投射《パワー・プロジェクション》能力へと成熟していった。第二次世界大戦を起点に、空母は航空戦力全体の重要性の高まりと、より具体的には、航空戦力の投射《プロジェクション》に必要とされる航空機数の大幅な減少から、大きな恩恵を受けるようになった。今日、空母１隻で１国を支配することができる。国際的な危機に対して「空母はどこだ」と問われるような光景は、１９３０年代には見られなかったことであった。重大な脅威ではなかったからだ。しかし現在では、空母は最も重大な脅威になっている。

出典に関する注記

本書執筆のための文献調査は、いささかストレスのたまる作業であったが、とても実り多いものだった。本書はアプローチの面でユニークである。問題は、同じようなトピックを扱っている本が基本的に存在しないことだ。そのため情報源が非常に散逸しており、断片的で、しばしば矛盾した内容を含んでいる。多くの情報源は有用な情報を提供し、理解を深めてくれるが、細部のトピックになるほど決定的な裏付けとなる情報源はほとんどない。

この注記には、どの情報源が、どのような形で実際に役立ったかについて、著者の思いが記述されている。議論に欠かすことのできない重要な情報源については、その正確な出典を示し、その一部を本文の中で取りあげ、議論している。

航法と通信

King（２０１２）は、日本海軍の搭乗員たちがどのようにナビゲーションを行っていたかについて重要な洞察を提供している。アメリカ海軍とイギリス海軍のナビゲーションについては、調査が容易であった。Bowditch（２００２）は航海術の古典であり、一般的な航海術や装備に関する情報には常に有用である。著者自身のプライベート・パイロットとしての経験や、プロのヨットレースでのナビゲータとしての経験も役に立った。

Friedman（１９８１）にはＨＦ帯とＶＨＦ帯の無線特性に関する、標準的だが今でも役立つ情報が含まれている。無線がどのようにセットされ、戦闘で使用されたか、特に初期の電子戦の形態については調査が困難であることがわかった。本文の執筆に際しては、断片的な資料と調査結果から推論した内容となっているが、なかでもUSN CIC Bulletins が最も有用であった。

無線

日本の無線セットに関する情報はTagaya and White（２００３）の本に基づいている。Crosley（２０１４）の本には日本海軍の無線機と操作法に関する有益な情報があった。博物館や無線アマチュアのコミュニティから入手できるさまざまな無線セットに関する技術情報は豊富にあるが、そのほとんどは「空母がどのように運用されているか」とは無関係であった。この分野では有用な情報が少ないと言えそうだ。

レーダー

レーダーに関する最も重要な情報源はHowse（１９９３）とBrown（１９９９）の本であり、Friedman（１９８１）からの情報で補足した。USN CIC Bulletinsには、レーダーがどのように運用されていたか、どのような問題に直面したかに関する広範な情報が掲載されている。著者自身、軍用レーダーの設計に携わり、戦闘状況下でレーダーを操作した経験をもっていたため、それも役に立った。

フライト・オペレーション

Parshall & Tully（２００５）には、フライト・オペレーションに関する有益な資料があった。パイロットによって出版された回顧録は、空母におけるパイロットとしての生活の全体像を理解するのに役立ち、特にCrosley（２０１４）、Buell（１９９２）、Werneth（２００８）は最も詳細かつ有用であった。USF-77は、日本海軍の実戦的活動に関するUSNTMJ A-11報告書とともに、アメリカの空母運用を記載した重要な文献である。アメリカ海軍とイギリス海軍の公式訓練フィルムは、ユーチューブで見ることができる。これらの情報源とは別に、情報の多くはさまざまなフォーラムのディスカッション・スレッドから得たものであり、出典となる正確な情報源は曖昧な場合がある。

偵察、攻撃、防御

Dickson（１９７５）の本は、実際に行われた索敵に関する最も詳細で一貫性のある戦闘の記録である。Belote

（１９７５）にも有用な資料があった。Parshall & Tully（２００５）でも、このトピックに関する有用な議論が行われていた。空母の防御に関するHeinz（２０１４）のエッセイは、最も有益な資料であった。第二次世界大戦の急降下爆撃と雷撃に関するアメリカ海軍の教育ビデオがユーチューブで（おそらく他の類似のサイトでも）公開されている。このトピックに関してもUSF-77が重要な参考資料である。

国家安全保障局（ＮＳＡ）のBorrmannたちは無線インテリジェンスに関する優れた歴史的論考を寄稿している。Prados（２００１）の本は、アメリカ海軍と日本海軍が行ったトラフィック解析や暗号解読に関する情報を提供している。

戦闘機の誘導指揮

最も貴重な資料はWoolrich（２０１５）が書き、Navigating and Direction Officers' Association（www.ndassoc.net で検索可能）から公表されているエッセイで、イギリス海軍の発展の経緯についても取りあげている。Friedman（１９８１）はアメリカ海軍の経験に関する多くの有用な情報を取りあげており、公式記録であるUSN CIC Bulletinsもレーダーの限界と使用された方法について優れた洞察を提供してくれた。Wolters（２０１３）の本は有用な背景的知識を提供してくれた。

ロジスティクス

アメリカ海軍艦艇の燃料消費量に関するデータは、アメリカ海軍の公式文書（FTP 218）に依拠している。Friedman（１９８３）はアメリカ空母のガソリン貯蔵量に関する数値を掲載している。日本の石油の輸入および消費量の数値はEvans & Peattie（１９９７）による。

海　戦

珊瑚海海戦、ミッドウェー海戦、東部ソロモン海戦、サンタ・クルーズ諸島沖海戦については、Lundstrom

のFirst Team（１９９４、２００５）に基づいている。Parshall & Tully（２００５）も参考にしたが、これはおそらくミッドウェー海戦に関する最も優れた本であろう。ペデスタル作戦の記述はSmith（２０１２）の本に基づいている。フィリピン海海戦についてはDickson（１９７５）の優れた本に基づいている。エンガノ岬沖の戦いについては、レイテ島周辺の作戦の陰に隠れ、歴史家たちにあまり取りあげられてこなかった。本書の記述はMorison（１９６３）とWoodward（２００７）に基づいており、それにNavWeaps.comの戦力組成を掲載しているページ（２０１５年7月にデータを収集）から情報を補足した。

戦闘モデル

基本的に参考にしたのはHughes（２０００）の本である。Armstrong & Powellの論文からはJohns et al（２００１）やBeall（１９９０）の報告書と同様、重要な着想を得ることができた。Heinz（２０１４）のエッセイには戦闘関連の有用な統計データが掲載されていた。

戦闘モデルとの関連は薄いが、非常に興味深かったのはPinker（２０１２）の本である。この本では、基本的な紛争モデルを用いて、グローバル化した世界においては戦争が簡単には採算の取れなくなった理由が説明されている。１９３０年代の日本は、言うまでもなくグローバル化に対する取り組みの顕著な失敗例である。

装甲飛行甲板と航空兵力の規模との比較

スチュアート・スレイド（Stuart Slade）とリチャード・ワース（Richard Worth）がNavWeaps.comで公開している「イギリス空母の装甲飛行甲板は価値があるか？」というタイトルの記事を書いている。この記事はよく書けていて、かなりの説得力がある。しかし残念ながら論調に偏りがあり、造船工学の観点から議論の余地がある記述（強度の高い甲板の位置、船体の反りなど）が見受けられる。この記事はArmouredCarriers.comでかなり全面的に論駁されている。ウィキペディアの「Armoured flight deck」の項目は詳細で有用だが、投稿者がこの問題について議論しているため、コンテンツは時とともに変化している。

対空火器と艦砲

撃墜されたカミカゼの統計データは、戦後のアメリカの公文書からのものである。Friedman（２０１４）は期待できそうな本だったが、効果に関する新たな統計数値は基本的に得られなかった。艦砲に関する基本データはNavWeaps.com のウェブサイトから引用した。著者自身の陸軍防空部隊でのシステム・エンジニアとしての経験も役に立った。

空母の運用術

ジョン・ボイドは自分のアイディアについて一連のプレゼンテーションを行ったが、本という形では発表したことがなかった。それは彼のアイディアの普及を妨げることとなり、残念なことだ。Coram（２００４）の本はボイドの人生と業績について書かれた非常に良い本であるが、彼のアイディアについてはそれほど多くを語っていない。ボイドのプレゼンテーションの一部は録画され、ユーチューブで見ることができるようになっており、そのクリップが本書で彼のアイディアについて書かれたことの基礎となっている。そのプレゼンテーションの中で彼は、数学や物理学、哲学のさまざまな概念との比較を試みている。しかし、それらの比較は実際にはあまり意味がなく、その分野に精通していない人を感動させるための装飾となっている。しかし、そうした比較は、聴衆のOODAループを広げ、自分の考えを単純化して伝えるためのものである（したがって、書籍のような形式ではうまく機能しない技法である）。いずれにせよ、そうした装飾的技法は、彼のアイディアが本質的にはシンプルなものであることを隠すことに役立ち、そのシンプルさこそが実は評価されるべきものなのだ。

戦後の展開

現代の戦闘機や空母に関するデータはオープンソース（ウィキペディアなど）から引用している。短距離での発着艦に関する物理学的な説明については、著者自身の理論物理学者としての訓練の成果が役に立った。

訳者あとがき

本書は2018年8月にケースメイト・パブリッシャーズ社から出版され、2020年6月に同社からペーパーバック版として刊行されたラース・サレンダー（Lars Celander）氏の著書 *How Carriers Fought: Carrier Operations in World War II*（Havertown, PA: Casemate, 2020, pp. 281）の全訳日本語版です。

サレンダー氏はスウェーデンのチャルマース工科大学（Chalmers University of Technology）で工学物理学（Engineering Physics）の修士号を取得後、システム・エンジニアとして軍務に就き、レーダーやミサイル、火器などの運用経験を積んでいます。その後、レーダーや無線通信システムの設計エンジニアとして勤務する傍ら、コンピュータ言語など情報工学に関する著書を数多く執筆しています。

このように著者は軍事テクノロジーに造詣が深く、運用面での実務経験を活かした専門的見地から軍事史（とりわけ海軍史）に関心をもち続けてきました。第二次世界大戦の壮大な空母戦に関しては、40年ほど前に世界的に有名なサミュエル・E・モリソンの *History of United States Naval Operations in World War II* を読んで以来、解き明かすべき論点が数多く残されていることに気づいたそうです（372頁）。そして、その後の研究を通じ、実際の戦場でどのような技術が使われたのか、どの程度うまく使われたのかを次第に理解できるようになったとサレンダー氏は語っています（3頁）。そうした著者のエンジニアとしての知識と経験に裏付けられた鋭い問題提起や分析手法は本書の随所に盛り込まれています。

最近では、本書と同じような技術と運用の視点からドローン戦を検証した *How Drones Fight: How Small Drones are Revolutionizing Warfare*（Havertown, PA: Casemate, 2024, pp.183）を2024年8月に

上梓したばかりです。
以下、一では本書の内容を紹介し、二は本書の白眉ともいえる技術と運用の視点から訳者なりに本書を解説したものです。読者のみなさんの参考になればと思います。

一　本書の内容

本書は、第二次世界大戦中の空母保有国であったアメリカ、日本、イギリスの空母対空母の海戦、いわゆる空母戦を描いた本です。そこでは各海軍の運用構想がどのように戦闘の行方を左右したのかについて語られていますが、何といっても本書の最大の特色は、空母の運用を支えた当時の最新技術を詳細に取りあげていることです。たとえば空母の設計思想や船体構造、ナビゲーションや通信、レーダー、艦載機の発着艦に伴う操艦技術と気象の影響などですが、本書を読むと、現在もそうであるように、空母が時代の先端技術の粋を集めた兵器であったことがわかります。そうした技術と運用の視点から、第二次世界大戦の空母戦を検証しているところが本書の白眉であり、本書の邦題を『検証　空母戦』とした理由です。

第1部「空母運用の基本――作戦・戦闘機能」では、先ほど挙げた技術分野のほか、空母艦載機の設計と性能、攻撃方法（急降下爆撃、雷撃）、CAPの誘導システム、飛行艇や水上機を含む索敵機の運用、レーダーと無線を統合したCICシステム、対空火器の性能と運用法、戦闘機の誘導指揮、兵站（燃料補給や艦隊運用への影響）、捜索・救難活動といった作戦・戦闘機能について解説されています。日本側の戦記物に慣れ親しんできた読者にとっては、米・英海軍との技術や運用に関する考え方の違いに気づかされる点が多いと思います。

また空母のエレベータのサイクル、甲板上での艦載機の搭載方式、着艦制動索の機能、着艦誘導方式、航空機搭載型の無線機の種類、格納庫内部の状況や整備員の稼働状況、ハトの運用にいたるまで、フライト・オペレーションに関係するあらゆる要素について知ることができます。さらに、脱水症状、アンフェタミン、喫煙規律などに悩まされたコクピット内でのパイロットの過ごし方、被弾した際の死亡リスクを減らすためにパイロットがとった応急策など、搭乗員の目線に立ったエピソードも紹介されています。

第2部「第二次世界大戦の空母戦」では、欧州の海戦、太平洋における珊瑚海海戦からレイテ湾海戦までの主要な空母戦を、共通の視角（投入戦力と兵站、指揮・統制、視界と風、航空作戦）を用いて分析しています。これらの戦闘において、第1部で解説された空母運用の機能や技術が実際にどのように使われ、その後の運用構想にどのように反映されていったかについて理解することができます。事例はおのずと太平洋戦域が中心となっていますが、マルタ島の攻防をめぐるペデスタル作戦を描いた第13章では、地中海のように陸地と近接している地理的条件がイギリス海軍の空母の設計思想や艦載機の性能にどのような影響を与えたかについて分析されており、これも興味深い点です。

第3部では、史実の戦闘から得られた実際の命中率や損耗率に関するデータをもとに、著者が作成した空母戦闘モデルを通じて、理論上、最も効果的な戦い方とは何であったかが探られています。たとえば保有する空母をすべて一つの部隊に集中して運用するのがよいのか、複数の部隊に分けて運用するべきなのかという「集中」対「分散」をめぐる議論です。その典型例がミッドウェー海戦であり、日本海軍が空母4隻を集中したのに対し、アメリカ海軍は3隻を3つのグループに分散して運用しました。

また戦闘機と爆撃機の搭載機数の最適バランスについて議論されています。開戦当初は各国とも戦闘機の割合を20パーセント程度に抑えていたのが、１９４４年以降になるとアメリカ海軍はその割合を80パーセント以上にまで高めたのに対し、日本海軍はほぼ同じ水準にとどまっています。さらに飛行甲板を装甲化した場合、急降下爆撃の効果を相殺できる反面、艦載機の搭載機数が制限されるなど、多分野にまたがるコスト計算も考察されています。

さらに第二次世界大戦の海戦をめぐる定説の一つは、空母が戦艦に取って代わったというものですが、これについて著者は、ある条件のもとでは戦艦が有利になるシナリオもありえたという自説を展開しています。詳細は第22章を読んでいただければと思います。

以上のように、第1部で空母運用の構成要素を体系的に整理し（理論検討）、第2部では実際の海戦でそれらが理論どおりに実行されたのか、どのような技術的限界が生起したのかが検証され（事例検証）、第3部ではモデルに照らし、有効な対応策は何であったかを提示する（モデル検討）という3部構成で編まれています。

そして第二次世界大戦の経験から得られた処方箋が、戦後のアメリカの空母戦闘群（現在は「空母打撃群」）の運用と戦闘システムに取り入れられていった経緯が解説されており、大いに参考になります。つまり現代アメリカ海軍の空母打撃群の戦闘システム（空中早期警戒、対潜戦、CAPから構成されます）の構成要素は太平洋戦争の空母戦にその萌芽があり、すでに運用が試みられていたのです。

二　本書を読む視点——用兵術と技術のどちらが重要か？

以上のように、本書は技術と運用、そして両者が結びついた戦闘システムとして第二次世界大戦の空母戦を再現することに成功しています。この技術と運用の観点から、日米空母戦の足取りを本書の内容に沿ってたどってみたいと思います。

次頁の表は、太平洋戦争において、本書が対象とする「空母戦」で撃沈された日米両国の空母を年代別に記したものです。表から読み取れることは、１９４２年の空母戦では全体の撃沈数、とりわけ正規空母

表：太平洋の空母戦で沈んだ日米の空母

	1942	1943	1944	1945
日本海軍	祥鳳 赤城 加賀 蒼龍 飛龍 龍驤		大鳳（潜水艦による） 翔鶴（潜水艦による） 飛鷹 瑞鶴 瑞鳳 千歳 千代田	
アメリカ海軍	レキシントン ヨークタウン ホーネット			

（出典）訳者作成

の撃沈数がほぼ互角だった（日本側〈赤城〉〈加賀〉〈蒼龍〉〈飛龍〉、アメリカ側〈レキシントン〉〈ヨークタウン〉〈ホーネット〉）のに対し、１９４４年はアメリカ軍の一方的勝利に終わっていることです。では、１９４２年の空母戦と１９４４年の空母戦との間でどのような変化が見られるのでしょうか。本書を読むと、１９４３年を挟んだ約20カ月の間に、両軍の運用構想に違いが生じていたことがわかります。

１９４２年の空母戦——先制をめぐる用兵術の戦い

日米の空母が最初に激突した１９４２年まで、空母とは「ハンマーで武装された卵の殻」（7頁）と呼ばれたように防御面できわめて脆弱な存在でした。したがって、この時期の「勝利の聖杯」とは「敵に見つからずに敵を見つけ」ること（93頁）であり、ひとことで言えば「先制攻撃」に尽きたのです。そこで艦隊指揮官に求められた空母部隊の用兵術とは「敵の先制攻撃を受けるエリアの外から、一方的に先制攻撃できる態勢をとれるか否か」にかかっており、それが勝負の分かれ目でした。そのなかでも空母という「卵の殻」の最大の弱点は、航空機が燃料を満載し、爆弾や魚雷を完全武装した状態で、格納庫内に所狭しと並べられたタイミングでした。著者はこう指摘しています。

甲板上で攻撃隊が駐機し、発艦準備中の空母はきわめて脆弱である。攻撃隊が格納庫内で攻撃準備を行っている空母はそれに輪をかけて脆弱であり、攻撃隊を飛行甲板に上げ、発艦させるまでに時間もかかる。またＣＡＰが燃料や弾薬を切らしている空母も脆弱である（365頁）。

この勝機を捉えることが、攻撃側の指揮官にとって空母戦の勝利を決定づける究極の理想であり、防御側の指揮官にとっては是が非でも避けなければならない悪夢でした。この理想と悪夢が現実に起きたのがミッドウェー海戦だったのです。

本書では触れられていませんが、南雲機動部隊はミッドウェー海戦から2カ月ほど前のセイロン沖海戦において、これと似たような場面にすでに遭遇していました。１９４２年4月9日、洋上航行中の南雲機動部隊にイギリス軍のブレニム双発爆撃機の編隊が来襲し、旗艦〈赤城〉に急襲爆撃を加えたのです。爆弾は〈赤城〉の艦首両舷すれすれに着弾し、かろうじて事なきを得たのですが、そのすさまじい水柱により周囲からは一瞬同艦が沈没したかと思われるほどの至近弾だったといいます。高高度からの水平爆撃であったため、日本側のどの艦艇の対空見張り員も接近に気づかなかったのだそうです[*1]。南雲機動部隊はこの教訓を十分に活かす間もなく、ミッドウェーで正規空母4隻を失うという完敗を喫することになったのです。

ミッドウェー海戦の後、2度にわたってぶつかり合った日米空母戦では、互いに決定的勝機を求めて、両軍ともさまざまな用兵術を試みながら「勝利の聖杯」の争奪戦を繰り広げました。日本海軍は小型空母を中心とする前衛部隊を本隊から前方に配備し、囮部隊として敵航空部隊の攻撃をそれに集中させ、その間に敵の本隊を叩く戦法を採用しました（307－308頁）。そのためには敵艦隊を自軍の攻撃圏内に収めながら、敵航空兵力の射程圏外にとどまるという、のちにアウトレンジと呼ばれるようになる用兵術が必要とされましたが、日本の機動部隊はそれを巧みなバリカン運動によって成し遂げました。この戦法は、東部ソロモン海戦およびサンタ・クルーズ諸島沖海戦の南雲機動部隊の基本的な運用構想となったのです。その結果、ミッドウェー以後の１９４２年の空母戦で喪失した空母は小型空母〈龍驤〉１隻のみにとどまり、正規空母を失うことはありませんでした。

ただし代償も大きかったのです。１９４２年後半になると、アメリカ海軍艦艇の対空火力の向上が現実的脅威となり始め、主に新型の40ミリ４連装ボフォース対空機関砲を搭載した戦艦や新型〈アトランタ〉級防空巡洋艦の配備により、対空砲火によって撃墜される日本機の数は日増しに多くなっていました。それまで対空砲の役割といえば、せいぜい航空機の攻撃機動を妨害したり、照準を狂わせたりすることでしたが、この頃になると、攻撃隊は一定の割合で確実に撃墜されるようになっていたのです（251頁）。サンタ・クルーズ諸島沖海戦で日本海軍のパイロットが母艦に帰投したとき、あまりの恐怖に動揺を隠せなかったという逸話も本書で紹介されています（251頁）。

実際、サンタ・クルーズ諸島沖海戦で日本の空母艦載機は甚大な損害を被り、結果的にこの損失が日本の海軍航空戦力を壊滅に追い込んだと著者は指摘しています（251頁）。アメリカ海軍は長距離対空レーダで日本航空隊の来襲をいち早く察知し、「戦闘機の誘導指揮」チームが日本軍攻撃隊を迎撃するのに最適な方向と高度にＣＡＰ隊を誘導し、日本隊を待ち受けていました。この空中の壁を乗り越えてきた日本機を猛烈な対空砲火が待ち受けていたのです。こうしたレーダーや広範な無線ネットワークを駆使したシステム的な戦法を、未完成ながらもアメリカ海軍は採用し始めていました。

サンタ・クルーズ諸島沖海戦で、アメリカ海軍は正規空母〈ホーネット〉を失い、戦術的には日本海軍の勝利といえました（252頁）。しかし、その後の両国がたどった空母戦の運用構想の乖離に注目すれば、この海戦が日米空母戦の戦略的な分水嶺となったことが理解できます（303－304頁）。ちなみに〈ホーネット〉は、太平洋戦争の空母戦で日本海軍が沈めた最後の空母となりました（１９４３年から終戦までに沈んだアメリカの空母7隻は、潜水艦による雷撃、カミカゼ、基地航空隊の攻撃によるものでした[*2]）。

１９４４年の空母戦——技術と用兵術の激突？

日本海軍は「敵空母を先に発見し、相手の射程外から叩く」という戦法を連綿と受け継いでいました。これを理想的な形で実現したのが、フィリピン海海戦において小沢艦隊が採用したアウトレンジ戦法でした。これは１９４２年型の先制攻撃を極限まで追求したもので、著者も指摘するように、この戦法はおおむね構想どおり進んだのです。「日本軍は敵の索敵と攻撃の射程外にとどまり続けることに成功した。19日の丸一日中、アメリカ軍にその位置を知られることなく、次々と攻撃を仕掛け、反撃を受けることもなかった」（273頁）。そして著者はこう言います。「（アウトレンジ）計画は成功した。小沢たちは、ほぼ完ぺきな試合を演じたのである。しかし、それでも彼らは負けてしまった。しかも手ひどく」（276頁）。

アメリカ海軍はフィリピン海海戦までの間に、艦載機の機種も、戦法も、パイロットも、技術も、そして正規空母の規模も完全に様変わりしており、この意味で１９４２年型の任務部隊とは別のものに生まれ変わっていたのです。用兵術もいわば「先の先」から「後の先」への転換を遂げていました。この「後の先」（敵航空兵力を壊滅させた後で、空母本隊を撃破する）を可能にしたのが、ＣＩＣに象徴されるまったく新しい戦闘システムでした。

よくフィリピン海海戦での日本海軍の惨敗は、アメリカのレーダーや近接信管に代表されるエレクトロニクス技術の力によるものだと描かれがちですが、この海戦は簡単に用兵術と技術の激突であったと描くのは正確とはいえません。その内実は本書が随所で指摘しているように、早期警戒、索敵、対潜哨戒、Ｃ

図：アメリカ軍の空母運用の変化（1942～1944年）

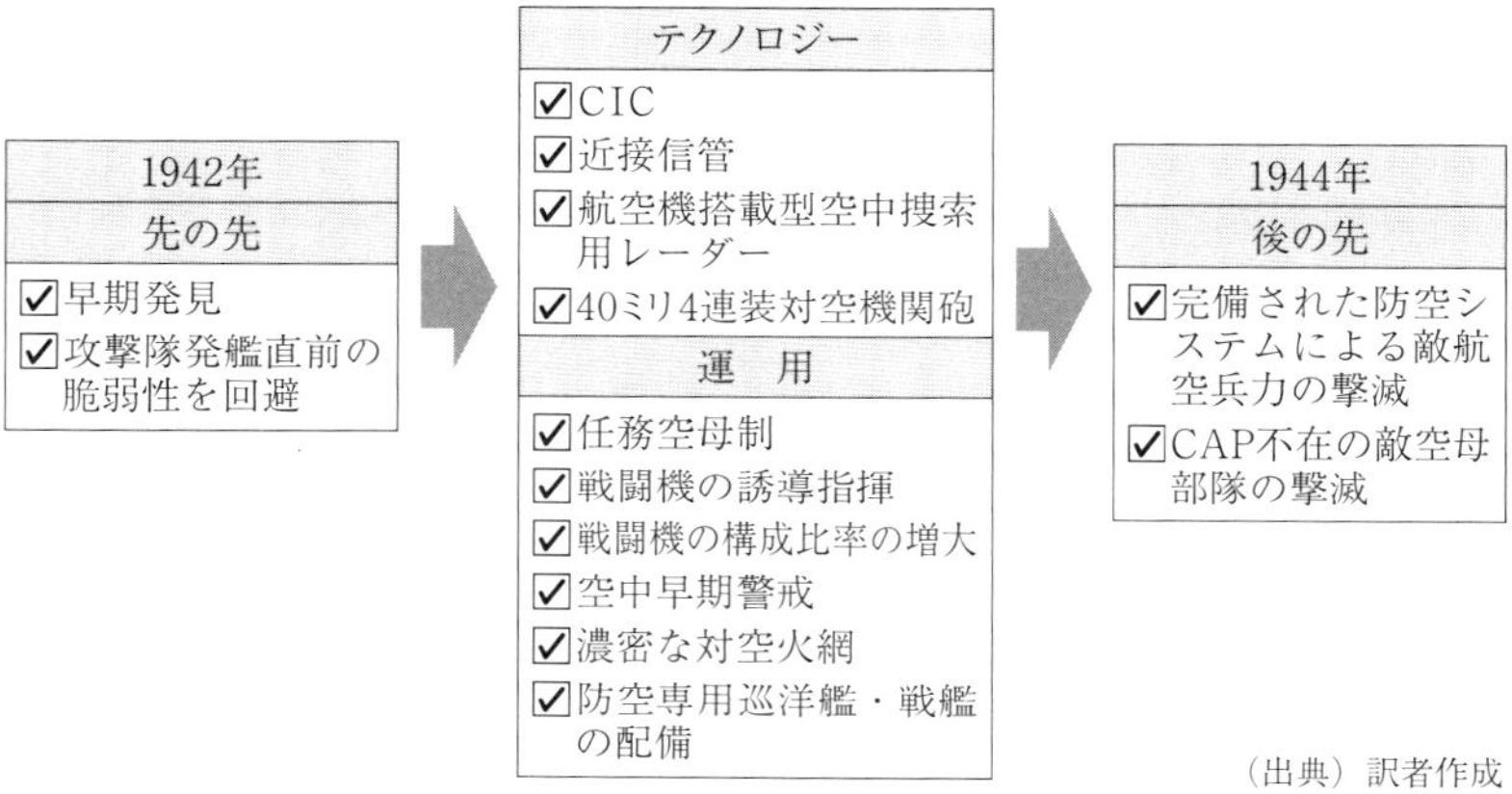

（出典）訳者作成

AP、対空戦の各機能を有機的に結びつけた戦闘システムでした。

　こうした戦闘システムへ転換した背景には、戦略的攻勢に転じていたアメリカ軍の作戦上の要請がありました。つまり作戦目的はあくまで日本軍が守備する島嶼部の占領であり、空母部隊には上陸地点を掩護し、局地的な航空優勢を確保することが求められるようになりました。著者はこう述べています。

　スプルーアンスは、ミッドウェーにおける南雲と同じ問題を抱えていた。彼は2つの敵、つまり島嶼を基地とする航空機と、空母機動部隊の艦載機と向き合っていたのである。片方の敵を攻撃することは、もう片方の敵から先制攻撃を受けることを意味した（272－273頁）。

　こうした戦術的に不利な状況を打開するため「防御力の向上に重点が置かれ、戦闘機の数も大幅に増やされ……高速空母群は基本的に防御的な役割を担うことになった」（275頁）のです。

　こうして編み出されたCICに象徴されるアメリカ空母部

隊の「後の先」の戦法は本書でもモデル化されているように（316－317頁）、空母戦の戦い方を劇的に変えました。最新テクノロジーを組み合わせたシステム的な運用により防御力が大幅に向上したことで、先制攻撃の必要性は相対化されるようになったのです。日本軍にとっては、たとえ先制攻撃に成功した場合でも単に撃墜されるだけとなりました（274頁）。こうしてアメリカの戦闘システムは、日本海軍が空母戦で「聖杯」を手に入れる望みを永遠に奪い去ってしまったのです。

この海戦以降、レイテ湾海戦での囮戦法を最後に、日本海軍機動部隊は歴史の表舞台から消え去ることになります。本書第6章で語られるように、アメリカの「後の先」を切り崩す戦法がカミカゼでした。艦艇搭載型レーダーでは捉え切れない低空域からのアプローチが試みられたのですが、それも航空機搭載型の空中捜索レーダー（ＡＥＷ）の登場により、上空から捕捉されるようになりました。これは現代の航空・海洋作戦になくてはならない早期警戒管制の原型でした。結局、日本軍は技術の劣勢を用兵術で挽回することはできませんでした。

太平洋戦争後半になると、アメリカ軍は飛行甲板上に艦載機を常時駐機させて航行するデッキパークを大々的に採用するようになります。その背景には、ＣＡＰ戦闘機の誘導指揮とレーダー網による早期発見により、もはや空母上空に敵機が突如現れ、奇襲を受けるような状況にはいたらないという強い自信がありました。大戦末期にはアメリカ海軍に倣い、イギリス海軍もデッキロードを採用していますが、これも太平洋ではもはや連合軍の空母に対する脅威がなくなったとの判断の表れともいえました。

三　補遺――１９４３年を挟んだ20カ月間

このように１９４２年型と１９４４年型の空母戦を対比してみると、興味深いテーマが自然と浮かび上がってきます。それは「サンタ・クルーズ諸島沖海戦を終え、フィリピン海海戦で再び激突するまでの20カ月の間に、日米両海軍はどのような準備や取り組みをしていたのか」というテーマです。

本書は空母戦がメインであるため、当然、その部分については触れられておりません。そこで訳者なりに少し調べてみました。1943年の半ば以降、エセックス級の正規空母が次々と就役していきますが、そうした主要艦の建造とは別に、たとえばアメリカのCICシステムや「戦闘機の誘導指揮」の運用も1943年1〜7月頃に要員に対する基礎技術の訓練を本国やハワイで行い、7〜10月頃には各技術を統合しての実戦的訓練を重ね、戦場で本格的に運用が開始されたのが11月以降ということでした。ソロモン方面のブーゲンビル島作戦、中部太平洋のギルバート諸島への侵攻作戦も、こうした戦闘システムの運用が軌道に乗り始める時期を待って開始されていることがわかります。*3

年が明けてフィリピン海海戦までの約6カ月の期間は、マーシャル諸島、トラック島空襲、パラオ空襲、ラバウル空襲などの度重なる実戦を通じ、そうした戦闘システムの慣熟と改善に費やされたのでした。こうしてみると、フィリピン海海戦は日本海軍が国家の命運を担い、総力を結集して臨んだ一大決戦でありましたが、アメリカの空母任務部隊にとっても最新の戦闘システムを携え、「満を持して」臨んだ海戦であったことがわかります。

いささか蛇足になりましたが、このような興味深いテーマをぜひとも「技術と運用を融合させた戦闘システムとしての空母戦」を描いたサレンダー氏に書いてほしいと望むのは訳者だけでしょうか。

＊　＊　＊

本書の主役である空母（航空母艦）をはじめ、艦船名、航空機名はすべて〈　〉で表記しています。また空母を基幹とした艦隊名を日本側は「機動部隊」、アメリカ側は「任務部隊」と訳出していますが、日米英を問わず一般的な意味で空母部隊について言及されている箇所は、「空母部隊」「空母艦隊」「機動部隊」と適宜使い分けて表記しています。

神風特別攻撃隊について、当時の日本海軍では「しんぷう」と呼称されることが多かったのですが、原書ではkamikazeと表記されていたため、神風と漢字表記せず「カミカゼ」との訳語をあてました。

最後に中央公論新社文庫編集部の登張正史氏には、企画から校正の細部にいたるまで大変お世話になりました。ここに改めて謝意を表します。

２０２４年11月17日

訳者　川村幸城

＊1　防衛庁防衛研修所戦史室『戦史叢書　蘭印・ベンガル湾方面　海軍進攻作戦』（朝雲新聞社、１９６９年）、６５３頁、John Clancy, *The Most Dangerous Moment of the War: Japan's Attack on the Indian Ocean, 1942*, Casemate Publishers, 2015, pp.134-5;

＊2　Brian Lane Herder, *World War II US Fast Carrier Task Force Tactics 1943-45*, Osprey Publishing, 2020.

＊3　Trent Hone, *Learning War: The Evolution of Fighting Doctrine in the U.S. Navy, 1898-1945*, Naval Institute Press, 2018; Thomas McKelvey Cleaver, *Pacific Thunder: The US Navy's Central Pacific Campaign, August 1943-October 1944*, Osprey Publishing, 2017; Timothy S. Wolters, *Information at Sea: Shipboard Command and Control in the U.S. Navy, from Mobile Bay to Okinawa*, The Johns Hopkins University Press, 2013.

※ここに記した内容は訳者個人の見解であり、所属する組織の見解を反映したものではありません。

Hone, Thomas C. "Replacing Battleships with Aircraft Carriers in the Pacific in WWII," *Naval War College Review*, Winter 2013

Hone, Trent. "U.S. Navy Surface Battle Doctrine and Victory in the Pacific," *Naval War College Review*, Winter 2009

Hore, Peter. "The Fleet Air Arm and British Naval Operations over Norway and Sweden: Part 1 — Autumn of 1940," *Forum Navale* 68, 2012

Hore, Peter. "Operation Paul — The Fleet Air Arm Attack on Lulea in 1940," *Forum Navale* 70, 2014

Jennings, Ed. "Crosley's Secret War Effort — The Proximity Fuze," article published February 2001 at www.navweaps.com/index_tech/tech-075.htm, retrieved July 2015

Johns, Michael D., Pilnick, Steven E., Hughes, Wayne P. *Heterogenous Salvo Model for the Navy After Next* (Institute for Joint Warfare Analysis, Naval Postgraduate School, 2001)

Levy, James P. "Was There Something Unique to the Japanese That Lost Them the Battle of Midway?," *Naval War College Review*, Winter 2014

Llewellyn-Jones, Malcolm. *Operation Pedestal Convoy to Malta August 11-15 1942* (Naval Historical Branch, 2012)

Low, Lawrence J. "Anatomy of a Combat Model," essay published 1995 on www.militaryconflict.org, retrieved August 2015

Mably, John R. *The Effectiveness of Merchant Aircraft Carriers* (Thesis in Master of Philosophy, University of Brighton, 2004)

MacDonald, Scot. "Evolution of Aircraft Carriers," *Naval Aviation News*, September 1962-October 1963

O'Neil, William D. *Military Transformation as a Competitive Systemic Process: The Case of Japan and the United States Between the World Wars* (CNA, 2003)

Parshall, Jonathan B., Dickson, David D. and Tully, Anthony P. "Doctrine Matters — Why the Japanese Lost at Midway," *Naval War College Review*, Summer 2001

Pearson, Lee M. "Naval Aviation — Technical Developments in WWII," *Naval Aviation News*, May-June 1995

Prados, John. "Solving the Mysteries of Santa Cruz," *Naval History Magazine*, October 2011

Quinn, D. and Holland, R. D. *C.W Radio Aids to Homing and Blind Approach of Naval Aircraft* (Admiralty Signal Establishment, 1947)

Reilly, John C. "Organization of Naval Aviation in WWII," *Naval Aviation News*, May-June 1991

Sackett, Larry. *Steering the Battleship* North Carolina (Scuttlebutt, 2010)

Sheehy, Chris, *USS Robin: An Account of HMS Victorious' First Mission to the Pacific* (Masters Thesis at University of New Brunswick, 1998)

Snow, Carl. "Japanese Carrier Operations: How Did They Do It?," *The Hook*, Spring 1995

Tritten, James J. *Doctrine and Fleet Tactics in the Royal Navy* (Naval Doctrine Command, 1994)

Tully, Anthony and Yu, Lu. "A Question of Estimates — How Faulty Intelligence Drove Scouting at the Battle of Midway," *Naval War College Review*, Spring 2015

van Tool, Jan M. "Military Innovation and Carrier Aviation — An Analysis," *Joint Force Quarterly*, Autumn/Winter 1997-98

van Tool, Jan M. "Military Innovation and Carrier Aviation — The Relevant History," *Joint Force Quarterly*, Summer 1997

Vego, Milan. "Major Convoy Operation to Malta, 10-15 August 1942 (Operation Pedestal)," *Naval War College Review*, Winter 2010

Weitzenfeld, Daniel K. *Fleet Introduction of Colin Mitchell's Steam Catapult* (The International Research Institute of McLean, 1970)

Woolrich, R. S. *Fighter-Direction Materiel and Technique, 1939-45* (Navigation and Direction Officers' Association, available on www.ndassoc.net, retrieved July 2015)

Tagaya, Osamu and White, John. *Imperial Japanese Naval Aviator 1937-45* (Osprey Publishing, 2003)
Werneth, Ron. *Beyond Pearl Harbor: The Untold Stories of Japan's Naval Airmen.* (Schiffer Publishing Ltd, 2008)
Wildenberg, Thomas. *Gray Steel and Black Oil — Fast Tankers and Replenishment at Sea in the U.S. Navy, 1912-1995* (Naval Institute Press, 1996)
Woodward, C. Vann. *The Battle for Leyte Gulf* (Skyhorse Publishing, 2007)
Wolters, Timothy S. *Information at Sea* (John Hopkins University Press, 2013)
Zimm, Alan D. *Attack on Pearl Harbor* (Casemate Books, 2011)

Articles, Papers, Reports, Theses, and Essays

Armstrong, Michael J. and Powell, Michael B. *A Stochastic Salvo Model Analysis of the Battle of the Coral Sea*
Arora, V.K. *Proximity Fuzes: Theory and Techniques* (Defence R&D Organisation, Ministry of Defence, India, 2010)
Beall, Thomas Regan. *The Development of a Naval Battle Model and its Validation Using Historical Data* (Thesis submitted to Naval Postgraduate School, Monterey, California, 1990)
Blondia, Amarilla. "Cigarettes and their Impact in World War II," *Perspectives: A Journal of Historical Inquiry*, 37, 2010
Boslaugh, David L. "Radar and the Fighter Directors" (Published on the Engineering and Technology History Wiki; available at www.ethw.org)
Borrmann, Donald A., Kvetkas, William T., Brown, Charles V., Flatley, Michael J. and Hunt, Robert. *The History of Traffic Analysis: World War I — Vietnam* (NSA, 2013)
Caravaggio, Angelo N. ""Winning" the Pacific War — The Masterful Strategy of Commander Minoru Genda," *Naval War College Review*, Winter 2014
Carey, Cristopher T. *A Brief History of US Military Aviation Oxygen Breathing Systems* (Aeolus Aerospace, retrieved September 2016)
Coleman, Kent S. *Halsey at Leyte Gulf: Command Decision and Disunity of Effort* (Master's Thesis, Marquette University, 2002)
Darwin, Robert L., Bowman, Howard L., Hunstad, Mary, Leach, William B. and Williams, Frederick W. *Aircraft Carrier Flight and Hangar Deck Fire Protection: History and Current Status* (Naval Air Warfare Center Weapons Division, 2005)
Donovan, Patrick H. "Oil Logistics in the Pacific War," *Air Force Journal of Logistics*, vol. XXVIII, no. 1, Spring 2004
Friedman, Hal M. "Strategy, Language and the Culture of Defeat: Changing Interpretations of Japan's War Naval Demise," *International Journal of Naval History*, October 2013
Gray, James Seton. "Development of Naval Night Fighters in World War II," *Naval Institute Proceedings Magazine*, vol. 74/7/545, July 1948
Hanyok, Robert J. "Catching The Fox Unaware — Japanese Radio Denial and Deception and the Attack on Pearl Harbor," *Naval War College Review*, Autumn 2008
Heinz, Leonard. "Aircraft Carrier Defense in the Pacific War," essay published 2014 on fireonthewaters.tripod.com, retrieved July 2015
Heinz, Leonard. "Japan's Oil Puzzle," essay published 2014 on fireonthewaters. tripod. com, retrieved July 2015
Hodge, Carl C. "The Key to Midway — Coral Sea and a Culture of Learning," *Naval War College Review*, Winter 2015
Hone, Thomas C., Friedman, Norman and Mandeles, Mark D. *American and British Aircraft Carrier Development 1919-1941* (Naval Institute Press, 2009)
Hone, Thomas C., Friedman, Norman and Mandeles, Mark D. "The Development of the Angled Deck Aircraft Carrier," *Naval War College Review*, Spring 2011

Science to the Art of Warfare (Vintage Books, 2013)
Buell, Harold L. *Dauntless Helldiver* (Dell Publishing, 1992)
Coram, Robert. *Boyd: The Fighter Pilot Who Changed the Art of War* (Back Bay Books, 2004)
Crosley, R. 'Mike'. *They Gave Me a Seafire* (Pen and Sword, 2014)
Dickson, W.D. *The Battle of the Philippine Sea* (Ian Allen Ltd, 1975)
Dull, Paul S. *A Battle History of the Imperial Japanese Navy, 1941-1945* (Naval Institute Press, 1978)
Ellis, John. *World War II: A Statistical Survey: The Essential Facts and Figures for All the Combatants* (Facts on File, 1993)
Evans, David C, and Peattie, Mark R. *Kaigun: Tactics and Technology in the Imperial Japanese Navy 1887-1941* (Naval Institute Press, 1997)
Fahey, James J. *Pacific War Diary 1942-1945* (Houghton Mifflin Company, 2003)
Fletcher, Gregory F. *Intrepid Aviators* (NAL Caliber, 2013)
Friedman, Norman. *Naval Radar* (Conway Maritime Press Ltd, 1981)
Friedman, Norman. *U.S. Aircraft Carriers: An Illustrated Design History* (Naval Institute Press, 1983)
Friedman, Norman. *Naval Anti-Aircraft Guns & Gunnery* (Seaforth Publishing, 2014)
Friedman, Norman. *Fighters over the Fleet: Naval Air Defence from Biplanes to the Cold War* (Seaforth Publishing, 2016)
Goralski, Waldemar. *IJNS Aircraft Carrier Taiho* (Kagero, 2016)
Hone, Thomas C., Friedman, Norman and Mandeles, Mark D. *Innovation in Carrier Aviation* (Naval War College Press, 2011)
Hopkins, William B. *The Pacific War* (Zenith Press, 2009)
Howse, Derek. *Radar at Sea* (Naval Institute Press, 1993)
Hughes, Wayne P. *Fleet Tactics and Coastal Combat* (Naval Institute Press, 2000)
Jefford, C.G. *Observers and Navigators: And Other Non-pilot Aircrew in the RFC, RNAS and RAF* (Grub Street, 2014)
Kennedy, Paul. *The Rise and Fall of the Great Powers* (Vintage Books, 1989)　ポール・ケネディ『決定版 大国の興亡――1500年から2000年までの経済の変遷と軍事闘争（上・下）』鈴木主税訳（草思社、1993年）
King, Dan. *The Last Zero Fighter: Firsthand Accounts from WWII Japanese Naval Pilots* (CreateSpace Independent Publishing Platform, 2012)
Lamb, Charles. *War in a Stringbag* (Weidenfeld & Nicolson, 2001)
Lundstrom, John B. *The First Team and the Guadalcanal Campaign* (Naval Institute Press, 1994)
Lundstrom, John B. *The First Team: Pacific Naval Air Combat from Pearl Harbor to Midway* (Naval Institute Press, 2005)
McWhorter, Hamilton and Stout, Jay A. *The First Hellcat Ace* (Pacifica Military History, 2009)
Morison, Samuel E. *History of United States Naval Operations in World War II* (Little, Brown & Co., 1963)
Parshall, Jonathan and Tully, Anthony. *Shattered Sword* (Potomac Books, 2005)
Peattie, Mark R. *Sunburst* (Naval Institute Press, 2001)
Pinker, Steven. *The Better Angels of Our Nature: Why Violence Has Declined* (Penguin Books, 2012)
Porter, Bruce and Hammel, Eric. *Ace! A Marine Night-Fighter Pilot in WWII* (Pacifica Press, 1985)
Prados, John. *Combined Fleet Decoded* (Naval Institute Press, 2001)
Reynolds, Clark G. *The Fast Carriers* (McGraw-Hill, 1968)
Roskill, Stephen. *The War at Sea* (HMSO, 1956)
Sakai, Saburo. *Samurai!* (Naval Institute Press, 2010)　坂井三郎『大空のサムライ（上・下）』（講談社、2001年）
Shaw, Robert L. *Fighter Combat* (Naval Institute Press, 1985)
Smith, Peter C. *Dive Bomber!* (Stackpole Books, 2008)
Smith, Peter C. *Pedestal* (Crécy Publishing Ltd, 2012)

Radar Bulletin No. 8A (RADEIGHTA). *Aircraft Control Manual*

Headquarters of the Commander in Chief, United States Fleet, September 1945
War Service Fuel Consumption of U.S. Naval Surface Vessels. [FTP218]

Headquarters of the Commander in Chief, United States Fleet, 1945
COMINCH P-009: *Antiaircraft Action Summary Suicide Attacks*
COMINCH P-0011: *Anti-Suicide Action Summary*
Information Bulletin No. 22: *Battle Experience Battle for Leyte Gulf*
Information Bulletin No. 24: *Battle Experience Radar Pickets and Methods of Combating Suicide Attacks Off Okinawa March-May 1945*
Information Bulletin No. 29: *Antiaircraft Action Summary・World War II*
CO NAVAER 08-5S-120, February 1944
Pilot's Operating Manual For Airborne Radar AN/APS-6 Series For Night Fighters
Air Technical Intelligence Group, FEAF, November 1945
ATIG Report No. 115: A Short Survey of Japanese Radar Vol. I & II
Office of Naval Intelligence (ONI), 1946
Naval Aviation Combat Statistics — World War II
The Battle of the Eastern Solomons 23-25 August 1942 — Combat Narrative
The Battle of Santa Cruz Islands 26 October 1942 — Combat Narrative
U.S. Naval Technical Mission to Japan, 1946
A-11 Aircraft Arrangements and Handling Facilities on Japanese Naval Vessels
E-02 Japanese Airborne Radar
E-05 Japanese Radio and Radar Direction Finders
E-07 Japanese Radar Counter-measures and Visual Signal Display Equipment
E-08 Japanese Radio Equipment
E-17 Japanese Radio, Radar and Sonar Equipment
O-30 Japanese Anti-Aircraft Fire Control
O-44 Effectiveness of Japanese AA Fire
U.S. Strategic Bombing Survey (Pacific) Naval Analysis Division, 1946
Interrogation of Japanese Officials OPNAV-P-03-100, Vol. I & II
The Campaigns of the Pacific War

Books

Adam, John A. *If Mahan Ran the Great Pacific War: An Analysis of World War II Naval Strategy* (Indiana University Press, 2008)
Adams, Douglas. *The Hitchhiker's Guide to the Galaxy* (Random House, 1995)
Adlam, Henry. *On and Off the Flight Deck* (Pen and Sword, 2010)
Belote, James H. and Belote, William M. *Titans of the Seas: The Development and Operations of Japanese and American Carrier Task Forces During World War II* (Harper & Row, 1975)
Bowditch, Nathaniel. *American Practical Navigator* (National Imagery and Mapping Agency, 2002)
Boyd, William B. and Rowland, Buford. *U.S. Navy Bureau of Ordnance in World War II* (Bureau of Ordnance, Department of the Navy, 1953)
Brand, Stanley. *Achtung! Swordfish!* (Propagator Press, 2011)
Brown, David. *Carrier Fighters* (The Book Service Ltd, 1975)
Brown, Louis. *A Radar History of World War II* (IOP Publishing, 1999)
Bruce, Roy W. and Leonard, Charles R. *Crommelin's Thunderbirds* (Naval Institute Press, 1994)
Buderi, Robert. *The Invention That Changed the World* (Simon & Schuster, 1996)
Budiansky, Stephen. *Blackett's War — The Men Who Defeated the Nazi U-Boats and Brought*

参考文献

Official Documents

Commander Aircraft Battle Force, March 1941
Current Tactical Orders and Doctrine U.S. Fleet Aircraft (USF-74, 75 and 76)
Current Tactical Orders Aircraft Carriers U.S. Fleet (USF-77)
CO USS Lexington. *Action Report of the Battle of the Coral Sea*
CO USS Yorktown. *Action Report of the Battle of the Coral Sea*
CO USS Lexington. *Air Operations in the Battle of the Coral Sea*
CO USS Yorktown. *Air Operations in the Battle of the Coral Sea*
CO USS Neosho. *Action Report of the Battle of the Coral Sea*
CO USS Sims. *Action Report of the Battle of the Coral Sea*
CO USS Yorktown. *Action Report of the Battle of Midway*
CO USS Enterprise. *Action Report of the Battle of Midway*
CO USS Hornet. *Action Report of the Battle of Midway*
Radar Research and Development Sub-Committee of the Joint Committee on New Weapons and Equipment, August 1943
U.S. Radar: Operational Characteristics of Radar Classified by Tactical Application. [FTP217]
Office of the Chief of Naval Operations, CIC Bulletins, 1944-1945
C.I.C. Combat Information Center vol. 1 No. 5, July 1944
C.I.C. Combat Information Center vol. 1 No. 6, August 1944
C.I.C. Combat Information Center vol. 1 No. 7, September 1944
C.I.C. Combat Information Center vol. 1 No. 8, October 1944
C.I.C. Combat Information Center vol. 1 No. 9, December 1944
C.I.C. Combat Information Center vol. 2 No. 1, January 1945
C.I.C. Combat Information Center vol. 2 No. 2, February 1945
C.I.C. Combat Information Center vol. 2 No. 3, March 1945
C.I.C. Combat Information Center vol. 2 No. 4, April 1945
C.I.C. Combat Information Center vol. 2 No. 5, May 1945
C.I.C. Combat Information Center vol. 2 No. 6, June 1945
C.I.C. Combat Information Center vol. 2 No. 7, July 1945
C.I.C. Combat Information Center vol. 2 No. 8, August 1945
C.I.C. Combat Information Center vol. 2 No. 9, September 1945
C.I.C. Combat Information Center vol. 2 No. 10, October 1945
C.I.C. Combat Information Center vol. 2 No. 11, November 1945
C.I.C. Combat Information Center vol. 2 No. 12, December 1945

Office of the Chief of Naval Operations, 1946
Radar Bulletin No. 1 (RADONE). *The Tactical Use of Radar*
Radar Bulletin No. 1A (RADONEA). *The Capabilities and Limitations of Shipborne Radar*
Radar Bulletin No. 2A (RADTWOA). *The Tactical Use of Radar in Aircraft*
Radar Bulletin No. 3 (RADTHREE). *Radar Operator's Manual*
Radar Bulletin No. 4 (RADFOUR). *Air Plotting Manual*
Radar Bulletin No. 5 (RADFIVE). *Surface Plotting Manual*
Radar Bulletin No. 6 (RADSIX). *Combat Information Center Manual*
Radar Bulletin No. 7 (RADSEVEN). *Radar Countermeasures Manual*

ナ行

ハ行

マ行

ヤ行

ラ行

ワ行

カ行

サ行

タ行

索 引

英数字

ア行

著　者

ラース・サレンダー

Lars Celander

1954年、スウェーデン・ヨーテボリ生まれ。チャルマース工科大学（Chalmers University of Technology）にて78年、物理学の修士号を取得。システム・エンジニアとして兵役に就き、さまざまなレーダー、ミサイル、銃などの運用経験を積んだ後、レーダーと無線通信システムの設計エンジニアとして数年間勤務。自家用パイロットの訓練を受け、熱心なヨットレーサーでもある。スイス、アメリカ。ドイツ、カナダに在住。近著に *How Drones Fight: How Small Drones Are Revolutionizing Warfare* のほか、技術的トピックに関する著書がある。

訳　者

川村幸城（かわむら・こうき）

慶應義塾大学卒業後、陸上自衛隊に入隊。防衛大学校総合安全保障研究科後期課程を修了し、博士号（安全保障学）を取得。現在、陸上自衛隊教育訓練研究本部に勤務（1等陸佐）。訳書にサンドラー他『防衛の経済学』（共訳、日本評論社）、デルモンテ『AI、兵器、戦争の未来』（東洋経済新報社）、フリン他『戦場——元国家安全保障担当補佐官による告発』、グリギエル他『不穏なフロンティアの大戦略——辺境をめぐる攻防と地政学的考察』（監訳　奥山真司）、マクフェイト『戦争の新しい10のルール：慢性的無秩序の時代に勝利をつかむ方法』、デイヴィス『陰の戦争——アメリカ・ロシア・中国のサイバー戦略』（以上、中央公論新社）がある。

装　幀　mg-okada

How Carriers Fought: Carrier Operations in World War II
by Lars Celander

Japanese translation rights arranged
with Casemate Publishers, Pennsylvania, Oakland
through Tuttle-Mori Agency, Inc., Tokyo

検証《けんしょう》　空母戦《くうぼせん》
——日米英海軍《にちべいえいかいぐん》の空母運用構想《くうぼうんようこうそう》の発展《はってん》と
戦闘記録《せんとうきろく》

2025年 1 月10日　初版発行

著　者　ラース・サレンダー
訳　者　川《かわ》村《むら》幸《こう》城《き》
発行者　安 部 順 一
発行所　中央公論新社
〒100-8152　東京都千代田区大手町 1-7-1
電話　販売 03-5299-1730　編集 03-5299-1740
URL　https://www.chuko.co.jp/

ＤＴＰ　今井明子
印　刷　TOPPANクロレ
製　本　大口製本印刷

Published by CHUOKORON-SHINSHA, INC.
Printed in Japan　ISBN978-4-12-005872-1　C0020

中央公論新社 好評既刊

戦争の新しい10のルール
慢性的無秩序の時代に勝利をつかむ方法

ショーン・マクフェイト
川村幸城訳

21世紀の孫子登場！ なぜアメリカは負け戦続きなのか？ 未来の戦争に勝利するための秘訣を古今東西の敗戦を分析しながら冷徹に説く

陰の戦争
アメリカ・ロシア・中国のサイバー戦略

E・V・W・デイヴィス
川村幸城訳

サイバー戦争は既に始まっている！ 戦時と平時の境界が消滅、国家の中枢機能やインフラが破壊される！ 三大国の思惑と戦略思想を比較・分析する

第一次世界大戦
上 一九一四－一六
下 一九一七－一八

B・H・リデルハート著／上村達雄訳／石津朋之解説

戦線は膠着し、泥沼の塹壕戦が展開されるなか、毒ガス・戦車・機関銃・航空機など新たなテクノロジーが大量殺戮の世紀を開いた。屈指の軍事史家が描く決定版。戦況図・年表付

軍事史としての第一次世界大戦
西部戦線の戦いとその戦略

石津朋之著

戦車・毒ガス・航空機等新兵器が登場、戦いの様相と戦略思想や戦術概念の変化、政治・軍事指導者のリーダーシップを多角的に再検証する最新研究。20世紀の幕開けを告げた総力戦の全貌

増補新版 補給戦
ヴァレンシュタインからパットンまでのロジスティクスの歴史

マーチン・ファン・クレフェルト著／石津朋之監訳・解説／佐藤佐三郎訳

16世紀以降、ナポレオン戦争、二度の大戦を「補給」の観点から分析。戦争の勝敗は補給によって決まることを初めて明快に論じた名著の第二版補遺（石津訳）と解説（石津著）を増補

撤退戦
戦史に学ぶ決断の時機と方策

齋藤達志著

ガリポリ、ダンケルク、スターリングラード、ガダルカナル、インパール、キスカなどおいて、政府、軍統帥機関、現場指揮官が下した決断と背景との因果関係・結果を分析